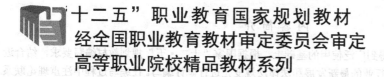

"十二五"职业教育国家规划教材

经全国职业教育教材审定委员会审定

高等职业院校精品教材系列

# 工程招投标与合同管理
## （第2版）

朱晓轩　朱　鹤　冯昕玥　主　编

王亦飞　王唯实　乔晨旭　林海燕　副主编

電子工業出版社

**Publishing House of Electronics Industry**

北京·BEIJING

# 内 容 简 介

　　本书在第 1 版重印 4 次并得到广泛使用的基础上，根据国家"十二·五"规划教材编写要求，结合近几年的项目化教学经验以及建筑行业的最新发展和法律法规变化进行修订编写。在编写过程中注重理论联系实际，突出技能培养。本书共有 8 个学习情境，主要内容包括法律法规基础知识，建筑市场，工程项目招标、投标、开标、评标和中标，单位工程施工组织设计，建筑工程合同管理，合同示范文本，建筑工程索赔等。本书具有很强的实用性、针对性和可操作性，有多个实际工程案例可以参考学习。

　　本书为高等职业本专科院校建筑工程管理、工程造价、工程监理、建筑工程技术、地下与隧道工程技术、基础工程技术、建筑装饰工程技术等专业的教材，也可作为开放大学、成人教育、自学考试、中职学校、岗位培训班的教材以及建筑企业工程技术人员的参考工具书。

　　本书配有免费的电子教学课件、习题参考答案、实训指导书、实际工程招标与投标文件等，详见前言。

## 图书在版编目（CIP）数据

工程招投标与合同管理/朱晓轩，朱鹤，冯昕钥主编. —2 版. —北京：电子工业出版社，2017.8（2023.7重印）
全国高等院校规划教材·精品与示范系列
ISBN 978-7-121-31920-4

Ⅰ. ①工… Ⅱ. ①朱… ②朱… ③冯… Ⅲ. ①建筑工程－招标－高等学校－教材②建筑工程－投标－高等学校－教材③建筑工程－经济合同－管理－高等学校－教材 Ⅳ. ①TU723

中国版本图书馆 CIP 数据核字（2017）第 133573 号

策划编辑：陈健德（E-mail:chenjd@phei.com.cn）
责任编辑：陈健德　　文字编辑：陈晓明
印　　刷：北京捷迅佳彩印刷有限公司
装　　订：北京捷迅佳彩印刷有限公司
出版发行：电子工业出版社
　　　　　北京市海淀区万寿路 173 信箱　邮编　100036
开　　本：787×1 092　1/16　印张：17.5　字数：448 千字
版　　次：2009 年 10 月第 1 版
　　　　　2017 年 8 月第 2 版
印　　次：2023 年 7 月第 7 次印刷
定　　价：52.00 元

# 第2版前言

随着我国经济建设的持续高速发展，我国的建筑市场在不断扩大，工程建设事业得到突飞猛进的发展，我国的招投标制度和合同管理制度在不断规范和完善，《中华人民共和国招投标法》《中华人民共和国合同法》《建设工程施工合同（示范文本）》等一系列建设法规得到广泛应用，推动和规范了我国建设市场的招投标制度，同时也使我国建设市场与国际工程建设市场接轨。

为了全面及时地反映我国建设领域工程招投标政策法规的新变化，我们在本书第1版重印4次并得到广泛使用的基础上，对招投标、施工合同、组织项目管理等课程内容重新进行了梳理和调整，结合国家"十二·五"规划教材编写要求，修订编写了这本实用性很强的教材。

本书共有8个学习情境，主要内容包括法律法规基础知识，建筑市场，工程项目招标、投标、开标、评标和中标，单位工程施工组织设计，建筑工程合同管理，合同示范文本，建筑工程索赔等。

本书为高等职业本专科院校建筑工程管理、工程造价、工程监理、建筑工程技术、地下与隧道工程技术、基础工程技术、建筑装饰工程技术等专业的教材，也可作为开放大学、成人教育、自学考试、中职学校、岗位培训班的教材以及建筑企业工程技术人员的参考工具书。

本教材的特点是：求新与务实。求新，是把最新的政策法律、法规融入教材中，结合职业教育教学改革和项目化教学法实施素质教育；务实，对建设工程招投标与合同管理方面，注重实际应用，做到可操作性和可读性相统一。全书内容新颖，理论联系实际，注重技能培养。内容通俗易懂，便于读者掌握并运用。

本书由黑龙江建筑职业技术学院朱晓轩教授和朱鹤讲师、中国建筑设计集团建筑师冯昕玥任主编，由三亚理工职业学院王亦飞和王唯实、海南科技职业技术学院乔晨旭、海南工商职业技术学院林海燕任副主编。具体编写分工如下：学习情境1~2、学习情境6~7由朱晓轩、冯昕玥编写，学习情境3~5、学习情境8由朱鹤编写，其中的工程案例1由朱鹤编写、工程案例2~3由王亦飞编写、工程案例4~5由王唯实编写、工程案例6~7由乔晨旭编写、工程案例8~9由林海燕编写。

本书在编写过程中得到了浙江建筑职业技术学院项建国教授的大力支持和帮助，借此表示衷心的感谢。

由于编写时间仓促，书中难免存在疏漏及不当之处，恳请同行及广大读者批评指正。

为了方便教师教学，本书配有免费的电子教学课件、习题参考答案、实训指导书、实际工程招标与投标文件等，请有此需要的教师登录华信教育资源网（www.hxedu.com.cn）免费注册后进行下载。扫书中二维码可阅读或下载相应的立体化教学资源。有问题时请在网站留言或与电子工业出版社联系（E-mail:hxedu@phei.com.cn）。

编 者

# 目 录

# 绪论　课程目标与内容设计

本课程的每个学习情境对应于一项或多项技能，学生学完一个学习情境，就能基本掌握一项或多项今后工作所需的专项技能。建议本课程在实训现场采用理实一体化的教学方法，边讲边练，交叉进行，互动学习，灵活安排，保证良好的教学效果。

## 1．课程内容安排与特色

### 1）教学内容的针对性与适用性

通过调研，在充分了解行业企业的工作岗位能力需求、相应的职业资格及技能鉴定标准后，围绕职业能力的需要组织教学内容，同时，注重理论与实践相统一，开展一体化教学。教学内容的针对性强、适用性好，毕业后可实现零距离就业。

### 2）教学内容的组织与安排

本课程教学内容根据学生就业后所从事主要工作任务需要的专项技能，设计 8 个集理论知识、实践技能为一体的学习情境。本课程参考学时为 54 学时。各院校可结合实际教学环境与目标要求进行适当调整。

### 3）课程特色

教学过程按实际建筑工程项目实施流程进行。课程可通过多媒体课件、动画、设计软件及实训设备，实现理实一体化教学。

本教材是建筑工程管理、工程造价、工程监理、建筑工程技术等相关专业相应课程的教材。具有很高的实用性和操作性，是从事建筑工程与管理技术专业人员的实际技能参考工具书。

## 2．课程目标

### 1）知识目标

（1）了解招投标、施工组织、合同管理、施工索赔等的基本原理与内容。

（2）了解建筑法律法规的适用范围及基本内容。

（3）了解建筑市场及经营等的工作过程与原理。

（4）熟悉建筑工程招标的工作原理，掌握工作方法及应用范围，熟悉施工组织设计方案的确定原则、设计步骤等。

（5）掌握根据《中华人民共和国合同法》对一般施工合同的谈判、签订、违约责任、合同争议的分析解决方法，以及对实际案例的分析思路与技巧。

（6）熟悉工程相关的法律法规，掌握合同签署的必要条件并进行管理。

（7）掌握施工索赔的原理与技术，依据实际项目编写施工索赔报告等。

### 2）职业基本能力

（1）熟悉建筑工程招投标的实际应用步骤，编制招标文件、投标文件。

（2）熟悉建筑安装施工合同的基本内容与必需条款。

（3）熟悉建筑施工合同管理，并能进行合同分析。

（4）熟悉建筑施工索赔的步骤与方法。

**3）职业岗位能力**

（1）具有正确识读建筑法律法规的能力。

（2）指导工程施工组织，进行合同谈判、签订、管理、索赔。

（3）具有独立完成建筑工程的招投标及预（结）算能力。

（4）具有进行建筑工程的质量控制、工程进度管理和组织管理的能力。

（5）具有正确编制施工组织，选择工程施工方案、设备的能力。

（6）具有对建筑工程施工、招投标、合同中常见问题的分析与解决能力，具有编制招投标文件的能力。

（7）具有进行建筑工程管理、招标投标、合同签订、施工索赔、监理的基本能力。

**4）职业素养目标**

（1）培养学生爱岗敬业、团结协作、勇挑重担的职业道德。

（2）培养学生实事求是、严肃认真、精益求精的工作态度。

（3）培养学生主动思考、虚心请教、改革创新的工作精神。

（4）培养学生善于计划，有一定的编制、设计、分析、检查、谈判、管理的工作方法。

### 3. 课程内容设计

| 序号 | 课程内容 | 实训 | 工作任务 | 学时 |
|---|---|---|---|---|
| 1 | 绪论 认识本课程 | | | |
| 2 | 学习情境1 了解建筑安装工程相关法律法规 | 了解建筑相关法律法规 | 了解招投标法、合同法、保险法、担保法、工程合同等 | 4 |
| 3 | 学习情境2 认识建筑市场 | 编制市场调查报告 | 建筑市场调查报告 | 2×2 |
| 4 | 学习情境3 建筑工程项目招标 | 编制招标文件 | 工程招标文件（土建、安装） | 2×4 |
| 5 | 学习情境4 建筑工程项目投标 | 编制投标文件 | 工程投标文件（土建、安装） | 2×3 |
| 6 | 学习情境5 建筑工程的开标、评标和中标 | 编写评标报告 | 看录像、采集工作底稿 | 2 |
| | | | 评标、评标报告、汇报 | 2×3 |
| 7 | 学习情境6 建筑工程合同管理 | 合同案例分析 | 给出案例背景讨论分析 | 2×3 |
| | | | 汇报、案例讲评 | 2 |
| 8 | 学习情境7 建筑工程相关合同管理 | 编制施工合同 | 编制工程承包合同 | 2×3 |
| | | | 编制监理合同 | 2 |
| 9 | 学习情境8 建筑工程索赔 | 编写索赔报告 | 给出案例背景，编制索赔报告 | 2×4 |
| | 合　计 | | | 54 |

## 4. 项目设计

| 编号 | 实训 | 工作任务 | 拟实现的能力目标 | 相关支撑知识 | 训练方式及步骤 | 结果（可展示） |
|---|---|---|---|---|---|---|
| 1 | 编制市场调查报告 | 建筑市场调查<br>建筑企业调查<br>某市新开工程项目调查<br>投入资金成本分析 | 有企业意识，能够制作团队调查报告。会收集、整理、查阅、归纳各种资料。形成图文并茂的文字报告 | 1.建筑市场的构成，工程承包方式，承包商的资格<br>2.理解承包商的资格<br>3.知道建筑企业资质及等级标准<br>4.建筑企业的资质<br>5.了解建筑工程交易中心及应具备的条件<br>6.建筑企业资质的年检制度<br>7.了解建筑企业的平均利润及现阶段银行利润率 | 学生作为项目经理，教师作为项目投资代表。双方就建筑企业投标事宜进行洽谈。学生作为项目负责人交出一份具有说服力的可行性报告，让投资代表认可、出资。小组代表发言，投资代表提问 | 调查报告（以图文并茂的形式形成演示文案和文档两份报告） |
| 2 | 编制招标文件 | 土建招标 | 能够根据实际编写招标文件 | 1.了解招标的作用及基本理论<br>2.掌握招标的原则<br>3.知道工程招标应具备的条件<br>4.了解招标的范围<br>5.理解招标的方式及程序<br>6.知道招标代理机构具备的条件及作用<br>7.了解招标文件的基本内容和形式<br>8.理解招标的编制和作用 | 学生作为项目方，教师作为投资方就某工程进行招标。学生作为某咨询公司为投资方制作招标文件 | 招标文件（土建），小组代表展示招标文件 |
| 3 | | 设备安装招标 | 能够编制安装（空调、电梯、锅炉水暖、电气）招标文件 | 1.知道安装的基本理论知识<br>2.掌握安装的招标原则<br>3.知道招标的条件<br>4.了解招标工程的范围<br>5.熟悉招标的程序<br>6.了解安装招标文件的内容和格式<br>7.能理解标底的作用和制定 | 学生作为咨询公司项目方代表，教师作为投资方，就某项目工程的电梯、空调、电气、水暖、锅炉进行洽谈，学生交出一份完整的安装招标文件。以小组为单位交易，可自选其内容 | 招标文件（设备安装），小组代表展示其招标文件 |
| 4 | 编制投标文件 | 土建投标 | 能根据招标文件要求独立完成投标文件的编制 | 1.了解投标的工作程序<br>2.知道投标的环境，现场考察<br>3.理解投标决策及运用<br>4.投标决策的制定和分析方法<br>5.掌握投标的技巧<br>6.熟悉投标报价的编制方法<br>7.掌握投标文件的编制与递送 | 学生作为建筑公司投标代表，教师作为投资方，每个学生交一份完整的投标文件 | 投标文件（土建），小组代表展示投标文件 |
| | | 设备安装投标 | | 1.了解设备投标的原则<br>2.了解设备投标文件的基本内容<br>3.能依据招标文件进行设备选型 | 学生作为招标方评标给每组打分，教师总评 | 投标文件（设备安装），小组代表展示投标文件 |

续表

| 编号 | 实训 | 工作任务 | 拟实现的能力目标 | 相关支撑知识 | 训练方式及步骤 | 结果（可展示） |
|---|---|---|---|---|---|---|
| 5 | 编写评标报告 | 评标、开标 | 能够独立参加开标。掌握评标方法，会编写评标报告、中标通知书。掌握中标过程中的违法行为及应承担的法律责任。结合实例用接近标底法和综合评分法对投标文件进行评价 | 1. 理解开标、评标与中标的基本知识<br>2. 掌握废标的条件<br>3. 评标的标准<br>4. 掌握接近标底法和综合评分法<br>5. 理解评标、决标的原则和标准<br>6. 了解中标无效及导致中标无效的原因<br>7. 掌握评标的方法和开标的形式 | 1. 观看开标会议录像<br>2. 教师作为出资方给出工作背景（招标文件）<br>3. 评标学生用理论知识和评标方法，对同学的投标文件进行评标<br>4. 定出中标人<br>5. 分小组就同学的投标文件进行评审，写出评标报告，每小组十份投标文件，教书点评 | 评标报告（每人） |
| 6 | 合同案例分析 | 案例分析 | 能够用合同法的知识对实际案例进行分析 | 1. 法的概念及渊源<br>2. 法律责任<br>3. 掌握合同法及经济合同的基本特征<br>4. 了解经济合同的种类及基本内容<br>5. 掌握签订经济合同的基本原则<br>6. 知道签订经济合同的程序<br>7. 掌握经济合同的有效性和无效性<br>8. 了解合同的法律效力<br>9. 了解违约责任，理解合同争议的解决方法 | 教师给出案例及案例背景，学生做出分析。小组选出代表进行案例分析。教师最后进行总结、归纳。学生自己评出成绩 | 案例分析 |
| 7 | 编制施工合同 | 工程施工合同 | 能够独立根据实际编制工程承包合同（土建、水电） | 1. 理解施工合同的基本概念及作用<br>2. 知道合同的分类及管理方法<br>3. 了解施工合同的谈判和签订<br>4. 知道施工准备的内容<br>5. 了解承包商的强制义务<br>6. 掌握违约责任<br>7. 了解合同双方当事人及监理工程师的权利义务 | 学生作为投标方中标与投资方签订工程承包合同。合同与投标文件相符合，每个学生在投标后编制一份工程承包合同 | 工程承包合同 |
| 8 | 编制附属合同 | 监理合同、加工订货合同 | 能够独立根据实际编制监理合同、加工订货合同 | 1. 理解监理合同的基本内容及作用<br>2. 了解加工订货合同的基本内容<br>3. 掌握加工订货合同、监理合同的编制 | 教师作为甲方（用户）给出工作背景，学生作为乙方（承包方）编制一份监理合同、加工订货合同 | 两份合同 |

续表

| 编号 | 实训 | 工作任务 | 拟实现的能力目标 | 相关支撑知识 | 训练方式及步骤 | 结果（可展示） |
|---|---|---|---|---|---|---|
| 9 | 编制索赔报告 | 索赔报告 | 能够独立编制索赔报告并能获得索赔 | 1. 了解工程承包风险及管理<br>2. 掌握施工索赔的概念及分类<br>3. 掌握索赔的基本内容及索赔的计算<br>4. 索赔的技巧 | 学生作为施工承包方项目负责人，教师给出工作背景。学生编制一份索赔报告 | 索赔报告，小组代表展示索赔报告 |

### 5. 教学方法与教学手段

1）教学模式的设计与创新

（1）打破了传统"三段式"课程教学模式，根据学生完成工作岗位关键任务所需能力要求，对原有内容的课程教学模式进行优化组合，组成若干独立的集知识、技能为一体的综合模块式教学模式，学生每完成一个教学模块的学习，即基本掌握所需专项技能，教师根据教学目的安排实训，使学生的学习任务实用有效。

（2）实现教学场所的转移，本门课程作为一门实践能力要求高的专业课程，将教学课堂转移到实训现场，教学做一体，边讲边练，获得很好的教学效果。

（3）淡化专业教师与实训指导教师之间的界限，强化了"双师"素质的教师作用和能力培养，在组织教学过程中采用理实一体化教学方法，要求专业教师从传授知识到指导实训都是要掌握的，若需分成若干组进行实训时，由实训指导教师与专业主讲教师一起分头指导，最终不设专职实训指导教师，所有专业教师也就是实训指导教师。

（4）每个学习情境完成后，进行单独的知识和技能考核，所有学习情景通过考核，即为该课程考核合格，某一情境考核不通过，只需进行该情境的补考，这样做既减轻了学生的学习负担，又可较真实地检验学生在学习完成情境后，对所需的专项技能的掌握程度。

课程学习的常用表格可参考附录 A。

2）多种教学方法的运用

（1）采用小班化教学，教学做一体，学生学得轻松愉快，学有所得，学有所用。由于教学内容的组织根据职业能力要求，将理论知识和技能训练组合在一起，教学安排上以每天为单元来组织教学过程，教学场所在实训现场。这样，教师可以灵活地根据教学需要交叉地进行讲和练，学生可在宽松的教学环境中学到知识，掌握应会的技能。

（2）充分利用仿真模拟教学软件，在实际工作中熟练掌握操作程序的技能，先让学生在仿真模拟教学软件上反复操练，直到熟练掌握操作程序，然后再进行实操训练，这样可激发学生学习兴趣，提高学习效率，降低实训成本。

（3）采用与工作环境一致的实训场景，根据工作时实际操作要求、职业资格及技能鉴定考核要求进行严格的实操训练。使学生掌握的技能与企业要求一致，实现零距离上岗。

3）现代教学技术手段的应用

（1）多媒体课件的制作与运用：在传授电气设备的结构、作用和工作原理时，专业教师自制大量的 PPT、动画、视频，形象直观，让学生较容易地掌握过去靠传统讲授方法难以理解的知识点。

（2）仿真模拟教学软件的应用：对流程复杂、操作程序严格的专项技能训练，先让学生

运用先进的仿真模拟教学软件反复训练，直到熟练掌握流程和操作程序，然后，再进行实操，使得教学效率高，效果好，成本低。

（3）自制实训模板，为学生提供提高实践能力的平台。

教师根据学生掌握专项技能的需要，自制实训模板、招标文件、投标文件、评标报告、合同范本，以及采用国内最新的标准、示范文本和案例，建立电子模板，供学生参考采用完成各项任务。

# 学习情境 1

## 了解建筑安装工程相关法律法规

扫一扫看
本情境教
学课件

### 教学导航

| 项目任务 | 任务1 法律的概念与责任 | 学 时 | 4 |
| | 任务2 建筑法规与建设工程许可 | | |
| | 任务3 招投标管理与有关法律 | | |
| | 任务4 建筑工程合同的内容与订立 | | |
| 教学目标 | 能够识读建筑安装工程相关的法律法规，理解基本概念；能够查找相关法律法规并具有一定的运用能力 | | |
| 教学载体 | 实训中心、教学课件及书中相关内容 | | |
| 课程训练 | 知识方面 | 了解建筑项目相关法律法规，包括建筑法、招投标法、合同法等 | |
| | 能力方面 | 具备使用相关手册查找和识读相应法律法规的能力 | |
| | 其他方面 | 拓展阅读和理解书面材料的能力 | |
| 过程设计 | 任务布置及知识引导→分组学习讨论→学生集中汇报→教师点评或总结 | | |
| 教学方法 | 参与型项目教学法 | | |

本教学情境主要讲授招标投标相关法律法规的具体内容，结合建筑企业的形成和发展前景以及企业资质等，对建筑市场的经营活动进行了较详细的阐述；并介绍招标、投标、合同及合同管理、施工索赔等，为后续课程的学习和顶岗实习奠定基础。

从法律法规入手，学习招标、投标、合同、索赔等，逐步了解建筑法、招投标法、合同法等基本理论，掌握其理论和相关规范的运用方法。

# 任务 1.1　法律的概念与责任

### 1．法的概念

法是体现统治阶级意志的并经国家制定或认可的，以国家强制力保证实施的行为规范的总和。

### 2．法律的概念

法律是由全国人民代表大会及其常务委员会制定的规范性文件，如建筑法、招标投标法、合同法等。

### 3．法律责任的概念

法律责任是指做出违法行为的人所应承担的带有强制性的法律上的责任。法律责任是同违法行为联系在一起的，违法行为和法律责任之间是因果关系。凡实施某些违法行为的人都要承担相应的法律后果，即法律责任。

### 4．法律责任的种类

由于违法行为的性质和危害程度不同，违法者所承担的法律责任也不同，不同的违法者承担不同的法律责任，与违法的类型相适应。法律责任可分为刑事法律责任、民事法律责任和行政法律责任。

1）刑事法律责任

刑事法律责任是指行为人的行为触犯刑法，构成犯罪而必须承担的法律后果。我国的刑事法律责任分为主刑和附加刑两类。

2）民事法律责任

民事法律责任是指行为人的行为违反民事法律规范而必须承担的法律后果。如责令排除妨碍、返还原物、恢复原状、赔偿损失、支付违约金等。

3）行政法律责任

行政法律责任是指行为人的行为违反行政管理法律规范而必须承担的法律后果。行政法律责任分为行政处罚和行政处分。

# 任务 1.2　建筑法规与建设工程许可

在当今社会中，建筑法与日常生活的结合越来越紧密。人们利用建筑法处理建设生产活动中的各种纠纷。建筑法已经不以单一的形式出现在我们的周围。

### 1.2.1　建筑法的概念与立法目的

**1. 建筑法的概念**

建筑法是指调整建筑活动的法律规范的总称。建筑活动是指各类房屋及其附属设施的建造和与其配套的线路、管道、设备的安装活动。

建筑法有广义和狭义之分。狭义的建筑法是指 2011 年月 7 月 1 日由第十一届全国人民代表大会常务委员会第二十次会议修订实施的《中华人民共和国建筑法》（以下简称《建筑法》）。该法是调整我国建筑活动的基本法律，共八章，八十五条。它以规范建筑市场行为为出发点，以建筑工程质量和安全为主线，规范了总则、建筑许可、建筑工程发包与承包、建筑工程监理、建筑安全生产管理、建筑工程质量管理、法律责任、附则等内容，并确定了建筑活动中的一些基本法律制度。广义的建筑法，除《建筑法》之外，还包括其他所有调整建筑活动的法律、法规和规章，如建设部的部令、各地的地方法规等。

**2.《建筑法》的立法目的**

《建筑法》的第一条明确地阐述了我国《建筑法》的立法目的。

（1）加强对建筑活动的监督管理。建筑活动是一个由多方主体参加的活动。如果没有统一的建筑活动行为规范和基本的活动程序，没有对建筑活动各方主体的管理和监督，建筑活动就将是无序的。为保障建筑活动正常、有序地进行，就必须加强对建筑活动的监督管理。

（2）维护建筑市场秩序。建筑市场作为社会主义市场经济的组成部分，需要确定与社会主义市场经济相适应的市场管理机制。制定《建筑法》，就是要从根本上解决建筑市场的混乱状况，确立与社会主义市场经济相适应的建筑市场管理，以维护建筑市场的秩序。

（3）保证建筑工程的质量与安全。建筑工程质量与安全，是建筑活动永恒的主题，所以《建筑法》以建筑工程的质量与安全为主线，做出了重要的规定。

（4）促进建筑业健康发展。建筑业是国民经济的重要物质生产部门，是国家重要支柱产业之一。建筑活动的管理水平、效果、效益，直接影响到我国固定资产投资的效果和效益，从而影响到国民经济的健康发展。为了保证建筑业在经济和社会发展中的地位和作用，同时也是为了解决建筑业发展中存在的问题，迫切需要制定《建筑法》，以促进建筑业健康发展。

**3.《建筑法》的主要内容**

《建筑法》的主要内容包括以下几方面：

（1）总则；

（2）建筑施工许可；

（3）建筑工程发包与承包；

（4）建筑工程监理；

（5）建筑安全生产管理；

（6）建筑工程质量管理；

（7）法律责任。

学习《建筑法》可从剖析若干实际的国内外建设项目涉及的法律法规的实际案例着手，通过案例了解相关法律法规的重要性与应用，做到能够按照法律法规进行建设项目的合法运作。

### 1.2.2 建设工程许可制度与从业资格

#### 1. 建设工程许可制度

建设单位必须在建设工程立项批准后、工程发包前，向建设行政主管部门或其授权的部门办理报建登记手续。未办理报建登记手续的工程，不得发包，不得签订工程合同。新建、扩建、改建的建设工程，建设单位必须在开工前向建设行政主管部门或其授权的部门申请领取《建设工程施工许可证》。未领取施工许可证的，不得开工。已经开工的，必须立即停止，办理施工许可证手续，否则由此引起的经济损失，由建设单位承担，并视违法情节，对建设单位做出相应处罚。

#### 2. 建设工程从业者资格

国家对建设工程从业者实行资格管理，分为企业或单位的资质管理和从业人员的资格管理两类。

1）对从事工程建设活动的企业或单位的资质管理

（1）从事工程建设活动的企业或单位必须持有营业执照和资质等级证书，并在其资质等级的范围内承揽建设业务。

（2）建设行政主管部门根据承包商在注册资本、专业技术人员、技术装备、工程业绩四个方面的实际情形，核定其资质等级。

（3）对承包商的资质实行动态管理。由建设行政主管部门对承包商的资质进行年审，以承包商的业绩、行为、质量、安全等实绩为依据，或升或降或不变。

从事建设工程活动的人员，要通过国家任职资格考试、考核，考试、考核合格后由建设行政主管部门注册并颁发资格证书。

2）工程建设从业人员的管理

国家对工程建设从业人员实行注册和年检制度，建筑师、建造师、结构工程师、监理工程师、工程计价师、法律和其他相关人员，从事建设活动时必须持有经注册的执业资格证书或其他法定的岗位资格证书。工程建设从业人员取得注册执业资格证书的条件是：大专以上学历、参加全国统一考试成绩合格及具有相关专业的实践经验。

建设工程从业者资格证件的管理：建设工程从业者的资格证件严禁出卖、转让、出借、涂改、伪造。违反管理规定的，将视具体情节，追究法律责任。

### 1.2.3 建筑工程发包与承包制度

#### 1. 建筑工程发包

（1）建筑工程发包方式。建筑工程依法实行招标发包，不适于招标发包的可以直接发包。

（2）发包人发包行为的规范。发包单位及其工作人员在建筑工程发包中不得收受贿赂、回扣或者索取其他好处。建筑工程实行招标发包的，发包单位应当将建筑工程发包给依法中标的承包单位。建筑工程实行直接发包的，发包单位应当将建筑工程发包给具有相应资质条件的承包单位。按照合同约定，建筑材料、建筑构配件和设备由工程承包单位采购的，发包单位不得指定承包单位购入用于工程的建筑材料、建筑构配件和设备或者指定生产厂、供应商。

（3）禁止肢解发包。建筑工程的发包单位可以将建筑工程的勘察、设计、施工、设备采购一并发包给一个工程总承包单位，也可以将建筑工程的勘察、设计、施工、设备采购的一项或者多项发包给一个工程总承包单位。但是，不得将应当由一个承包单位完成的建筑工程肢解成若干部分发包给几个承包单位。

### 2．建筑工程承包

（1）承包人的资质条件。承包建筑工程的单位应当持有依法取得的资质证书，并在其资质等级许可的业务范围内承揽工程。禁止建筑施工企业超越本企业资质等级许可的业务范围或者以任何形式用其他建筑施工企业的名义承揽工程。禁止建筑施工企业以任何方式允许其他单位或者个人使用本企业的资质证书、营业执照，以本企业的名义承揽工程。

（2）联合承包。大型建筑工程或者结构复杂的建筑工程，可以由两个以上的承包单位联合共同承包。共同承包的各方对承包合同的履行承担连带责任。两个以上不同资质等级的单位实行联合共同承包的，应当按照资质等级低的单位业务许可范围承揽工程。

（3）禁止建筑工程转包。禁止承包单位将其承包的全部建筑工程转包给他人，禁止承包单位将其承包的全部工程肢解以后以分包的名义分别转包给他人。

（4）建筑工程分包。建筑工程总承包单位可以将承包工程中的部分工程发包给具有相应资质条件的分包单位。但是，除总承包合同中约定的分包外，必须经建设单位认可。施工总承包的建筑工程主体结构施工必须由总承包单位自行完成。分包人不得再将分包的工程分包出去。

## 1.2.4　建筑工程监理制度

《建筑法》第 30 条规定："国家推行建筑工程监理制度。"建筑工程监理，是指工程监理单位受建设单位的委托对建筑工程进行监督和管理的活动。建筑工程监理制度是我国建设体制深化改革的一项重大措施，它是适应市场经济的产物。建筑工程监理随着建筑市场的日益国际化，得到了普遍推行。

### 1．建筑工程监理的范围

建设部、国家计委于 1995 年 12 月 15 日联合发布的《工程建设监理规定》，规定建筑工程实施监理的范围包括：

（1）大、中型工程项目。

（2）市政、公用工程项目。

（3）政府投资兴建和开发建设的办公楼、社会发展事业项目和住宅工程项目。

（4）外资、中外合资、国外贷款、赠款、捐款建设的工程项目。

### 2．建设工程监理合同

监理合同是监理单位与建设单位之间为完成特定的建筑工程监理任务，明确相互权利义

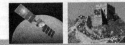

务关系的协议。

监理单位的责任：

（1）监理单位不按照委托监理合同的约定履行监理义务，对应当监督检查的项目不检查或不按规定检查，给建设单位造成损失的，应当承担相应的赔偿责任。

（2）工程监理单位与承包单位串通，为承包单位谋取非法利益，给建设单位造成损失的，应与承包单位承担连带赔偿责任。

### 1.2.5　建设工程质量管理

建设工程的质量是指在国家现行的有关法律、法规、技术标准、设计文件和合同中，对工程的安全、适用、经济、美观等特性的综合要求。

#### 1. 建设工程质量的法律规范

国家建设部及有关部委自 1983 年以来，先后颁布了多项建设工程质量管理的监督法规，主要有：《建设工程质量责任暂行规定》、《建筑工程保修办法》、《建筑工程质量检验评定标准》、《建筑工程质量监督条例》、《建筑工程质量监督站工作暂行规定》、《建筑工程质量检测工作规定》、《建筑工程质量监督管理规定》和《建设工程质量管理办法》。2000 年 1 月 30 日国务院第 279 号令发布了《建设工程质量管理条例》，对建设工程质量做出全面具体的规范，不仅为建设工程质量的管理监督提供了依据，而且也对维护建筑市场秩序，提高人们的质量意识，增强用户的自我保护观念，发挥积极的作用。

#### 2. 《建设工程质量管理条例》的基本内容

1）建设工程质量政府监督制度

国家实行建设工程质量的政府监督制度。建设工程质量政府监督由建设行政主管部门或国务院工业、交通等行政主管部门授权的质量监督机构实施。国家对从事建设工程的勘察、设计、施工的企业推行质量体系认证制度。

2）建设工程质量责任制度

（1）建设单位的质量责任和义务。建设单位应对因其选择的设计、施工单位和负责供应的设备等原因发生的质量问题承担相应责任。建设单位应根据工程特点，配备相应的质量管理人员，或委托工程建设监理单位进行管理。委托监理单位的，建设单位应与工程建设监理单位签订监理合同，明确双方的责任、权利和义务。建设单位必须根据工程特点和技术要求，按有关规定选择相应资质等级的勘察、设计、施工单位，并签订工程承包合同。工程承包合同中必须有质量条款，明确质量责任。建设单位在工程开工前，必须办理有关工程质量监督手续，组织设计和施工单位认真进行设计交底和图纸会审。施工中应按照国家现行有关工程建设法律、法规、技术标准及合同规定，对工程质量进行检查。工程竣工后，应及时组织有关部门进行竣工验收。建设单位按照工程承包合同中规定供应的设备等产品的质量，必须符合国家现行的有关法律、法规和技术标准的要求。

（2）工程勘察设计单位的质量责任和义务。勘察设计单位应对本单位编制的勘察设计文件的质量负责，必须按资格等级承担相应的勘察设计任务，不得擅自超越资格等级及业务范围承接任务，应当接受工程质量监督机构对其资格的监督检查。勘察设计单位应按照国家现行的有关规定、技术标准和合同进行勘察设计，勘察设计文件必须符合法律、行政法规及工

程技术、标准等的基本要求。大型建设工程、超高层建筑，以及采用新技术、新结构的工程，应在合同中规定设计单位向施工现场派驻设计代表。

（3）施工单位的质量责任和义务。施工单位应当对本单位施工的工程质量负责，因承包人的原因致使建设工程在合理使用期限内造成人身和财产损害的，承包人应当承担损害赔偿责任。施工单位必须按资质等级承担相应的工程任务，不得擅自超越资质等级及业务范围承包工程，必须依据勘察设计文件和技术标准精心施工，应当接受工程质量监督机构的监督检查。实行总包的工程，总包单位对工程质量和竣工交付使用的保修工作负责。实行分包的工程，分包单位要对其分包的工程质量和竣工交付使用的保修工作负责，总包单位负连带责任。施工单位应建立健全质量保证体系，落实质量责任制，加强施工现场的质量管理，加强计量、检测等基础工作，抓好职工培训，提高企业技术素质，广泛采用新技术和新工艺。竣工交付使用的工程必须符合国家法律法规规定的基本要求。

（4）建筑材料、构配件生产及设备供应单位的质量责任和义务。建筑材料、构配件生产及设备供应单位对其生产或供应的产品质量负责。建筑材料、构配件生产及设备的供需双方均应订立购销合同，并按合同条款进行质量验收。建筑材料、构配件生产及设备供应单位必须具备相应的生产条件、技术装备和质量保证体系，具备必要的检测人员和设备，把好产品看样、订货、储存、运输和检验的质量关。建筑材料、构配件及设备的质量应当符合国家或行业现行有关技术标准规定的合格标准和设计要求，并在建筑材料、构配件及设备或其包装上注明采用的标准。建筑材料、构配件及设备或者包装上的标记应符合相关规定。

（5）返修和损害赔偿。《建设工程质量管理办法》规定：建设工程自办理竣工验收手续后，在法律规定的期限内，因勘察设计、施工、材料等原因造成的质量缺陷，应当由施工单位负责维修。施工单位对工程负责维修，其维修的经济责任由责任方承担。因建设工程质量缺陷造成人身、缺陷工程以外的其他财产损害的，侵害人应按有关规定，给予受害人赔偿。

### 1.2.6　建筑安全生产制度

建筑安全生产管理是指建设行政主管部门、建筑安全监督管理机构、建筑业企业及有关单位对建筑生产过程中的安全工作，进行计划、组织、指挥、控制、监督等一系列的管理活动。其目的在于保证建筑工程安全和建筑职工以及相关人员的人身安全。

#### 1. 建筑安全生产管理的内容

建筑安全生产管理包括纵向、横向、施工现场三个方面的管理。

（1）纵向管理是指建设行政主管部门及其授权的建筑安全监督管理机构，对建筑安全生产的行业进行监督管理。

（2）横向管理是指建筑生产有关各方，即建设单位、设计单位、建筑业企业等履行安全责任和义务，做好安全生产的管理工作。

（3）施工现场管理是指在施工现场控制人的不安全行为和物的不安全状态。施工现场管理是建筑安全生产管理的关键。

#### 2. 建筑安全生产的管理方针和基本制度

建筑工程安全生产管理必须坚持安全第一、预防为主的方针。建立健全安全生产责任制度、群防群治制度、安全生产教育培训制度、意外伤害保险和伤亡事故报告制度。安全生产责任制度是所有安全生产规章制度的核心。

**3．建筑安全生产的基本要求**

1）建筑工程设计必须保证工程的安全性

建筑工程设计应当符合按照国家规定制定的建筑安全规程和技术规范，保证工程的安全性能。

2）建筑施工企业必须采取安全防范措施

（1）建筑施工企业在编制施工组织设计时，应当根据建筑工程的特点制定相应的安全技术措施。

（2）建筑施工企业应当在施工现场采取维护安全、防范危险、预防火灾等措施；有条件的，应当对施工现场实行封闭管理。

（3）建设单位应当向建筑施工企业提供与施工现场相应的地下管线资料，建筑施工企业应当采取措施加以保护。

（4）建筑施工企业应当遵守有关环境保护和安全生产方面的法律、法规，采取措施控制和处理施工现场的各种粉尘、废气、废水、固体废物，以及噪声、振动对环境的污染。

（5）建筑施工企业必须依法加强对建筑安全生产的管理，执行安全生产责任制度，采取有效措施，防止人员伤亡和其他安全生产事故的发生。

（6）施工现场安全由建筑施工企业负责。

（7）建筑施工企业应当建立健全劳动安全生产教育培训制度，加强对职工安全生产的教育培训。

（8）建筑施工企业和作业人员在施工过程中，应当遵守有关安全生产的法律、法规和建筑行业安全规章、规程，不得违章指挥或者违章作业。

（9）建筑施工企业必须为从事危险作业的职工办理意外伤害保险，支付保险费。

我国《宪法》规定："国家实行社会主义市场经济"，"国家加强经济立法，完善宏观调控。"因此，我国经济体制改革的目标是建立社会主义市场经济，以利于进一步解放和发展生产力。建立社会主义市场经济体制，是我国国民经济支柱产业之一的建筑业体制改革不断发展的要求和基本目标。因此，培育和发展建筑市场，是我国建筑业系统建立社会主义体制的一项重要工作。

在我国，建立社会主义市场经济，就是要建立完善的社会主义法制经济。在工程建设领域中，首先要加强建筑市场的法制建设，健全建筑市场的法规体系，以保证建筑市场的繁荣和建筑业的发达。《中华人民共和国招标投标法》和《中华人民共和国合同法》是规范市场活动的重要法律，也是工程项目建设过程中的基本法律。

《建筑法》是建设项目实施过程中的基本法律法规文件，学习《建筑法》与《招标投标法》是从事基本建设全过程的基础与必须遵循的准则，是学习建设项目管理的首要任务。

# 任务 1.3　招投标管理及有关法律

为了加强对工程招标投标的管理，1992 年 12 月 30 日建设部第 23 号令发布了《工程建设施工招标投标管理办法》，自发布之日起实施，现已废止。1999 年 8 月 30 日九届人大十一

次会议通过了《中华人民共和国招标投标法》（以下简称《招标投标法》），自 2000 年 1 月 1 日施行。2000 年 5 月 1 日国家发展计划委员会以第 3 号令发布并实施《工程建设项目招标投标范围和规模标准规定》。2000 年 7 月 1 日分别以第 4 号、第 5 号部令发布并实施《招标公告发布暂行办法》和《工程建设项目自行招标试行办法》。2013 年 5 月 1 日国家计委等七部委以七部委 30 号令修订实施了《工程建设项目施工招标投标办法》。

《招标投标法》是建设项目进行招标投标所必须遵守的法律法规，建设项目在进行到开工审批阶段，将按照《招标投标法》要求提供的手续要件到建设主管招标部门登记备案，进行建设项目的招标事宜。

工程建设项目的招标投标是国际上通用的、比较成熟的而且科学合理的工程承发包方式。在我国社会主义市场经济条件下推行工程项目招标投标制，其目的是控制工期，确保工程质量，降低工程造价，提高经济效益，健全市场竞争机制。

## 1.3.1　招标投标管理机构

建设工程招标投标由建设行政主管部门或其授权的招标投标管理机构实行分级管理。其管理机构有：建设部，各省、自治区、直辖市建设行政主管部门，各级施工招标投标办事机构；国务院有关部门。

### 1. 建设部的职责

建设部是负责全国工程建设、施工招标、投标的最高管理机构。其主要职责如下：

（1）贯彻执行国家有关工程建设招标投标的法律、法规、方针和政策，制定施工招标投标的规定和办法。

（2）指导、检查各地区、各部门招标投标工作。

（3）总结、交流招标工作的经验，提供服务。

（4）维护国家利益，监督重大工程的招标投标活动。

（5）审批跨省的施工招标投标代理机构。

### 2. 地区行政部门的职责

省、自治区、直辖市政府建设行政主管部门负责管理行政区域内的施工招标投标工作。其主要职责如下：

（1）贯彻执行国家有关工程建设招标投标的法规和方针、政策，制定施工招标投标实施办法。

（2）监督、检查有关施工招标投标活动，总结、交流工作经验。

（3）审批咨询、监理等单位代理施工招标投标业务的资格。

（4）调解施工招标投标纠纷。

（5）否决违反招标投标规定的定标结果。

### 3. 各级施工招标投标办事机构的职责

省、自治区、直辖市建设行政主管部门可以根据需要，报请同级人民政府批准，确定各级施工招标投标办事机构的设置及其经费来源。

根据同级人民政府建设行政主管部门的授权，各级施工招标投标办事机构具体负责本行政区域内施工招标投标的管理工作。

### 1.3.2　建设工程交易中心

建设工程交易中心是为建设工程招标投标活动提供服务的自收自支的事业性单位，而非政府机构。建设工程交易中心必须与政府部门脱钩，人员、职能分离，不能与政府部门及其所属机构搞"两块牌子、一套班子"。

政府有关部门及其管理机构可以在建设工程交易中心设立服务"窗口"，并对建设工程招标投标活动依法实施监督。

**1. 建设工程交易中心应具备的条件**

地级以上城市（包括地、州、盟）设立建设工程交易中心应经建设部、国家计委、监察部协调小组批准。建设工程交易中心必须具备下列条件：

（1）有固定的建设工程交易场所和满足建设工程交易中心基本功能要求的服务设施。

（2）有政府管理部门设立的评标专家名册。

（3）有健全的建设工程交易中心工作规则、办事程序和内部管理制度。

（4）工作人员必须奉公守法并熟悉国家有关法律法规，具有工程招标投标等方面的基本知识；其负责人必须具有5年以上从事建设市场管理的工作经历，熟悉国家有关法律法规，具有较丰富的工程招标投标等业务知识。

（5）建设工程交易中心不能重复设立，每个地级以上城市（包括地、州、盟）只设一个，不按照行政管理部门分别设立。

**2. 建设工程交易中心的职责**

（1）贯彻执行建筑市场和建设工程管理的法律、法规和规章，按照交易规则及时收集、发布信息。

（2）为建筑市场进行交易的各方提供服务。

（3）配合市场各部门调解交易过程中发生的纠纷。

（4）向政府有关部门报告交易活动中发现的违法违纪行为。

### 1.3.3　招标投标法的内容要点

为了规范招标投标活动，保护国家利益、社会公共利益和招标投标活动当事人的合法权益，提高经济效益，保证项目质量，全国人大于1999年8月30日颁布了《中华人民共和国招标投标法》，将招标与投标活动纳入法制管理的轨道。主要内容包括招标投标程序；招标人和投标人应遵循的基本规则；任何违反法律规定应承担的法律责任等。

《招标投标法》的基本宗旨是：招标和投标活动属于当事人在法律规定范围内自主进行的市场行为，但必须接受政府行政主管部门的监督。实行招标发包的建设工程必须遵守《招标投标法》的规定。

《招标投标法》的主要内容包括以下几方面：

（1）总则；

（2）招标的基本要求；

（3）投标的基本要求；

（4）开标、评标和中标的程序；

扫一扫看
《中华人民共和国担保法》

（5）基本的法律责任；

（6）附则。

### 1.3.4 担保法的主要内容和担保方式

担保是指合同的当事人双方为了使合同能够得到全面按约履行，根据法律、行政法规的规定，经双方协商一致后采取的具有法律效力的保证措施。

担保法是指调整债务人、担保人与债权人之间所发生的民商事关系的法律规范的总称。1995 年 6 月 30 日第八届全国人民代表大会常务委员会第十四次会议通过的，并于 1995 年 10 月 1 日起施行的《中华人民共和国担保法》（以下简称《担保法》），是规范担保活动的专门法律。该法共七章九十六条，明确了担保的基本方式：保证、抵押、质押、留置和定金五种。

**1. 《担保法》的主要内容**

1）保证的概念

保证是指保证人和债权人约定，当债务人不履行债务时，保证人按照约定履行债务或承担责任的行为。

2）保证人

保证人必须是具有代为清偿债务能力的人，既可以是法人，也可以是其他组织或公民。下列人不可以做保证人：

（1）国家机关不得做保证人。但经国务院批准为使用外国政府或国际经济组织贷款而进行的转贷除外。

（2）学校、幼儿园、医院等以公益事业为目的的事业单位、社会团体不得做保证人。

（3）企业法人的分支机构、职能部门不得做保证人。但有法人书面授权的，可在授权范围内提供保证。

3）保证合同

保证人与债权人应当以书面形式订立保证合同。保证合同应包括以下内容：被保证的主债权种类、数量；债务人履行债务的期限；保证的方式；保证担保的范围；保证的期间及双方认为需要约定的其他事项。

4）保证方式

保证的方式有两种：一般保证和连带保证。保证方式没有约定或约定不明确的，按连带保证承担保证责任。

（1）一般保证，当事人在保证合同中约定，当债务人不履行债务时，由保证人承担保证责任的保证方式。一般保证的保证人在主合同纠纷未经审判或仲裁，并就债务人财产依法强制执行仍不能履行债务前，对债务人可以拒绝承担保证责任。

（2）连带保证，是指当事人在保证合同中约定保证人与债务人对债务承担连带责任的保证方式。连带责任保证的债务人在主合同规定的债务履行期届满没有履行债务的，债权人可以要求债务人履行债务，也可以要求保证人在其保证范围内承担保证责任。

5）保证范围及保证期间

（1）保证范围，包括主债权及利息、违约金、损害赔偿金和实现债权的费用。保证合同另有约定的，按照约定执行。当事人对保证范围无约定或约定不明确的，保证人应对全部债务承担责任。

（2）保证期间，一般保证的担保人与债权人未约定保证期间的，保证期间为主债务履行期间届满之日起六个月。债权人未在合同约定的和法律规定的保证期间内主张权利（仲裁或诉讼），债权人未要求保证人承担保证责任的，保证人免除保证责任。如债权人已主张权利的，保证期间适用于诉讼时效中断的规定。连带责任保证人与债权人未约定保证期间的，债权人有权自主债务履行期满之日起六个月内要求保证人承担保证责任。

### 2. 抵押

抵押是指债务人或第三人不转移对抵押财产的占有，将该财产作为债权的担保。当债务人不履行债务时，债权人有权依法以该财产折价或以拍卖、变卖该财产的价款优先受偿。

1）可以抵押的财产

（1）抵押人拥有所有权的财产。如房屋和其他地上定着物、机器、交通运输工具和其他财产。

（2）抵押人依法有权处分的财产，如已占有的国有土地的使用权及其他财物。

（3）抵押人依法承包且经发包方同意抵押的使用权，如荒地（山、沟、丘、滩）的使用权。

（4）依法可以抵押的其他财产。

2）禁止抵押的财产

（1）土地所有权和耕地、宅基地、自留地等的使用权。

（2）学校的教育设施、医院的医疗设施和其他社会公益设施。

（3）所有权、使用权不明确或有争议的财产和被查封、扣押、监管的财产。

（4）依法不得抵押的其他财产。

以抵押作为履行合同的担保，应依据有关法律法规签订抵押合同并办理抵押登记手续。

### 3. 质押

质押是指债务人或第三人将其动产或权利移交债权人占有，用以担保债权的履行，当债务人不能履行债务时，债权人依法有权就该动产或权利优先得到清偿的担保。

质押的种类包括动产质押和权利质押两种。

### 4. 留置

留置是指债权人按照合同约定占有债务人的动产，债务人不按照合同约定的期限履行债务时，债权人有权依法留置该财产，以该财产折价或以拍卖、变卖该财产的价款优先受偿的担保方式。

留置担保范围，包括主债权及利息、违约金、损害赔偿金、留置物保管费用和实现留置权的费用。

留置的期限是指债权人与债务人应在合同中约定债权人留置财产后，债务人应在不少于两个月的期限内履行债务。债权人与债务人在合同中未约定的，债权人留置债务人财产后，应确定两个月以上的期限，通知债务人在该期限内履行债务。

### 5. 定金

定金有着预先支付性，是指合同当事人一方为了证明合同成立及担保合同的履行在合同中约定应给付对方的一定数额的货币。合同履行后，定金可收回或抵作价款。给付定金的一方不履行合同，无权要求返还定金；收受定金的一方不履行合同的，应双倍返还定金。

定金应以书面合同形式约定。当事人在定金合同中应该写明交付定金的期限及数额，定金合同从实际交付定金之日起生效。定金数额最高不得超出主合同标的金额的 20%。

## 1.3.5　保险法的主要内容

扫一扫看《中华人民共和国保险法》

保险是一种受法律保护的分散危险、消化损失的经济制度。危险可分财产危险、人身危险和法律责任危险三种。财产危险是指财产因意外事故或自然灾害而遭受毁损或灭失的危险；人身危险是指人们因生老病死和失业等原因而遭致财产损失的危险；法律责任危险是指对他人的财产、人身实施不法侵害，依法应负赔偿责任的危险。

在狭义上保险法指第八届全国人民代表大会常务委员会第十四次会议，于 1995 年 6 月 30 日通过的《中华人民共和国保险法》（以下简称《保险法》），该法先后已经过四次修订，最新版的《保险法》于 2015 年 4 月 24 日公布实施。该法第二条规定："本法所称保险，是指投保人根据合同约定，向保险人支付保险费，保险人对于合同约定的可能发生的事故因其发生所造成的财产损失承担赔偿保险金责任，或者当被保险人死亡、伤残、疾病或者达到合同约定的年龄、期限时承担给付保险金责任的商业保险行为。"

《保险法》是调整保险活动中保险人与投保人、被保险人以及受益人之间法律关系的专门法律。该法共八章一百五十二条。其中与工程建设相关的主要内容如下。

### 1. 建筑工程一切险

#### 1）建筑工程一切险的概念

建筑工程一切险承保各类民用、工业和公用事业建筑工程项目，包括道路、水坝、桥梁、港口、地铁等，在建造过程中因自然灾害或意外事故而引起的一切损失。

建筑工程一切险往往还加保第三者责任险，即保险人在承保某建筑工程的同时，还对该工程在保险期限内因发生意外事故造成的依法应由被保险人负责的工地上及邻近地区的第三者的人身伤亡、疾病或财产损失，以及被保险人因此而支付的诉讼费用和事先经保险人书面同意支付的其他费用，负赔偿责任。

#### 2）被保险人

在工程保险中，保险公司可以在一张保险单上对所有参加该项工程的有关各方都给予所需的保险。即：凡在工程进行期间，对这项工程承担一定风险的有关各方，均可作为被保险人。

（1）建筑工程一切险的被保险人。包括：业主；承包商或分包商；技术顾问，即业主雇用的建筑师、工程师及其他专业顾问。

（2）共保交叉责任条款。被保险人不止一个时，为避免其相互间追偿责任，可在保险单中加上共保交叉责任条款。其含义是：加上共保交叉责任条款的保险合同，如同每个被保险人各自有一份单独的保单，当其应负的那部分"责任"发生问题、财产遭损失时，就可以从保险人那里获得相应的赔偿。另外，被保险人之间发生相互的责任事故所造成的损失都由保险人负责赔偿，无须根据各自的责任相互进行追偿。

3）承保的财产

建筑工程一切险可承保的财产为：

（1）合同规定的建筑工程，包括永久工程、临时工程以及在现场的物料；

（2）建筑用机器、工具、设备和临时工房及屋内存放的物件；

（3）业主或承包商在工地的原有财产和其他财产；

（4）安装工程项目；

（5）场地清理费；

（6）工地内的现成建筑物，以及业主或承包商在工地上的其他财产。

4）除外责任

建筑工程一切险的除外责任为：

（1）被保险人的故意行为引起的损失，如停工、错误设计引起的损失等。

（2）战争、罢工、核污染的损失。

（3）换置、修理或矫正标的本身材料缺陷或工艺不善所支付的费用。

（4）自然磨损、非外力引起的机构或电器装置的损坏或建筑用机器、设备、装置失灵。

（5）领有公用运输用执照的车辆、船舶、飞机的损失。

（6）文件、帐簿、票据、现金、有价证券、图表资料的损失。

5）承保的危险

除外责任以外的其他不可预料的自然灾害意外事故造成的损失，由被保险人承担赔偿责任，例如：

（1）水灾、地震、风暴、雷电等自然灾害。

（2）火灾、爆炸、飞机坠毁及其他飞行物的坠落等意外事故。

（3）被盗或工人、技术人员因缺乏经验、疏忽、过失、恶意行为等造成的事故。

（4）原材料缺陷或工艺不善所引起的事故。等。

6）保险责任的起讫

保险单一般规定：保险责任自投保工程开工日起或自承保项目所用材料卸至工地时起开始。

保险责任的终止，则按以下规定办理，以先发生者为准：

（1）保险单规定的保险终止日期。

（2）工程建筑或安装（包括试车、考核）完毕，工程移交给业主，或签发完工证明时终止（如部分移交，则该移交部分的保险责任即行终止）。

（3）业主开始使用工程时，如部分使用，则该使用部分的保险责任即行终止。

（4）加保保证期（缺陷责任期、保修期）的保险责任，即在工程完毕后，工程移交证书已签发，工程已移交给业主后，对工程质量还有一个保证期，则保险期限可延长至保证期，但需加缴一定的保险费。

**2. 安装工程一切险**

由于建筑工程一切险与安装工程一切险有许多相似之处，因此对安装工程一切险只作简

单介绍。

安装工程一切险承保安装各种工业用的机器、设备、储油罐、钢结构工程、起重机、吊车，以及包含机械工程因素的任何建造工程因自然灾害或意外事故而引起的一切损失。由于目前机电设备价值日趋高昂、工艺和构造日趋复杂，使安装工程的风险越来越高。因此，在国际保险市场上，安装工程一切险已发展成一种保障比较广泛、专业性很强的综合性险种。

安装工程一切险的投保人可以是业主，也可以是承包商或卖方（供货商或制造商）。在合同中，有关利益方，如所有人、承包人、转承包人、供货人、制造人、技术顾问等其他有关方，都可被列为被保险人。

安装工程一切险也可以根据投保人的要求附加第三者责任险。在安装工程建设过程中因发生任何意外事故，造成在工地上及邻近地区的第三者人身伤亡、致残或财产损失，依法应由被保险人承担赔偿责任时，保险人将负责赔偿并包括被保险人因此而支付的诉讼费用或事先经保险人同意支付的其他费用。

**3. 机器损坏险**

机器损坏险主要承保各类工厂、矿山的大型机械设备、机器在运行期间发生损失的风险。这是近几十年在国际上新兴起的一种保险。由于国际工程建设中使用的机器设备趋于大型化，在国际工程建设中也经常投保机器损坏险。

机器损坏险具有以下特点：

（1）用于防损的费用高于用于赔偿的费用。保险人承保机器损坏险后，要定期检查机器的运行，许多国家的立法都有这方面的强制性规定。这往往使得保险人用于检查机器的费用远高于用于赔款的费用。

（2）承保的基本上都是人为的风险损失。机器损坏险承保的风险，如设计制造和安装错误，工人、技术人员的操作错误、疏忽、过失、恶意行为等造成的损失，大都是人为的，这些风险往往是普通财产保险不负责承保的。

（3）机器设备均按重置价投保。即在投保机器损坏险时，按投保时重新换置同一型号、规格、性能的新机器的价格，包括出厂价、运费、可能支付的税款和安装费进行投保。

# 任务 1.4　建筑工程合同的内容与订立

随着我国经济发展，基本建设作为重要的产业支柱在国民经济发展的过程中有着不可或缺的地位，同时，相应的法律法规也在不断地完善健全，保障经济发展的顺利进行。在本任务中，要求学生掌握工程合同的法律法规；了解合同法律法规的作用，将合同的法律法规在实际工作中充分运用。

第九届全国人民代表大会第二次会议于 1999 年 3 月 15 日通过了《中华人民共和国合同法》（以下简称《合同法》），自 1999 年 10 月 1 日起施行。《合同法》共二十三章四百二十八条，分总则、分则、附则三部分。

《合同法》所规定的合同，具有以下法律特征：

（1）合同由双方当事人的法律行为而引起。

（2）合同因双方当事人的意思表示一致而成立。

（3）合同的债权债务必须相互对应。

（4）合同的缔结由当事的自由意志支配。

《合同法》第二条规定："本法所称合同是平等主体的自然人、法人、其他组织之间设立、变更、终止民事权利义务关系的协议。"

扫一扫看
《中华人民共
和国合同法》

### 1.4.1　合同法的基本原则

合同法的基本原则是合同当事人在合同活动中应当遵守的基本准则，也是人民法院、仲裁机构审理、仲裁合同纠纷时应当遵循的原则。《合同法》第三条至第八条规定了合同法的基本原则。

1）当事人法律地位平等原则

合同当事人的法律地位平等，一方不得将自己的意志强加给另一方。

2）合同自愿原则

当事人依法享有自愿订立合同的权利，任何单位和个人不得非法干预。合同自愿原则是合同法最重要的基本原则，贯彻于合同订立、履行的全过程之中。

3）公平原则

当事人应当遵循公平原则确定各方的权利和义务。

4）诚实信用原则

当事人行使权利、履行义务应当遵循诚实信用原则。

5）遵守法律和维护道德原则

当事人订立、履行合同，应当遵守法律、行政法规，尊重社会公德，不得扰乱社会经济秩序，损害社会公共利益。

6）合同对当事人具有法律约束力原则

依法成立的合同，对当事人具有法律约束力。当事人应当按照约定履行自己的义务，不得擅自变更或者解除合同。依法成立的合同，受法律保护。

### 1.4.2　合同的主要内容

合同主要包括以下内容。

（1）当事人的名称或者姓名和住所。

（2）标的：标的是合同当事人双方权利义务共同所指向的对象。没有标的，或标的不详，合同的权利义务失去所指，则合同不能成立。合同的标的可以是物、行为、智力成果、科研项目等。标的是物的，既可以是有形的，也可是无形的。

（3）数量：数量是指以数字方式和计量单位对合同标的进行具体的规定，是衡量标的大小、多少、轻重等的尺度。

（4）质量：质量是度量标的的标准，是指成分、含量、尺寸、浓度、性能等表示合同标的的内在因素和外观形象的状态。

（5）价款或酬金：价款或酬金是取得标的时以货币形式支付的代价或报酬。标的为物或者智力成果时，取得标的的所有者应支付代价为价款；标的为行为时，取得标的的所有者应支付代价为报酬。价款和酬金也可以统称为价金。无偿合同时，不存在价款和酬金，比如赠与合同。

（6）履行期限、地点和方式：履行期限是合同履行的时间规定，是合同的现实意义的重要依据，又是判断当事人是否违约的一个重要因素。约定的履行期限方式可以为即时履行、定期履行、分期履行、一次履行。

地点是指当事人在什么地方履行合同义务和接受合同义务。履行地点往往关系到运费的负担、标的物财产的转移、意外灭失风险的承担和合同纠纷管辖问题。所以，在订立合同时应当准确约定，明确地点。

履行方式是合同当事人履行合同义务的方法。与合同标的密切相关，可根据实际情况分别约定为：实物交付或所有权凭证交付；自提、送货，代办托运；铁路、水路、公路、航空等运输方式。

（7）违约责任：违约责任是指合同当事人不履行合同义务或者不完全履行合同约定应当承担的法律责任。具体的表现形式多种多样，概括起来有两种情况：一种是合同不履行；另一种是合同履行不适当，当事人虽然履行了合同但是不符合合同约定的条件。当事人可在合同中约定违约责任、承担方式、违约金计算方法、违约导致损失的计算方法、免责条款等。

（8）解决争议的方法：解决争议的方法是指当事人之间在履行合同的过程中发生争议时通过什么方式予以解决。解决方法有四种：一是通过双方当事人协商解决；二是通过第三人调节解决；三是由双方当事人在合同中约定仲裁条款，在事后达成书面仲裁协议并通过仲裁机构一次解决争议；四是向人民法院提起诉讼。

### 1.4.3 订立合同主体的资格

按照《合同法》规定，自然人、法人和其他组织可以签订合同，成为合同的主体。《合同法》第九条规定："当事人订立合同，应当具有相应的民事权利能力和民事行为能力。""当事人依法可以委托代理人订立合同。"

#### 1. 当事人的民事权利能力

民事权利能力是指民事主体依法享有民事权利和承担民事义务的资格，民事权利能力是由法律赋予民事主体的。

1）公民的民事权利能力

《民法通则》第九条规定："公民从出生时起到死亡时止，具有民事权利能力，依法享有民事权利，承担民事义务。"

2）法人的民事权利能力

《民法通则》第三十六条第二款规定："法人的民事权利能力和民事行为能力，从法人成立时产生，到法人终止时消灭。"

法人因其性质不同，所以成立时间上也有区别。企业法人以依法领取营业执照之日起成立；事业单位和社会团体法人如需依法办理登记手续，从核准登记之日起成立；不需办理登记手续的，从实际成立之日起成立。法人终止的原因主要有依法被撤销、解散、依法宣告破产等。

3）其他组织的民事权利能力

其他组织的民事权利能力，与法人相同，始于该组织的成立，终于该组织的终止。

**2．当事人的民事行为能力**

民事行为能力是指民事主体能够以自己的行为依法行使权利和承担义务，从而使法律关系发生、变更或消灭的资格。

1）公民的民事行为能力

公民作为订立合同的当事人，既是合同主体又是订约主体。作为订约主体，要求达到相应的年龄，具有相应的精神智力状况，能正确理解其订立合同行为的内容和性质。

按照《民法通则》的规定，18 周岁以上的公民是完全民事行为能力人；16 周岁以上不满 18 周岁的公民，以自己的劳动收入为主要生活来源的，视为完全民事行为能力人。完全民事行为能力人可以独立订立合同。10 周岁以上的未成年人和不能完全辨认自己行为的精神病人，是限制民事行为能力人，可以订立与其年龄、智力和精神健康状况相适应的合同。与其年龄、智力和精神健康状况不相适应的应当由其法定代理人代理，或征得法定代理人同意。不满 10 周岁的未成年人和不能辨认自己行为的精神病人是无民事行为能力人，不具有合同行为能力，应由其法定代理人代理。

2）法人的民事行为能力

法人的民事行为能力与其民事权利能力一致，从法人成立时产生，到法人终止时消灭。法人的民事行为能力由法人机关或者代表来实现，其范围取决于法人登记的经营范围。

3）其他组织的民事行为能力

其他组织的民事行为能力与法人相同。

**3．代订合同**

当事人依法可以委托代理人订立合同。委托代理人订立合同，即代订合同，是指当事人委托他人以自己的名义与第三人签订合同，并承担由此产生的法律后果的行为。代订合同具有以下四个特征：

（1）代理人以被代理人的名义进行订立合同的活动。

（2）代理人以被代理人的名义与第三人订立合同。

（3）代理人必须在委托授权的范围内订立合同。当事人委托代理人订立合同的，应当签署授权委托书，载明代理人的姓名或名称、代理事项、代理权限、代理期限等内容，并签名或盖章。

（4）代理人代订的合同由被代理人承担，即由被代理人享有合同中约定的权利，承担合同中约定的义务。

### 1.4.4　合同订立的形式和程序

**1．合同订立的形式**

合同订立的形式是指当事人采取何种方式来表现所订立合同的内容，是合同内容的外在表现，是合同内容的载体。《合同法》第十条规定："当事人订立合同，有书面形式、口头形式和其他形式。"

### 1）书面形式

书面形式是指以文字的方式表现当事人之间订立合同内容的形式。书面形式的合同能够准确地记载合同双方当事人的权利义务，在发生纠纷时，有据可查，便于处理。因此法律要求，关系复杂的合同、价款或报酬数额较大的合同，应当采用书面形式。《合同法》第十条第二款规定："法律、行政法规规定采用书面形式的，应当采用书面形式。当事人约定采用书面形式的，应采用书面形式。"第十一条规定："书面形式是指合同书、信件和数据电文（包括电报、电传、传真、电子数据交换和电子邮件）等可以有形地表现所载内容的形式。"

### 2）口头形式

口头形式是指当事人以口头语言的方式订立合同。以口头形式订立合同简便易行、直接迅速。其缺点在于发生争议时，难以举证，不利于分清当事人之间的责任，当事人的合法权益难以保护。因此，对于不能即时清结，并且标的较大的合同不宜采取口头形式。

### 3）其他形式

其他形式是指采取除书面形式、口头形式以外的方式来表现合同的内容。如通过实施某种行为来进行意思表示。

### 2. 订立合同的程序

当事人就合同内容协商一致，合同成立。从合同成立的程序来讲，必须经过要约和承诺两个阶段。《合同法》第十三条规定："当事人订立合同，采取要约、承诺方式。"

#### 1）要约

（1）要约的概念和条件。《合同法》第十四条规定："要约是希望和他人订立合同的意思表示，该意思表示应当符合下列规定：（一）内容具体确定；（二）表明经受要约人承诺，要约人即受该意思表示约束。"据此规定，要约发生法律效力，必须具备两个条件：

① 内容具体确定。要约是要约人意图与他人订立合同，而由要约人向受要约人发出的意思表示，其目的在于征求对方的承诺。所以要约的内容必须具有足以确定合同成立的内容，即必须包含要约人所希望订立合同的主要条款。

② 表明经受要约人承诺，要约人即受该意思表示约束。要约在被承诺后，就产生合同的法律效力。为便于掌握要约和要约邀请的区别，要求要约人应当明确向受要约人表明，一旦该要约已受要约人承诺，要约人即受该意思表示约束，合同即告成立。

要约邀请，又称要约引诱，《合同法》第十五条规定："要约邀请是希望他人向自己发出要约的意思表示。寄送的价目表、拍卖公告、招标公告、招股说明书、商业广告等为要约邀请。""商业广告的内容符合要约规定的，视为要约。"要约邀请只是邀请他人向自己发出要约，对要约邀请人和相对人都没有约束力。

（2）要约的生效。要约的生效是指要约从什么时间开始发生法律效力。如何确定要约的生效时间，各国的法律规定并不一致，主要有三种情况：一是发信主义，即要约人发出要约，使要约脱离自己的控制后，就发生法律效力，而不论受要约人是否实际收到；二是到达主义，即要约从到达受要约人时开始生效；三是了解主义，即要约到达受要约人后，在受要约人了解要约内容的时候开始生效。《合同法》采用了到达主义，在第十六条中规定："要约到达受要约人时生效。""采用数据电文形式订立合同，收件人指定特定系统接收数据电文的，该数据电文进入该特定系统的时间，视为到达时间；未指定特定系统的，该数据电文进入收件人的任何系统的首次时间，视为到达时间。"

（3）要约的撤回和撤销

① 要约的撤回是指要约人在发出要约后、要约生效前，宣告收回发出的要约，取消其效力的行为。《合同法》第十七条规定："要约可以撤回。撤回要约的通知应当在要约达到受要约人之前或者与要约同时到达受要约人。"要约的撤回符合本条规定的，发生要约撤回的效力，即视为没有发出要约，受要约人没有取得承诺资格。要约撤回的通知迟于要约到达受要约人的，不发生要约撤回的效力，要约仍然有效。

② 要约的撤销是指在要约生效后、受要约人做出承诺前，宣布取消该项要约，使该要约的效力归于消灭的行为。《合同法》第十八条规定："要约可以撤销。撤销要约的通知当在受要约人发出承诺通知之前到达受要约人。"

要约的撤销与要约的撤回是不同的。由于要约的撤销发生在要约生效以后，受要约人可能已经做出承诺和履行的准备，如果允许要约人随意撤销要约，有可能损害受要约人的利益和社会交易安全。所以，在规定要约可以撤销的同时，《合同法》也规定了一些限制性的条件。《合同法》第十九条规定有下列情形之一的要约不得撤销：第一，要约中确定了承诺期限或者以其他形式表明要约不可撤销；第二，受要约人有理由认为要约是不可撤销的，并且已经为履行合同做了准备工作。

（4）要约的失效

要约在一定的条件下，会丧失其法律约束力，对要约人和受要约人不再产生约束力。要约人不再受要约的约束，受要约人也不再有承诺的资格。《合同法》第二十条规定："有下列情形之一的，要约失效：（一）拒绝要约的通知到达要约人；（二）要约人依法撤销要约；（三）承诺期限届满，受要约人未做出承诺；（四）受要约人对要约人的内容做出实质性变更。"

2）承诺

（1）承诺的概念和条件。《合同法》第二十一条规定："承诺是受要约人同意要约的意思表示。"承诺是已接受要约全部条件内容的，有效的承诺应当符合下列条件：

① 承诺必须由受要约人向要约人做出；

② 承诺必须是对要约明确表示同意的意思表示；

③ 承诺必须在要约有效期限内做出；

④ 承诺的内容必须与要约的内容相一致。

（2）承诺的方式。承诺的方式是指受要约人应当采用何种方法做出其同意要约的意思表示。《合同法》第二十二条规定："承诺应当以通知的方式做出，但根据交易习惯或者要约表明可以通过行为做出承诺的除外。"根据此项规定，受要约人应当以通知方式做出承诺，但有两种情况可以例外：

① 根据交易习惯。如果要约人和受要约人以往的交易习惯或者当地的交易习惯中，一方向另一方发出要约后，另一方在规定时间内没有做出意思表示的，则认为已经承诺，受要约人可以不再向要约人发出承诺的通知。

② 根据要约要求。要约人在要约中表明受要约人可以通过行为做出承诺，则受要约人

可以不再向要约人发出承诺的通知，只需做出承诺行为即可。

（3）承诺的期限。承诺的期限是受要约人资格的存续期限，在此期限内受要约人具有承诺资格，可以向要约人发出具有约束力的承诺。《合同法》第二十三条规定："承诺应当在要约确定的期限内到达要约人。""要约没有确定承诺期限的，承诺应当依照下列规定到达：（一）要约以对话方式做出的，应当即时做出承诺，但当事人另有约定的除外；（二）要约以非对话方式做出的，承诺应当在合理期限内到达。"

（4）逾期承诺和承诺的逾期到达。逾期承诺是指受要约人在要约人限定的承诺期限后，向要约人做出承诺。《合同法》第二十八条规定："受要约人超过承诺期限发出承诺的，除要约人及时通知受要约人该承诺有效的以外，为新要约。"逾期承诺由于在时间因素上，使其不具有承诺的性质，不能因此而成立合同，一般认为是一项新要约。但如果要约人及时认可，逾期承诺则具有承诺的法律效力。

（5）承诺的生效。关于承诺的生效时间，《合同法》第二十六条规定："承诺通知到达要约人时生效。承诺不需要通知的，根据交易习惯或者要约的要求做出承诺的行为时生效。""采用数据电文形式订立合同的，承诺到达时间适用本法第十六条第二款的规定。"

此外，《合同法》第三十二条规定："当事人采用合同书形式订立合同的，自双方当事人签字或者盖章时合同成立。"第三十三条规定："当事人采用信件、数据电文等形式订立合同的，可以在合同成立之前要求签订确认书。签订确认书时合同成立。"

（6）承诺的撤回。承诺的撤回是指受要约人发出承诺后、承诺生效前，宣告收回承诺，取消其效力的行为。《合同法》第二十七条规定："承诺可以撤回。撤回承诺的通知应当在承诺通知到达要约人之前或者与承诺通知同时到达要约人。"

承诺的撤回，只能发生在承诺采用书面通知的情况下。如果承诺以对话方式做出，只要受要约人做出承诺，要约人听到后，承诺就生效，不存在撤回承诺的问题。如果承诺以行为方式做出，只要受要约人做出承诺行为，承诺就生效，也不存在撤回承诺的问题。

（7）合同成立的地点。《合同法》第三十四条规定："承诺生效的地点为合同成立的地点。""采用数据电文形式订立合同的，收件人的主营业地为合同成立的地点；没有主营业地的，其经常居住地为合同成立的地点。当事人另有约定的，按照其约定。""当事人采用合同书面形式订立合同的，双方当事人签字或者盖章的地点为合同成立的地点。"按照上述规定，合同成立的地点为：承诺生效地、收件人所在地、签字或盖章地。按照我国《民事诉讼法》的有关规定，合同成立地点与确定人民法院诉讼管辖权的问题密切相关，所以具有重要的意义。

### 1.4.5　合同的履行

合同的履行是指合同债务人全面、正确地完成合同义务，债权人的合同权利完全得到实现。

合同的履行，是实现双方当事人合同目的的重要环节，是合同债务按当事人的约定付诸实施并且予以完成的一个过程。合同的履行，是合同法律效力的主要内容，也是合同关系消灭的一个主要原因，合同双方当事人均正确履行了合同，合同关系归于消灭。合同的成立是合同履行的前提，合同的履行是整个合同过程的中心。没有合同的履行，合同的订立就失去意义，合同债权也就无法实现，达不到双方当事人订立合同的目的。

### 1．合同的履行原则

合同的履行原则是指合同当事人在履行合同过程中应遵循的基本准则。在合同的履行原则中，有些是合同法的基本原则，如诚实信用原则、公平原则等，有些是合同履行的专属原则，如全面履行原则。《合同法》第六十条规定："当事人应当按照约定全面履行自己的义务。""当事人应当遵循诚实信用原则，根据合同的性质、目的和交易习惯履行通知、协助、保密等义务。"

### 2．全面履行原则

全面履行原则是指当事人按照合同约定的条款全面履行合同义务的原则。具体讲就是当事人按照合同约定的主体、标的、数量、质量、价款或报酬、履行期限、地点、方式等全面完成合同义务的履行原则。

全面履行原则是判断合同当事人是否全面履行合同义务的标准，也是判断当事人是否存在违约行为及是否承担违约责任的法律准则。全面履行合同原则，是对合同双方当事人的最基本的要求。

### 3．诚实信用原则

#### 1）诚实信用

诚实信用原则是合同法的基本原则，不是专属合同履行的原则。《合同法》在合同的履行一章中规定这一原则，是强调这一原则在合同履行过程中的重要性。诚实信用原则，是指当事人在履行合同义务时，遵循诚实、信用、不滥用权利、不规避义务的原则。诚实信用原则要求在合同履行过程中确保合同当事人之间利益关系的平衡，不容许欺诈、任意毁约等行为。

诚实信用原则，除了强调双方当事人按合同约定全面履行义务外，还强调当事人应当履行依据诚实信用原则所产生的附属义务，即根据合同的性质、目的和交易习惯履行通知、协助、保密等义务。

#### 2）保密

合同的内容有时会涉及对当事人的利益有一定影响的商业秘密、技术秘密等，各方当事人应当遵守保密义务。《合同法》第四十三条规定："当事人在订立合同过程中知悉的商业秘密，无论合同是否成立，不得泄露或者不正当地使用。泄露或者不正当地使用该商业秘密给对方造成损失的，应当承担损害赔偿责任。"

## 知识梳理与总结

本情境主要介绍了建筑法律法规、招投标法、建筑工程合同的基本概念和基本原则，通过本情境的学习读者应掌握建筑法律、招投标、工程合同的基本技能。

（1）能够认知建筑法律制度，了解建筑法、建筑工程保险、建筑工程许可制度。

（2）掌握招投标法的基本概念，理解担保法，建筑工程合同及工程合同的基本原则和内容，知道订立合同主体的资格，订立的形式和程序。

 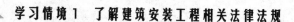
## 思考题 1

扫一扫看本
思考题答案

1. 建设项目实施过程相关的法律法规有哪些？
2. 合同的基本内容和订立形式是什么？
3. 合同法的基本原则是什么？
4. 政府机关、国家公务员是否可以做担保人？为什么？
5. 何为建设工程交易中心？举例说明。
6. 签订合同必须经过哪些程序？
7. 简述招投标法。
8. 简述工程施工许可制度。

# 学习情境 2
## 认识建筑市场

扫一扫看
本情境教
学课件

**教学导航**

| 项目任务 | 任务 1　建筑市场的构成 | 学　时 | 4 |
| --- | --- | --- | --- |
| | 任务 2　建筑市场经营活动 | | |
| | 任务 3　承包商的资格 | | |
| 教学目标 | 了解建筑市场，能够根据实际编写一份市场调查报告 | | |
| 教学载体 | 实训中心、教学课件及书中相关内容 | | |
| 课程训练 | 知识方面 | 理解建筑市场的基本概念，了解建筑企业的经营活动 | |
| | 能力方面 | 会查找资料并进行汇总、编写的能力 | |
| | 其他方面 | 锻练写作、文字编辑和演讲的能力 | |
| 过程设计 | 任务布置及知识引导→分组学习、讨论和收集资料→学生编写报告，制作 PPT 文档集中汇报→教师点评或总结 | | |
| 教学方法 | 参与型项目教学法 | | |

建筑市场是建设工程市场的简称，是进行建筑商品和相关要素交换的市场。建筑市场是固定资产投资转化为建筑产品的交易场所。建筑市场由有形建筑市场和无形建筑市场两部分构成，如建设工程交易中心——收集与发布工程建设信息，办理工程报建手续、承发包、工程合同及委托质量安全监督和建设监理等手续，提供政策法规及技术经济等咨询服务。无形市场是指建设工程交易之外的各种交易活动及处理各种关系的场所。

# 任务 2.1　建筑市场的构成

## 2.1.1　建筑市场的主体

建筑市场由业主、承包方和中介服务机构组成市场主体；各种形态的建筑商品及相关要素（如建筑材料、建筑机械、建筑技术和劳动力）构成市场客体；建筑市场的主要竞争机制是招标投标；法律、法规和监管体系保证市场秩序，保护市场主体的合法权益。建筑市场是消费品市场的一部分（如住宅建筑），也是生产要素市场的一部分（如工业厂房、港口、道路、水库）。

### 1. 业主

业主是指既有进行某项工程的需求，又具有工程建设资金和各种准建手续，是在建筑市场中发包建设任务，并最终得到建筑产品达到其投资目的的法人、其他组织和个人。他们可以是学校、医院、工厂、房地产开发公司，或是政府及政府委托的资产管理部门，也可以是个人。在我国工程建设中常将业主称为建设单位、甲方或发包人。

市场主体是一个庞大的体系，包括各类自然人和法人。在市场生活中，不论哪类自然人和法人，总要购买商品或接受服务，同时销售商品或提供服务。其中，企业是最重要的一类市场主体。因为企业既是各种生产资料和消费品的销售者，资本、技术等生产要素的提供者，又是各种生产要素的购买者。例如，建筑业企业在向社会销售建筑商品，提供技术服务、资本的同时，又要购买建筑钢材、水泥、施工机械设备等生产资料，接受资本、劳动力、技术服务等。

### 2. 承包商

承包商是指有一定生产能力、技术装备、流动资金，具有承包工程建设任务的营业资格，在建筑市场中能够按照业主方的要求，提供不同形态的建筑产品，并获得工程价款的建筑业企业。按照他们进行生产的主要形式的不同，分为勘察、设计单位，建筑安装企业，混凝土预制构件和非标准预制件等生产厂家，商品混凝土供应站，建筑机械租赁单位，以及专门提供劳务的企业等；按照他们提供的主要建筑产品不同，分为不同的专业，例如，水电、铁路、冶金、市政工程等专业公司；按照他们的承包方式不同分为施工总承包企业、专业承包企业、劳务分包企业。在我国工程建设中承包商又称为乙方。

### 3. 中介机构

中介机构是指具有一定注册资金和相应的专业服务能力，持有从事相关业务执照，能对工程建设提供估算测量、管理咨询、招标代理、建设监理等智力型服务，并取得服务费用的咨询服务机构和其他为工程建设服务的专业中介组织。中介机构作为政府、市场、企业之间联系的纽带，具有政府行政管理不可替代的作用。发达市场的中介机构是市场体系成熟和市场经济发达的重要表现。建筑市场的中介机构主要有：

（1）协调和约束市场主体行为的自律性组织，主要指建筑业协会及其下属的专业分会；

（2）保证公平交易、公平竞争的公证机构，主要指各种专业事务所、评估机构、公证机构、合同纠纷的调解仲裁机构等。

（3）咨询代理机构，是指为促进建筑市场降低交易成本、提供各种服务的咨询代理机构，如建设工程交易中心、监理公司等。

（4）检查认证机构，是指监督建设市场活动，维护市场正常秩序的检查认证机构，如建筑产品质量检测、鉴定机构，ISO 9000 认证机构等。

（5）公益机构，是指为保证社会公平、市场竞争秩序正常的以社会福利为目的的基金会、保险机构等。它们既可以为企业意外损失承担风险，又可以为安定职工情绪提供保障。

### 2.1.2　建筑市场的客体

市场客体是指一定量的可供交换的商品和服务，它包括有形的物质产品和无形的服务，以及各种商品化的资源要素，如资金、技术、信息和劳动力等。市场活动的基本内容是商品交换，若没有交换客体，就不存在市场，具备一定量的可供交换的商品，是市场存在的物质条件。

建筑市场的客体一般称做建筑产品，它包括有形的建筑产品——建筑物和无形的产品——各种服务。客体凝聚着承包商的劳动，业主以投入资金的方式取得它的使用价值。在不同的生产交易阶段，建筑产品表现为不同的形态。它可以是中介机构提供的咨询报告、咨询意见或其他服务，可以是勘察设计单位提供的设计方案、设计图纸、勘察报告，可以是生产厂家提供的混凝土预制构件、非标准预制件等产品，也可以是施工企业提供的最终产品——各种各样的建筑物和构筑物。

## 任务 2.2　建筑市场经营活动

建筑市场经营又称建筑市场营销，指建筑业企业经营销售建筑商品和提供服务以满足业主（用户）需求的综合性生产经营活动。

建筑市场经营的主体是建筑业企业和建设单位（用户）。建筑市场经营的最终目的是达成建筑商品交换，满足用户需求，建筑业企业获得利润。建筑市场经营是企业生产经营活动中极其重要的一环，只有经过市场经营才能与建设单位达成交易关系，建筑业企业获得工程建设承包权即建筑商品销售权，建设单位获得建筑商品的所有权和使用权。

### 2.2.1　建筑市场经营的内容

建筑市场经营主要进行以下工作。

1）建筑市场调查

建筑市场调查是指有目的、有计划、系统地收集、整理和分析建筑市场的各类信息，为市场决策提供市场需求、竞争对手和市场环境等方面的资料。

2）选择经营方式

建筑业企业经营方式有很多，应根据工程项目特点和建设单位实际情况选择合适的经营方式。建筑业企业经营方式是在建筑业企业与建设单位达成交易时就应明确的内容。

3）建设工程投标

在获得市场需求信息后，通过编制投标文件及有关工作，利用合法竞争手段获取工程项目的承包权。

4）谈判与签订合同

建筑商品交易是一种期货交易，必须事先签订工程承包合同，明确双方的权利义务。签订合同的过程就是讨价还价的过程——谈判过程。

5）索赔和中间结算

在建筑产品的形成过程中，会因种种原因使工程项目发生变更。这些变更将影响价格和工期，需要甲乙双方通过协商达成一致意见，这种协商即索赔或签证。

按规定，非一次性付款的工程项目，要办中间结算，完成部分交易。

6）竣工结算

建设项目竣工验收合格后，双方办理工程移交手续，同时结清全部工程价款，建筑商品交易最终完成。

### 2.2.2　建设工程承包方式

在工程承包中，一个建设项目往往有不止一个承包单位。不同承包单位之间，承包单位与建设单位之间的关系不同、地位不同，也就形成不同的承包方式。

1）总承包

一个建设项目的建设全过程或其中某个阶段的全部工作，由一个承包单位负责组织实施。这个承包单位可以将若干个专业性工作交给不同的专业承包单位去完成，并统一协调和监督他们的工作。在一般情况下，业主仅与这个承包单位发生直接关系，而不与各专业承包单位发生直接关系，这样的承包方式叫做总承包。承担这种任务的单位叫做总承包单位，或简称总包，通常有咨询公司、勘察设计机构、一般土建公司以及设计施工一体化的大建筑公司等。我国新兴的工程承包公司也是总包单位的一种组织形式。

2）分承包

分承包简称分包，是相对总承包而言的，即承包者不与建设单位发生直接关系，而是从总承包单位分包某一分项工程（例如土方、模板、钢筋等）或某种专业工程（例如钢结构制作和安装、卫生设备安装、电梯安装等），在现场由总包统筹安排其活动，并对总包负责。分包单位通常为专业工程公司，例如工业炉窑公司、设备安装公司、装饰工程公司等。国际上现行的分包方式主要有两种：一种是由建设单位指定分包单位，与总包单位签订分包合同；另一种是总包单位自行选择分包单位签订分包合同。

3）独立承包

独立承包是指承包单位依靠自身的力量完成承包的任务，而不实行分包的承包方式。通常仅适用于规模较小、技术要求比较简单的工程以及修缮工程。

4）联合承包

联合承包是相对于独立承包而言的承包方式，即由两个以上承包单位联合起来承包一项工程任务，由参加联合的各单位推定代表统一与建设单位签订合同，共同对建设单位负责，并协调他们之间关系。但参加联合的各单位仍是各自独立经营的企业，只是在共同承包的工程项目上，根据预先达成的协议，承担各自的义务和分享共同的收益，包括投入资金数额、工人和管理人员的派遣、机械设备和临时设施的费用分摊、利润的分享以及风险的分担等。

这种承包方式由于多家联合，资金雄厚，技术和管理上可以取长补短，发挥各自的优势，有能力承包大规模的工程任务。同时由于多家共同作价，在报价及投标策略上互相交流经验，也有助于提高竞争力，较易得标。在国际工程承包中，外国承包企业与工程所在国承包企业联合经营，也有利于对当地国情民俗、法规条例的了解和适应，便于工作的开展。

5）直接承包

直接承包就是在同一工程项目上，不同承包单位分别与建设单位签订承包合同，各自直接对建设单位负责。各承包商之间不存在总分包关系，现场上的协调工作可由建设单位自己去做，或委托一个承包商牵头去做，也可聘请专门的项目经理来管理。

### 2.2.3 建设工程交易中心的管理

省、市、地区和县级市，以及固定资产投资规模较大和工程数量较多的县，均应建立建设工程交易中心。建设工程交易中心要逐步建成包括建设项目、工程报建、招标投标、承包单位、中介机构、材料设备价格和有关法律法规等信息的信息中心。

各级建设行政主管部门依法对建设工程交易活动进行管理，并协调有关职能管理部门进驻建设工程交易中心联合办公，维护交易中心的正常秩序，查处建设工程交易活动中的违法违规行为。各级建设工程招标投标监督管理机构负责建设工程交易中心的具体管理工作。

新建、扩建、改建的限额以上建设工程，包括各类房屋建筑、土木工程、设备安装、管道线路铺设、装饰装修和水利、交通、电力等专业工程的施工、监理、中介服务、材料设备采购，都必须在有形建设市场进行交易。凡应进入建设工程交易中心而在场外交易的，建设行政主管部门不得为其办理有关工程建设手续。

# 任务 2.3 承包商的资格

## 2.3.1 承包商应具备的基本条件

从事建筑安装工程承包的施工企业，国际惯例上称承包商，中国称为建筑企业，也称为建安企业。建筑活动由它的特殊性而决定不同于一般的经济活动，承包商具备的条件直接影响工程质量和安全，因此《建筑法》第十二条规定，从事建筑活动的建筑施工企业、勘察单位、设计单位监理单位应当具备以下四个方面的条件。

1）有符合国家规定的注册资金

注册资金是反映企业法人的财产权，同时也是判断企业经济实力的重要依据。从事经济

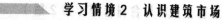

活动的企业，都必须具备基本的责任能力，能够承担与其经济活动相适应的财产义务，这既是法律权利与义务相一致、利益与风险相一致原则的反映，也是保护债权人利益的需要。因此，承包商的注册资金必须适应从事建筑活动的需要，不能低于最低限额。建设部于 2015 年 1 月 1 日修订实施的《建筑业企业资质标准》（建市[2014]159 号）对建筑企业的注册资本的最低额做出了明确规定。

2）有从事建筑活动相适应的具有法定执行资格的专业技术人员

建筑活动具有技术密集的特点，因此，从事建筑活动的建筑施工企业必须有足够的专门技术人员，包括工程技术人员，经济、会计、统计等管理人员。从事建筑活动的专业技术人员有的还必须有法定执业资格，这种法定执业资格必须依法通过考试和注册才能得到。如建造师、结构工程师、建筑师、监理工程师、造价师等。

3）有从事相关建筑活动所应有的技术设备

建筑活动具有专业性、技术性强的特点，没有相应的技术装备无法进行。从事建筑施工活动，必须有相应的施工机械设备与质量检测手段。

4）法律、行政法规规定的其他条件

《民法通则》第三十七条规定"法人应当有自己的名称、组织机构和场所。"《公司法》规定"设立从事建筑活动的有限责任公司和股份有限公司，股东或发起人必须符合法定人数；股东或者发起人共同制定公司章程；有公司名称，有符合要求的组织机构；有固定的生产经营所必要的生产经营条件。

### 2.3.2　承包商分类

施工承包企业按照其承包工程能力，划分为施工总承包、专业承包和劳务分包三个序列。

1）施工总承包企业

获得施工总承包的企业，可以对工程实行施工总承包或者对主体工程实行施工承包，施工总承包企业可以将承包的工程全部自行施工，也可以将非主体工程或者劳务作业分包给具有相应专业承包资质或者劳务分包资质的其他建筑业企业。

2）专业承包企业

获得专业承包资质的企业，可以承接施工总承包企业分包的专业工程或者建设单位按照规定发包的专业工程。专业承包企业可以对所承接的工程全部自行施工，也可以将劳务作业分包给具有相应劳务分包资质的劳务分包企业。

3）劳务分包企业

获得劳务分包资质的企业可以承接施工总承包企业或者专业承包企业分包的劳务作业。

### 2.3.3　建筑业企业资质

建筑业企业资质就是承包商的资格和素质，是作为工程承包经营者必须具备的基本条件。《建筑业企业资质等级标准》按照工程性质和技术特点，将建筑企业分别划分为若干资质类别，各资质类别又按照规定的条件划分为若干等级，并规定了相应的承包工程范围。

施工总承包企业的资质按专业类别分为 12 个资质类别，每个资质类别又分为特级、一级、二级、三级。房屋建筑工程施工总承包企业资质等级标准见表 3-1。

表 3-1　房屋建筑工程施工总承包企业资质等级标准

| 企业等级 | 建 设 业 绩 | 人 员 素 质 | 注册资本金 | 企业净资产 | 近三年最高年工程结算收入 | 承包工程范围 |
|---|---|---|---|---|---|---|
| 特级企业 | 条件均达到一级资质标准 | 条件均达到一级资质标准 | 3 亿元以上 | 3.6 亿元以上 | 年平均15 亿元以上 | 可承担各类房屋建筑工程的施工 |
| 一级企业 | 企业近5年承担过下列6项中的4项以上工程的施工总承包或主体工程承包，工程质量合格：<br>(1) 25 层以上的房屋建筑工程；<br>(2) 高度 100 m 以上的构筑物或建筑物；<br>(3) 单体建筑面积 3 万 m² 以上的房屋建筑工程；<br>(4) 单跨跨度 30 m 以上的房屋建筑工程；<br>(5) 建筑面积 10 万 m² 以上的住宅小区或建筑群体；<br>(6) 单项建安合同额 1 亿元以上的房屋建筑工程 | (1) 企业经理具有 10 年以上的从事工程管理的工作经历或具有高级职称；<br>(2) 总工程师具有 10 年以上从事建筑施工技术管理的工作经历并具有本专业高级职称；<br>(3) 总会计师具有高级会计职称；<br>(4) 总经济师具有高级职称；<br>(5) 有职称的工程技术和经济管理人员不少于 300 人，其中工程技术人员不少于 200 人；<br>(6) 工程技术人员中，具有高级职称的人员不少于 10 人，具有中级职称的人员不少于 60 人；<br>(7) 企业具有的一级资质项目经理不少于 12 人 | 5 000 万元以上 | 6 000 万元以上 | 2 亿元以上 | 可承担单项建安合同额不超过企业注册资本金 5 倍的下列房屋建筑工程的施工：<br>(1) 40 层及以下、各类跨度的房屋建筑工程；<br>(2) 高度 240 m 及以下的构筑物；<br>(3) 建筑面积 20 万 m² 及以下的住宅小区或建筑群体 |
| 二级企业 | 企业近5年承担过下列6项中的4项以上工程的施工总承包或主体工程承包，工程质量合格：<br>(1) 12 层以上的房屋建筑工程；<br>(2) 高度 50 m 以上的构筑物或建筑物；<br>(3) 单体建筑面积 1 万 m² 以上的房屋建筑工程；<br>(4) 单跨跨度 21 m 以上的房屋建筑工程；<br>(5) 建筑面积 5 万 m² 以上的住宅小区或建筑群体；<br>(6) 单项建安合同额 3 000 万元以上的房屋建筑工程 | (1) 企业经理具有 8 年以上从事工程管理的工作经历或具有中级以上职称；<br>(2) 技术负责人具有 8 年以上从事建筑施工技术管理的工作经历并具有本专业高级职称；<br>(3) 财务负责人具有中级以上会计职称；<br>(4) 企业有职称的工程技术和经济管理人员不少于 150 人，其中工程技术人员不少于 100 人；<br>(5) 工程技术人员中，具有高级职称的人员不少于 2 人，具有中级职称的人员不少于 20 人；<br>(6) 企业具有的二级资质项目经理不少于 12 人 | 2 000 万元以上 | 2 500 万元以上 | 8 000 万元以上 | 可承担单项建安合同额不超过企业注册资本金 5 倍的下列房屋建筑工程的施工：<br>(1) 28 层及以下、单跨跨度 36 m 及以下的房屋建筑工程；<br>(2) 高度 120 m 及以下的构筑物；<br>(3) 建筑面积 12 万 m² 及以下的住宅小区或建筑群体 |
| 三级企业 | 企业近5年承担过下列5项中的3项以上工程的施工总承包或主体工程承包，工程质量合格： | (1) 企业经理具有 5 年以上从事工程管理的工作经历；<br>(2) 技术负责人具有 5 年以上从事建筑施工技术管理的工作经历并具有本专业中级以上职称； | 600 万元以上 | 700 万元以上 | 2 400 万元以上 | 可承担单项建安合同额不超过企业注册资本金 5 倍的下列房屋建筑工程的施工： |

续表

| 企业等级 | 建设业绩 | 人员素质 | 注册资本金 | 企业净资产 | 近三年最高年工程结算收入 | 承包工程范围 |
|---|---|---|---|---|---|---|
| 三级企业 | (1) 6层以上的房屋建筑工程;<br>(2) 高度25 m以上的构筑物或建筑物;<br>(3) 单体建筑面积5 000 m² 以上的房屋建筑工程;<br>(4) 单跨跨度15 m以上的房屋建筑工程;<br>(5) 单项建安合同额500万元以上的房屋建筑工程 | (3) 财务负责人具有初级以上会计职称;<br>(4) 有职称的工程技术和经济管理人员不少于50人,其中工程技术人员不少于30人;<br>(5) 工程技术人员中,具有中级以上职称的人员不少于10人;<br>(6) 企业具有三级资质的项目经理不少于10人 | 600万元以上 | 700万元以上 | 2 400万元以上 | (1) 14层及以下、单跨跨度24 m及以下的房屋建筑工程;<br>(2) 高度70 m及以下的构筑物;<br>(3) 建筑面积6万m²及以下的住宅小区或建筑群体 |

注：(1) 房屋建筑工程是指工业、民用与公共建筑（建筑物、构筑物）工程。工程内容包括地基与基础工程，土石方工程，结构工程，屋面工程，内、外部的装修装饰工程，上下水、供暖、电气、卫生洁具、通风、照明、消防、防雷等安装工程。
(2) 所有等级的施工总承包企业应具有与承包工程范围相适应的施工机械和质量检测设备

专业承包企业资质按专业类别分为60个资质类别，每个资质类别又分为一级、二级、三级。劳务承包企业有13个资质类别，如木工作业、砌筑作业、钢筋作业等。有的资质类别分成若干等级，有的则不分级别，如木工、砌筑、钢筋作业劳务分包企业分为一级、二级、三级；油漆、架线等作业劳务分包企业则不分级。

### 2.3.4 建筑企业经营者应具备的素质

在社会主义市场经济体制下，建筑业企业要在竞争中求得生存和发展，经营者的素质是十分重要的因素。除了要有一定的施工管理工作经历和阅历，还应具备下列基本条件：

（1）有事业心和勇于进取的魄力，知人善任，精心挑选和组织领导班子，善于团结人，调动全体职工的积极性，发扬敬业精神，形成强大的凝聚力。

（2）作为企业家，要懂得理财的重要性，精通理财之道，并且能够取得往来银行和担保公司的信用和支持。

（3）通晓工程施工技术、施工组织和估价业务知识以及投标策略，针对不同工程的具体条件，能不失时机地做出争取中标的报价决策；中标后能迅速组成精干高效的现场管理班子。

（4）懂得建立准确详尽的成本核算制度和工程全面质量管理制度以及信息管理系统的重要性，通过信息管理系统，随时掌握工程进度、工程质量、工程成本和资源利用的动态，并能够及时做出必要调整。

（5）熟悉各种保险程序和税法，以利于保护工程、企业财产以及职工的合法权益。

（6）熟悉劳工关系和公共关系，把这些事物交给有才干和责任心强的人去掌管，以利于职工队伍的稳定和积极性的发挥，并为企业树立良好的社会形象。

### 知识梳理与总结

本情境主要介绍了建筑市场、建筑市场的经营、承包商的资格、经营者的素质、建筑企

业资质的基本概念和基本原则。通过本情境的学习读者应掌握建筑市场、建筑市场调研、建筑企业资质及资质管理的基本技能。

（1）能够了解建筑市场，认识建筑市场并能进行可行性研究、市场调查。

（2）了解建筑企业，掌握建筑企业经营者应具备的基本条件、经营者应具备的素质

## 思考题2

1. 何为建筑市场？其主体主要包括哪些？
2. 什么是建筑企业资质？如何进行管理？
3. 建筑施工企业经营者应具备哪些素质？
4. 业主、承包商、中介机构指的是什么单位？

扫一扫看本思考题答案

## 项目实训1　编制市场调查报告

以 2017 年当地建筑市场为背景，选择一个建筑企业为参考单位。收集、查阅、归纳、整理各种资料，编制一份图文并茂的文字调查报告。

教师：作为某项目的投资人代表。

学生：作为企业项目经理（代表人），就某市某项目的投资事宜进行洽谈。企业项目经理（学生）交出一份具有说服力的可行性报告。让投资人认可、出资。小组代表（学生）发言汇报，投资人代表（教师）当场提问质疑。

具体要求：（1）小组代表发言准备 PPT 在多媒体教室演讲，自述 5 分钟，超时扣分。

（2）调查报告需包括三方面内容：①市场分析，②企业简介，③资金利润的分析等。

（3）用图文并茂的形式，交电子稿，设计封面需注明报告题目、班级学号姓名及小组。

（4）投资人提问质疑，学习小组团队可以补充回答。成员少一人全组扣分。

（5）现场汇报当场多媒体填表打分。

（6）交项目成果方式：学生交小组长，小组长交班级，班级汇集交老师（迟交、单独个人交，均不收，此项目无分）。

每组设一个文件夹（市场调查报告）班级组别.

↓

封面（组别——成员名——主讲）

↓

PPT

↓

学生表 A-2

↓

组员的文案：【封面、文案、学生表 A-1】

↓

表 A-6、教材附录（表 A-1、表 A-3、表 A-6）

# 学习情境 3

## 建筑工程项目招标

扫一扫看
本情境教
学课件

**教学导航**

| 项目任务 | | 任务1 建筑工程项目招投标的原则与步骤 | 学 时 | 8 |
|---|---|---|---|---|
| | | 任务2 建筑工程项目招标范围与程序 | | |
| | | 任务3 招标公告与招标文件编制 | | |
| | | 任务4 设备采购招标 | | |
| 教学目标 | | 掌握招标文件的编制方法，具备建筑安装工程招标文件编制的能力 | | |
| 教学载体 | | 实训中心、教学课件及书中相关内容 | | |
| 课程训练 | 知识方面 | 掌握招标文件的编制原则及方法，理解基本概念和方法并能运用 | | |
| | 能力方面 | 具备编制招标文件的操作能力，以及选择评标方法、评审、资格预审的能力 | | |
| | 其他方面 | 训练文字编写、排版、装订打印等能力 | | |
| 过程设计 | | 任务布置及知识引导→分组学习讨论→学生集中汇报→教师点评或总结 | | |
| 教学方法 | | 参与型项目教学法 | | |

在建设项目招标投标之前，首先要熟悉设计文件、项目造价等，根据项目情况确定招标方式、资格预审文件的编制与审查；根据资格预审文件及地方建设行政主管部门对企业及人员等的要求确定合格的投标人。

# 任务 3.1　建筑工程项目招投标的原则与步骤

掌握招标的基本理论，熟悉招标项目的基本过程。在此基础上，主要了解招标文件的投标人须知及附录、合同条款等的组成，熟悉招标必备的要件，了解招标与投标之间的关系，在资格预审及招标前熟悉设计文件，在此基础上进行招标活动，依据实际情况编制招标文件，从而选择承包商。

## 3.1.1　工程招投标的概念与意义

1）工程招投标的概念

工程招投标是习惯上的称谓，包含招标与投标两部分内容。广泛应用在建设工程的勘察、设计、施工的工程发包单位（甲方）与工程承包单位彼此选择对方的一种经营方式。招标是招标人事前公布招标信息。招标人要根据招标文件及投标人的投标文件及各种因素择优选择承包商。

（1）建筑安装工程招标指建设单位（发包单位或甲方），根据拟建工程内容、工期和质量等要求及现有的技术经济条件，通过公开或非公开的方式邀请施工单位（承包单位或乙方）参加承包建设项目的竞争，以便择优选定承包单位的经营活动。

（2）建筑安装工程投标是指施工单位经过招标人审查获得投标资格后，以发包单位招标文件所提出的要求为前提，进行广泛的市场调查，结合企业自身的能力，在规定的期限内，向招标人递交投标文件，通过投标竞争而获得工程施工任务的过程。建筑安装工程招标与投标是法人之间的经济活动。实行公开招标与投标的建设工程不受地区、部门限制，凡持有营业执照的施工企业，经资格预审合格的企业均可参加投标。凡符合国家相关政策、法律法规而进行的招标和投标活动均受法律保护、监督。

2）工程招投标的意义

建设工程实行招投标、承包制度，是工程建设经济体制的一项重大改革。多年来我国发布实施的《招标投标法》等法规，有力地规范了招投标工作过程，创造了公平竞争的市场环境。建设工程自实行招投标、承包制以来，取得了较显著的经济效益和社会效益。主要表现在：

（1）工期普遍缩短。

（2）工程造价普遍有较合理的下降，有效地防止不正当竞争。

（3）促进了工程质量的不断提高，使企业不断提高管理水平，增加管理储备。

（4）简化了工程结算手续，减少扯皮现象，密切了承发包双方的协作关系。

（5）促进了施工企业内部经济责任制的落实，调动了企业内部的积极性。

总之，实行建设工程招投标，是搞活和理顺建筑市场，堵塞不正之风和非法承包、确保工程质量、提高投资效益、保证建筑业和工程建设管理体制改革深入发展的一个行之有效的

重要手段。

### 3.1.2  工程项目施工招投标的作用与原则

招标投标是一种商品经营方式，体现了购销双方的买卖关系，只要是存在商品的生产，就必然有竞争，竞争是商品经济的产物。

我国的工程施工招标与投标是在国家宏观指导下，在政府监督下的竞争。招标投标活动及其当事人应当接受依法实施的监督。建筑工程的投资受国家宏观计划的指导，建设投资必须列入国家固定资产投资计划。工程的造价在国家允许的范围内浮动。

投标是在平等互利的基础上的竞争。在《招标投标法》的约束下，各建筑企业以平等的法人身份展开竞争，这种竞争是社会主义商品生产者之间的竞争，不存在根本利益上的冲突。为了防止竞争中可能出现不法行为，我国政府颁布了《招标投标法》、《招标投标法实施条例》，详细规定了具体做法及行为原则。

竞争的目的是相互促进、共同提高，建筑业企业之间的投标竞争，可使建筑业企业改善经营管理，增强管理储备和企业弹性，使企业择优发展。

我国工程项目施工的招标投标，是按《招标投标法》规定的方法进行的，具体作用如下。

（1）促使建设单位重视做好工程建设的前期工作，从根本上消除了"边勘察，边设计，边施工"的三边做法。

有利于提高经济效益，迫使建筑企业依法投标，降低工程造价，按照公平、等价、诚实信用的原则确定标价。同时，也促使建设单位加强建设资金管理，抑制预算超概算、决算超预算的不良做法，按经济规律办事，提高经济效益。

加强了设计单位的经济责任，有利于设计人员注意设计方案的经济可行性。在设计中不仅要考虑技术问题，而且还要考虑投资的限制，所提供的图纸必须满足经济要求。

（2）促使建筑业企业改善经营管理，在竞争中求生存谋发展。在竞争中既要注意经济效益，同时更要重视社会效益和企业的信誉。努力提高工程质量，缩短工期，降低成本，提高劳动生产率，提供用户满意的建筑产品。

招标投标使建筑产品的交换真正走上商品化交易的道路，真正确立建筑产品是商品的地位。随着我国社会主义市场经济的建立和发展，一方面要开发国内市场，另一方面积极参与国际竞争和国际合作。世界银行贷款项目，对贷款国的前提条件是工程发包、物资采购都实行国际竞争招标。我国的建筑业企业应该通过参与国际竞争招标投标提高企业本身素质，才有可能进入国际市场，才能在国际工程承包中获得益处。

《招标投标法》的第五条规定"招标投标活动应当遵循公开、公平、公正和诚实信用的原则"。

（1）公开原则。要求招标投标的法律、法规、政策公开，招标投标程序的公开，招标投标的具体过程公开。

（2）公平原则。要求给予所有投标人平等的机会，使其享有同等的权利，履行同等的义务，不得以任何理由排斥或歧视任何一方。

（3）公正原则。要求在招标投标过程中，评标结果要公正，评标时对所有的投标人应一视同仁，严守法定的评标规则和统一的衡量标准，保证各投标人在平等的基础上充分竞争，保护招标投标当事人的合法权益。保证实现招标活动的目的，提高投资效益，保证项目质量。

（4）诚实信用原则。要求在招标投标活动中，招标人、招标代理机构、投标人等均应以诚实的态度参与招标投标活动，坚持良好的信用。不得用欺诈手段进行招标或投标，牟取不正当利益，并且恪守诺言，严格履行有关义务。

### 3.1.3　建筑工程项目的招标步骤

根据《招标投标法》的规定，在我国境内进行工程建设项目招标，包括项目的勘察、设计、施工、监理及与工程建设有关的重要设备、材料等的采购。工程项目施工招标投标是工程项目招标投标的重要环节。施工招标投标是双方当事人依法进行的经济活动，受国家法律保护和约束。招标投标是在双方当事人同意基础上的一种交易行为，也是市场经济的产物。招标要根据设计文件、项目造价、《招标投标法》编制招标文件，向通过资格预审的合格投标人发出招标邀请。建筑工程项目的招标程序包括以下几个步骤：

（1）审查招标单位的资质；

（2）审查招标申请书和招标文件；

（3）审定标底；

（4）监督开标、评标、定标；

（5）调解招标投标活动中的纠纷；

（6）否决违反招标投标规定的定标结果；

（7）处罚违反招标投标规定的行为；

（8）监督承发包合同的签订、履行。

## 任务3.2　建筑工程项目招标范围与程序

建筑工程招标是指招标人将其拟发包工程的内容、要求等对外公布，招引和邀请多家承包单位参与承包工程建设任务的竞争，以便择优选择承包单位的活动。

工程建设项目招标是国际上通用的、科学合理的工程承发包方式。从而控制工期，确保工程质量，降低造价，提高经济效益。

### 3.2.1　建筑项目招标应具备的条件

建设项目招标必须符合主管部门规定的条件，这些条件分为招标人即建筑单位应具备的和招标的建设项目具备的两个方面条件。

#### 1. 建设单位自行招标应具备的条件

（1）具有项目法人资格（或法人资格）。

（2）具有与招标项目规模和复杂程序相适应的工程技术、概预算、财务和工程管理等方面专业技术人员。

（3）有从事同类工程建设项目招标的经验。

（4）设有专门的招标机构或者拥有3名以上专职招标业务人员。

（5）熟悉和掌握《招标投标法》及有关法律。

不具备上述条件的，招标人应当委托具有相应资格的工程招标代理机构代理施工招标。

**2．建设项目招标应具备的条件**

（1）招标人已经依法成立。

（2）初步设计及概预算应当履行审批手续的，已经获得批准。

（3）招标范围、招标方式和招标组织形式等应当履行核准手续的，已经获得批准。

（4）相应资金或资金来源已经落实。

（5）有招标所需的设计图纸及技术资料。

## 3.2.2　招标方式

国内工程施工招标可采用项目全部工程招标、单位工程招标、特殊专业工程招标等方法，但不得对单位工程的分部、分项工程进行招标。即对工程主体整个工程招标（土、水、电）进行招标。工程施工招标主要采用公开招标、邀请招标两种方式。

**1．公开招标**

公开招标是一种无限竞争性招标方式，是指招标人以招标公告的方式邀请不特定的法人或其他组织投标。采用这种方式时，招标单位通过在报纸或专业性刊物上发布招标通告，或利用其他媒介，说明招标工程的名称、性质、规模、建造地点、建设要求等事项，公开邀请承包商参加投标竞争。凡是对该工程感兴趣的、符合规定条件的承包商都允许参加投标，因而相对于其他招标方式，其竞争最为激烈。公开招标方式可以给一些符合资格审查要求的承包商以平等竞争的机会，可以更为广泛地吸引投标者，从而使招标单位有较大的选择范围，可以在众多的投标单位之间选择报价合理、工期较短、信誉良好的承包商。但也存在着一些缺点，如招标的成本大、时间长。

依法必须进行招标的项目的招标公告，应通过国家指定的报刊、建设信息网络或者其他媒介发布。招标公告应当载明招标人的名称和地址、招标项目的性质、数量、实施地点和时间，以及获取招标文件的办法等事项。

公开招标有以下三种形式。

（1）固定招标（死标）：公开招标、开标，以投标人的报价作为标准，谁的价格低谁是中标人。

（2）半活标：即公开开标后选出前几家进行谈判，选出中标人。

（3）议标式：公开招标但不公开开标，收到投标文件以后进行评议，选出中标人。

**2．邀请招标**

在国际上，邀请招标被称为选择性招标，是一种有限竞争性招标方式，是指招标人以投标邀请书的方式邀请特定的法人或其他组织投标。招标人一般不是通过公开的方式（如在报刊上刊登广告），而是根据自己了解和掌握的信息、过去与承包商合作的经验或由咨询机构提供的情况等有选择地邀请数目有限的承包商参加投标。其优点在于：经过选择的投标单位在施工经验、技术力量、经济和信誉上都比较可靠，因而一般都能保证进度和质量要求。此外，参加投标的承包商数量少，因而招标时间相对缩短，招标费用也较少。由于邀请招标在价格、竞争的公平方面仍存在一些不足之处，因此《招标投标法》规定，国家重点项目和省、自治区、直辖市地方重点项目不宜进行公开招标的，经过批准后可以进行邀请招标。

招标人采取邀请招标方式的，应当向三个以上具备承担招标项目的能力、资信良好的法人或者其他组织发出投标邀请书。

**3．公开招标与邀请招标在招标程序上的主要区别**

**1）招标信息的发布方式不同**

公开招标是利用招标公告发布招标信息，而邀请招标则是采用向三家以上具有实施能力的投标人发出投标邀请书，请他们参与投标竞争。

**2）对投标人的资格审查时间不同**

进行公开招标时，由于投标响应者较多，为了保证投标人具备相应的实施能力，以及缩短评标时间，突出投标的竞争性，通常设置资格预审程序。而邀请招标由于竞争范围较小，且招标人对邀请对象的能力有所了解，不需要再进行资格预审，但评标阶段还要对各投标人的资格和能力进行审查和比较，通常称为"资格后审"。

**3）适用条件**

（1）公开招标方式广泛适用于工程建设项目。

（2）邀请招标方式局限于国家规定的特殊情形。

除以上两种招标方式外，还有一种议标招标方式，即由招标人直接邀请某一承包商进行协商，达成协议后将工程任务委托给承包商去完成。议标工程通常为涉及国家安全、国家机密、抢险救灾等工程项目。

## 3.2.3 招标（发包）工程的范围

**1．《招标投标法》规定必须招标的范围**

根据《招标投标法》的规定，在我国境内进行的下列工程项目必须进行招标。

根据工程的性质以下3种项目必须进行招标：

（1）大型基础设施、共用事业等关系社会公共利益、公众安全的项目。

（2）全部或者部分使用国有资金或者国家融资的项目。

（3）使用国际组织或者外国政府贷款、援助资金的项目。

根据工作内容招标可分为以下3种：

（1）勘察与设计；　　　（2）施工与监理；　　　（3）重要设备、材料的采购。

**2．必须进行招标的具体要求**

国家发展计划委员会于2000年5月1日依据《招标投标法》的规定，正式颁布了《工程建设项目招标投标范围和规模标准规定》，对必须招标委托工程建设任务的范围做出了进一步细化的规定如下。

**1）按工程性质划分**

（1）关系社会公共利益、公众安全的基础设施项目的范围包括：

① 煤炭、石油、天然气、电力、新能源等能源项目；

② 铁路、石油、管道、水运、航空以及其他交通运输业等交通运输项目；

③ 邮政、电信枢纽、通信、信息网络等邮电通信项目；

④ 防洪、灌溉、排涝、引（供）水、滩涂治理、水土保持、水利枢纽等水利项目；

⑤ 道路、桥梁、地铁和轻轨交通、污水排放及处理、垃圾处理、地下管道、公共停车场等城市设施项目；

⑥ 生态环境保护项目；

⑦ 其他基础设施项目。

（2）关系社会公共利益、公众安全的公用事业项目的范围包括：

① 供水、供电、供气、供热等市政工程项目；

② 科技、教育、文化等项目；

③ 体育、旅游等项目；

④ 卫生、社会福利等项目；

⑤ 商品住宅、包括经济适用住房；

⑥ 其他公用事业项目。

（3）使用国有资金投资项目的范围包括：

① 使用各级财政预算资金的项目；

② 使用纳入财政管理的各种政府性专项建设基金的项目；

③ 使用国有企业事业单位自有资金，并且国有资产投资者实际拥有控制权的项目。

（4）国有融资项目的范围包括：

① 使用国家发行债券所筹资金的项目；

② 使用国家对外借款或者担保所筹资金的项目；

③ 使用国家政策性贷款的项目；

④ 国家授权投资主体融资的项目；

⑤ 国家特许的融资项目。

（5）使用国际组织或者外国政府资金的项目范围包括：

① 使用世界银行贷款、亚洲开发银行等国际组织贷款资金的项目；

② 使用外国政府及其机构贷款资金的项目；

③ 使用国际组织或者外国政府援助资金的项目。

2）按委托任务的规模划分

各类工程建设项目，包括项目的勘察、设计、施工、监理以及工程建设有关的重要设备、材料等的采购，达到下列标准之一者，必须进行招标：

（1）施工单项合同估算价在 200 万元人民币以上的；

（2）重要设备、材料等货物的采购，单项合同估算价在 100 万元人民币以上的；

（3）勘察、设计、施工监理等服务的采购，单项合同估算价在 50 万元人民币以上的；

（4）单项合同估算价低于第（1）、（2）、（3）项规定的标准，但项目总投资在 3 000 万元人民币以上的。

省、自治区、直辖市人民政府根据实际情况，可以规定本地区必须进行招标的具体范围和规模标准，但不得缩小本规定确定的必须进行招标的范围。

国家发展计划委员会可以根据实际需要，会同国务院有关部门对本规定确定的必须进行招标的具体范围和规模标准进行部分调整。

**3. 依法必须公开招标的项目范围**

（1）国务院发展计划部门确定的国家重点建设项目。

（2）各省、自治区、直辖市人民政府确定的地方重点建设项目。

（3）全部使用国有资金投资的工程建设项目。

（4）国有资金投资占控股或者主导地位的工程建设项目。

**4. 建设项目邀请招标的条件**

建设项目有下列情形之一的，经有关部门批准可以进行邀请招标：

（1）项目技术复杂或有特殊要求，只有少数几家潜在投标人可供选择的；

（2）受自然地域环境限制的；

（3）涉及国家安全、国家机密或者抢险救灾，或者属于利用扶贫资金实行以工代赈、需要使用农民工等特殊情况，不适宜进行招标的项目，按照国家有关规定可以不进行招标；

（4）拟公开招标的费用与项目的价值相比，不值得的，如项目投资在50万元以下的工程；

（5）法律、法规规定不宜公开招标的，如银行装饰工程。

**5. 建设项目可以不进行招标发包的条件**

除《招标投标法》第六十六条规定的可以不进行招标的特殊情况外，有下列情形之一的，可以不进行招标：

（1）需要采用不可替代的专利或者专有技术；

（2）采购人依法能够自行建设、生产或者提供；

（3）已通过招标方式选定的特许经营项目投资人依法能够自行建设、生产或者提供；

（4）需要向原中标人采购工程、货物或者服务，否则将影响施工或者功能配套要求；

（5）国家规定的其他特殊情形。

### 3.2.4 建设工程招标的分类

**1. 按工程项目建设程序分类**

根据工程项目建设程序，招标可以分为三类，即工程项目开发招标、勘察设计招标和施工招标。这是由建筑产品交易生产过程中的阶段性决定的。

1）项目开发招标

项目开发招标是建设单位（业主）邀请工程咨询单位对建设项目进行可行性研究，其标底是可行性研究报告。中标的工程咨询单位必须对自己提供的研究成果认真负责，其可行研究报告需得到建设单位的认可、同意、承诺。

2）勘察设计招标

勘察设计招标是通过可行性研究报告所提出的项目设计任务书，择优选择勘察设计单位。其标底是勘察和设计的成果。勘察和设计是两件不同性质的具体工作，不少工程项目是分别由勘察单位、设计单位进行的。

3）工程施工招标

工程施工招标是在工程项目的初步设计或者施工图设计完成以后，用招标的方式选择施

工单位。其标底是向建设单位（招标人）交付按设计规定的完整的建筑产品。

### 2. 按工程承包的范围分类

#### 1）项目的总承包招标

这种招标分为两种类型：一种是工程项目实施阶段的全过程进行招标；另一种是工程项目全过程招标。前者是在设计任务书已审定，从项目勘察、设计至交付使用进行一次性招标。后者是从项目的可行性研究到交付使用进行一次性招标，招标人提供项目投资和使用需求及竣工、交付使用期限，其余工作都由一个总承包商负责承包，即所谓的大包"交钥匙工程"。

#### 2）专项工程承包招标

专项工程承包招标是指在工程承包招标中，对其中某项比较复杂或专业性强的施工和制作要求特殊的单项工程，可以单独进行招标，称为专项工程承包招标。如室内外装饰、设备安装、电梯、空调等工程。

### 3. 按行业类别进行分类

按行业类别分类，招标可分为：

（1）土木工程招标，包括道路、桥梁、厂房、写字楼、商店、学校、住宅等。

（2）勘察设计招标。

（3）货物采购招标，包括建筑材料和大型成套设备等的招标，如装饰材料、电梯、扶梯、空调、锅炉、电视监控、楼宇控制、消防设备等的采购。

（4）咨询服务招标，包括项目开发性研究、可行性研究、工程监理等。

（5）生产工艺技术转让招标。

（6）机电设备安装工程招标，包括大型电动机、电梯、锅炉、楼宇控制等的安装。

## 3.2.5　工程施工招标程序

### 1. 工程施工招标一般程序

工程施工招标一般程序可分为三个阶段：一是准备阶段，二是投标阶段，三是决标成交阶段。其每个阶段的具体步骤如图 3-1 所示。

一般情况下，施工招标应按下列程序进行：

（1）由建设单位组织一个招标班子。

（2）向招标投标办事机构提出招标申请书。

（3）编制招标文件和标底，并报招标办事机构审定。

（4）发布招标公告或发出招标邀请书。

（5）投标单位申请投标。

（6）对投标单位进行资质审查，并将审查结果通知各申请投标者。

（7）向合格的投标单位分发招标文件及设计图纸、技术资料等。

（8）组织招标单位勘察现场，并对招标文件答疑。

（9）建立评标组织，制定评标、定标办法。

（10）召开开标会议，审查投标标书。

（11）组织评标，决定中标单位。

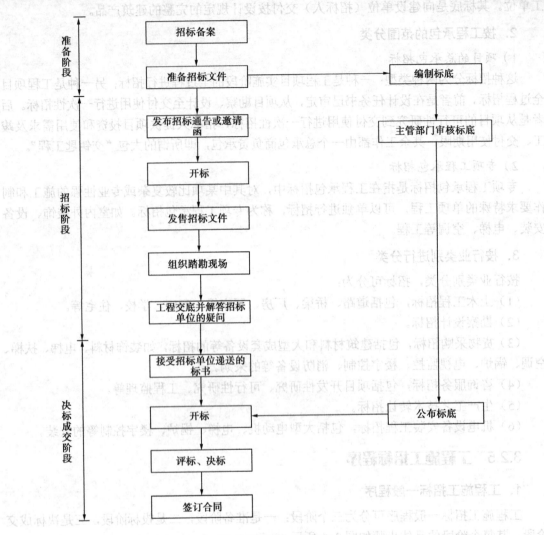

图 3-1　招标一般程序

（12）发出中标通知书。

（13）建设单位与中标单位签订承包合同。

**2．工程施工公开招标程序**

建设工程施工公开招标程序也同工程施工招标一般程序一样分三个阶段，其具体步骤见图 3-2。

**3．招标工作机构的组织**

1）我国招标工作机构的形式

我国招标工作机构主要有三种形式：

（1）自行招标，由招标人的基本建设主管部门（处、科、室、组）或实行建设项目业主责任制的业主单位负责有关招标的全部工作。这些机构的工作人员一般是从各有关部门临时抽调的，项目建成后这些工作人员往往转入生产或其他部门工作。

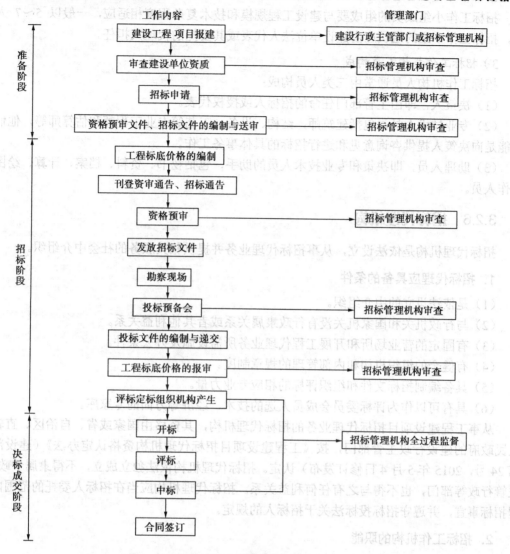

图 3-2 公开招标程序

（2）招标代理机构，受招标人委托，组织招标活动。这种做法对保证招标质量，提高招标效益起到有益作用。招标代理机构与行政机关和其他国家机关不得存在隶属关系或者其他利益关系。

（3）由政府主管部门设立"招标领导小组"或"招标办公室"之类的机构，统一处理招标工作。这种机构常常因政府主管部门干预而使用范围较小。

2）招标工作小组需具备的条件

招标工作小组由建设单位或建设单位委托的具有法人资格的建设工程招标代理机构负责组建。招标工作小组必须具备以下条件：

（1）有建设单位法人代表或其委托的代理人参加；

（2）有与工程规模适应的技术、经济人员；

（3）具有对投标企业进行评审的能力。

招标工作小组成员的组成要与建设工程规模和技术复杂程度相适应，一般以 5～7 人为宜，招标工作小组的组长应由建设单位法人代表或其委托的代理人担任。

3）招标工作机构人员构成

招标工作机构人员通常由三类人员构成：

（1）决策人，即由主管部门任命的招标人或授权代表。

（2）专业技术人员，包括建筑师，结构、设备、工艺等专业工程师和估算师等，他们的职能是向决策人提供咨询意见和进行招标的具体事务工作。

（3）助理人员，即决策和专业技术人员的助手，包括秘书、资料、档案、计算、绘图等工作人员。

### 3.2.6 招标代理机构

招标代理机构是依法设立，从事招标代理业务并提供相关服务的社会中介组织。

**1. 招标代理应具备的条件**

（1）是依法设立的中介组织。

（2）与行政机关和国家机关没有行政隶属关系或者其他利益关系。

（3）有固定的营业场所和开展工程代理业务所需设施及办公条件。

（4）有健全的组织机构和内部管理的规章制度。

（5）具备编制招标文件和组织评标的相应专业力量。

（6）具有可以作为评标委员会成员人选的技术、经济等方面的专家库。

从事工程建设项目招标代理业务的招标代理机构，其资格由国家或省、自治区、直辖市人民政府的建设行政主管部门，按《工程建设项目招标代理机构资格认定办法》（建设部令第 24 号，2015 年 5 月 4 日修订发布）认定。招标代理机构依法独立成立，不得隶属于政府、主管行政等部门，也不得与之有任何利益关系。招标代理机构应当在招标人委托的范围内办理招标事宜，并遵守招标投标法关于招标人的规定。

**2. 招标工作机构的职能**

招标工作机构的职能包括决策和处理日常事务两方面事物。

1）决策性工作

（1）确定工程项目的发包范围，即全过程统包还是分阶段发包或者单项工程发包、专业工程发包等。

（2）确定承包形式和承包内容，即决定采用总价合同、单价合同还是成本加酬金合同。

（3）确定承包方式，即决定是全部包工包料还是部分包工包料或包工不包料等。

（4）确定发包手段，即决定采用公开招标，还是邀请招标。

（5）确定标底。

（6）决标并签订合同或协议。

2）日常事务

（1）发布招标及资格预审通告或投标邀请函。

（2）制作和发送或发售招标文件。

<br>
<br>

（3）组织现场踏勘和投标答疑。

（4）审查投标者资格。

（5）组织编制或委托代理机构编制标底。

（6）接受并保管投标文件和函件。

（7）开标、审标并组织评标。

（8）谈判签约。

（9）缴纳招标管理费。

（10）决定和发放标书编制补偿费。

（11）填写招标工作综合报告和报表。

**3．招标备案**

工程建设项目由建设单位（甲方）或其代理机构在工程项目可行性研究报告或其他立项文件批准后 30 天内，向建设行政主管部门或其授权机构，领取工程建设项目报建表进行报建。建设单位（甲方）在工程建设项目报建时，其基建管理机构如不具备相应资质条件，应委托建设行政主管部门批准的具有相应资质条件的社会建设监理单位代理。

工程建设项目报建手续办理完毕之后，由建设单位或建设单位委托的具有法人资格的建设工程招标代理机构，负责组建一个与工程建设规模相符的招标工作班子。招标工作班子首先要进行招标备案。

1）备案程序

招标人自行办理施工招标事宜的，应当在发布招标公告或者发出投标邀请书的 5 日前，向工程所在地的县级以上地方人民政府建设行政主管部门或者受其委托的工程招标投标监督管理机构备案，并报送相应资料。

工程所在地的县级以上地方人民政府建设行政主管部门或者工程招标投标监督管理机构自收到备案材料之日起 5 日内没有异议的，招标人可以自行办理施工招标事宜；不具备规定条件的，不得自行办理招标。

2）需要提交的资料

办理招标备案应提交以下资料：

（1）建设项目的年度投资计划和工程项目报建备案登记表。

（2）建设工程施工招标备案登记表。

（3）项目法人单位的法人资格证明书和授权委托书。

（4）招标公告或投标邀请书。

（5）招标机构有关工程技术、概预算、财务以及工程管理等方面专业技术人员名单、职称证书或执业资格证书及其工作经历的证明材料。

## 任务 3.3　招标公告与招标文件编制

建设单位的招标申请经建设行政主管部门或其授权机构批准之后，即组织人员着手编制招标有关文件。

新建、扩建、改建工程的勘察、设计、施工、监理以及与工程有关的重要设备、材料采

购等，都必须通过招标方式发包。招标投标是一种交易行为。招标文件充分体现发包人的意图，是招投标的重要文件，是市场经济的产物，是编制投标文件的依据。

### 3.3.1 建筑工程招标公告

#### 1．招标广告

招标人采用公开招标方式的，应当发布招标公告。依法必须进行招标的项目的招标公告，应通过国家指定的报刊、信息网络或者其他媒介公开发布，招标广告亦称为招标通告。

#### 2．建设工程招标内容

（1）招标人的名称和地址。

（2）招标项目的内容、规模、资金来源。

（3）招标项目的实施地点和工期。

（4）获取招标文件或者资格预审文件的地点和时间。

（5）对招标文件或者资格预审文件收取的费用。

（6）对投标人的资质等级的要求。

（7）其他要说明的问题。

公告一般格式示例如下。

---

# 招 标 公 告

1._____（建设单位名称）的_____工程，建设地点在_____，建设规模为_____。工程报建和招标申请已得到建设行政主管部门的批准，现通过公开招标选定承包单位。

2. 工程质量要求达到国家施工验收规范标准。计划开工日期____年___月___日，竣工日期____年___月___日，工期_____天（日历天）。

3._____受建设单位委托作为招标人，现邀请合格的投标人进行密封投标，以得到必要的劳动力、材料、设备和服务来建设和完成工程。

4. 根据工程的规模等级和技术要求，投标人应具有_____级以上的施工资质。（对投标人有其他专门要求的应同时写明）愿意参加投标单位，请携带营业执照、施工资质等级证书（对投标人有其他专门要求的应携带相关证明材料）接受招标人的资格审查。审查合格单位准予领取招标文件，同时缴纳投标押金_____元。

5. 该工程发包形式是_____，招标的工程范围是_____。

6. 招标日程安排。

（1）发放招标文件单位：_____。

（2）发放招标文件时间：____年__月__日起至____年__月__日止，每日上午____，下午____（公休日和节假日除外）。

（3）现场踏勘时间：____年__月__日（时）。

（4）投标预备会时间：____年__月__日（时）。

（5）投标地点：_____。

---

（6）投标截止时间：＿＿年＿月＿日（时）。

（7）开标地点：＿＿＿＿＿＿＿＿＿。

（8）开标时间：＿＿年＿月＿日（时）。

招标人或招标代理人：（盖章）

法人代表：（签字、盖章）

地址：　　　　　　　　　　　　　　　　邮政编码：

联系人：　　　　　　　　　　　　　　　联系电话：

注意这里仅介绍发布招标公告的一般性内容，在实际应用中格式会根据项目需求适当进行调整。

### 3.3.2 资格预审

资格预审文件的内容包括资格通告、资格预审须知及有关附件和资格预审申请的有关表格。

**1. 资格预审通告**

资格预审通告的主要内容应包括以下方面：

（1）资金的来源。

（2）对申请预审人的要求。主要确定投标人应具备以往类似的经验和在设备、人员及资金方面完成本工作能力的要求，还对投标人员的政治地位提出要求。例如，在中东阿以冲突期间阿拉伯国家不许与以色列有经济和外交往来的国家投标；我国对外招标必须是承认一个中国，遵守我国法律法规。

（3）投标人的名称和投标人完成工程项目的工作计划，包括工程概述和所需劳务、材料、设备和主要工程量清单。

（4）获取进一步信息和资料预审文件的办公室名称和地址、负责人姓名、购买资格预审文件的时间和价格。

（5）资格预审申请递交的截止日期。

（6）向所有参加资格预审的投标人公布入选名单的时间。

**2. 资格预审须知**

资格预审须知应包括以下内容：

（1）总则。分别列出工程建设项目或其各种资金来源、工程概述、工程清单、对申请人的基本要求。

（2）申请人须提交的资料及有关证明。一般有：申请人的身份和组织机构、申请人过去的详细履历（包括联营体各成员）、可用于本招标工程的主要施工设备的详细情况、工程主要人员的资历和经验。

（3）资格预审通过的强制性标准。强制性标准以附件的形式列入，它是通过资格预审时对列入工程项目一览表中主要项目提出的强制性要求，包括强制性经验标准，强制性财务、人员、设备、分包、诉讼及履约标准等。

（4）对联营体提交资格预审申请的要求。两个以上法人或者其他组织组成一个联合体，以一个投标人的身份共同投标，则联合体各方面应当具备规定的相应资格条件。由同一专业的单位组成的联合体，按照资质等级较低的单位确定资质等级。

（5）对通过资格预审单位所建议的分包人的要求。由于对资格预审申请者所建议的分包人也要进行资格预审，对通过资格预审后如果对所建议的分包人有变更时，必须征得招标人的同意，否则，对其资格预审被视为无效。

（6）对申请参加资格预审的企业的要求。凡参加资格预审的企业应满足如下要求方可投标：该企业必须是从事商业活动的法律实体，不是政府机关，有独立的经营权、决策权的企业；可自行承担合同义务，具有对员工的解聘权。

（7）其他规定。包括递交资格预审文件的份数、递交地址、邮编、联系电话、截止日期等，资格预审的结果和已通过资格预审的申请者的名单将以书面形式通知每一位申请人。

**3．资格预审须知的有关附件**

（1）工程概述。工程概述内容一般包括项目的环境，如地点、地形与地貌、地质条件、气象水文、交通能源及服务设施等。工程概况，主要说明所包含的主要工程项目的概况，如结构工程、土方工程、合同标段的划分、计划工期等。

（2）主要工程一览表。用表格的形式将工程项目中各项工程的名称、数量、尺寸和规格用表格列出，如果一个项目分为几个合同招标，应按招标合同分别列出，使人看起来一目了然。

（3）强制性标准一览表。对于各工程项目通过资格预审的强制性要求，要求用表格的形式列出，并要求申请人填写详细情况，该表分为三栏：提出强制性要求的项目名称、强制性业绩要求、申请人满足或超过业绩要求的评述（由申请人填写）。

（4）资格预审时间表。表中列出发布资格预审通告的时间，出售资格预审文件的时间，递交资格预审申请书的最后日期和通知资格预审合格的投标人名单的日期等。

**4．资格预审申请书的表格**

为了让资格预审申请者按统一的格式递交申请书，在资格预审文件中按通过资格预审的条件编制成统一的表格，由申请者填报，以便进行评审。申请书的表格通常包括如下表格。

（1）申请人表。它主要包括申请者的名称、地址、电话、电传、传真、成立日期等。如联营体，应首先列明牵头的申请者，然后是所有合伙人的名称、地址等，并附上每个公司的章程、合伙关系的文件等。

（2）申请合同表。如果一个工程项目分为几个合同招标，应在表中分别列出各合同的编号和名称，以便让申请者选择申请资格预审的合同。

（3）组织机构表。它包括公司简况、领导层名单、股东名单、直属公司名单、驻当地办事处或联络机构名单等。

（4）组织机构框图。主要叙述并用框图表示申请者的组织机构，与母公司或子公司的关系，总负责人和主要人员。如果是联营体应说明合作伙伴关系及在合同中的责任划分。

（5）财务状况表。它包括的基本数据为：注册资金、实有资金、总资产、流动资产、总负债、流动负债、未完成工程的年投资额、未完成工程的总投资额、年均完成投资额（近3年）、最大施工能力等。近3年年度营业额和为本项目合同工程提供的营运资金，现在正进

行的工程估价，今后两年的财务预算、银行信贷证明。并随附由审计部门或由省市公证部门公证的财务报表，包括损益表、资产负债表及其他财务资料。

（6）公司人员表。公司人员表包括管理人员、技术人员、工人及其他人员的数量，拟为本合同提供的各类专业技术人员数及其从事专业工作的年限。公司主要人员表，其中包括一般情况和主要工作经历。

（7）施工机构设备表。它包括拟用于本合同的自有设备，拟新购置和租用设备的名称、数量、型号、商标、出厂日期、现值等。

（8）分包商表。它包括拟分包工程项目的名称，占总工程价的百分数，分包商的名称、经验、财务状况、主要人员、主要设备等。

（9）业绩表，列出已完成的同类工程项目。它包括项目名称、地点、结构类型、合同价格、竣工日期、工期、业主或监理工程师的地址、电话、电传等。

（10）在建项目表。它包括正在施工和已知意向但未签订合同的项目名称、地点、工程概况、完成日期、合同总价等。

（11）介入诉讼条件表。详细说明申请者或联营体内合伙人介入诉讼或仲裁的案件。

对于以上表格可根据具体项目要求的内容和需要自行设计，力求简单明了，并注明填表的要求，特别应该注意的是对于每一张表格都应有授权人的签字和日期，对于要求提供证明附件的应附在表后。

### 3.3.3 招标文件的编制原则与内容

#### 1. 招标文件的编制原则

招标文件的编制必须做到系统、完整、准确、明了，即提出的目标要求明确，使投标人一目了然。编制招标文件的依据和原则是：

（1）首先要确定建设单位和建设项目是否具备招标条件。不具备条件的须委托具有相应资质的咨询、监理单位代理招标。

（2）必须遵守《招标投标法》及有关法律的要求。因为招标文件是中标者签订合同的基础，按《合同法》规定，凡违反法律、法规和国家有关规定的合同属于无效合同。招标文件必须符合《招标投标法》《合同法》等多项有关法规、法令等。

（3）应公正、合理地处理招标人与投标人的关系，保护双方的利益。如果招标人在招标文件中过多地将风险转移给投标人一方，势必迫使投标人加大风险费用，提高投标报价，而最终还是招标人将增加支出。

（4）招标文件应正确、详尽地反映项目的客观真实情况，这样才能使投标者建立在客观可靠的基础上投标，减少签约、履约的争议。

（5）招标文件各部分的内容必须统一。这一原则是为了避免各份文件之间的矛盾。招标文件涉及投标者须知、合同条件、规范、工程量表等多项内容。如果文件各部分之间矛盾多，就会给投标工作和履行合同的过程中带来许多争端，甚至影响工程的施工。

#### 2. 招标文件的内容

招标文件是招标单位编制的工程招标的纲领性、实施性文件，是各投标单位进行投标的主要客观依据。

招标人根据施工招标项目的特点和需要编制招标文件。招标文件一般包括的内容为：投标邀请书、投标人须知、合同主要条款、投标文件格式。采用工程量清单招标的，应当提供工程量清单、技术条款、设计图纸、评标标准和方法、投标辅助材料。

招标人应当在招标文件中规定实质性要求和条件，并用醒目的方式标明。

（1）投标邀请书。投标邀请书是发给通过资格预审投标人的投标邀请信函，并请其确认是否参与投标。

（2）投标人须知。投标人须知是对投标人投标时的注意事项的书面阐述和告知，投标人须知包括两部分：第一部分是投标须知前附表，如表3-1所示；第二部分是投标须知正文，主要内容包括对总则、招标文件、投标文件、开标、评标、授予合同等方面的说明和要求。投标须知前附表是投标人须知正文部分的概括和提示，放在投标人须知正文前面，有利于引起投标人注意和便于查阅检索。

表 3-1　投标须知前附表

| 工程名称 | | | |
|---|---|---|---|
| 建设地点 | | | |
| 联 系 人 | | 联 系 电 话 | |
| | | 手　　机 | |
| 招标方式 | | | |
| 招标范围 | | | |
| 标段划分 | | | |
| 建筑面积 | _____m² | 结构类型及层数 | |
| 承包方式 | | 工程类别 | |
| 定额工期 | _____天 | 工期要求 | _____天 |
| 工程提前率 | _____% | 投标保证金 | _____元人民币 |
| 现场踏勘 | | | |
| 投标有效期 | 投标截止日后_____日内有效 | | |
| 投标文件份数 | 一套正本_____套副本 | | |
| 投标文件递交 | 递交至：××市建设工程交易中心×楼第____会议室<br>地址：××省×××市广州路183号<br>接收人：_____（招标人名称）<br>投标截止时间：_____年_____月_____日_____时 | | |
| 开　　标 | 时间：_____年_____月_____日_____时<br>地点：×××市建设工程交易中心二楼第____会议室 | | |
| 评标办法 | | | |

（3）合同主要条款。我国建设工程施工合同包括"建设工程施工合同条件"和"建设工程施工合同协议条款"两部分。"合同条件"为通用条件，共计10方面41条。"协议条款"为专用条款。合同条件是招标人与中标人签订合同的基础。在招标文件中发给投标人，一方面要求投标人充分了解合同义务和应该承担的风险责任，以便在编制投标文件时加以考虑；另一方面允许投标人在投标文件中以及合同谈判时提出不同意见，如果招标人同意也可以对

部分条款的内容予以修改。

（4）投标文件格式。投标文件是由投标人授权的代表签署的一份投标文件，一般都是由招标人或咨询工程师拟定好的固定格式，由投标人填写。

（5）采用工程量清单招标的，应当提供工程量清单。《建设工程工程量清单计价规范》（GB 50500－2013）规定，工程量清单是表现拟建工程的分部分项工程项目、措施项目、其他项目名称和相应数量的明细清单。工程量清单由封面、填表须知、总说明、分部分项工程量清单、措施项目清单、其他项目清单、零星工作项目表七个部分组成。

（6）技术条款。这部分内容是投标人编制施工规划和计算施工成本的依据。一般有三方面的内容：一是提供现场的自然条件，二是现场施工条件，三是本工程采用的技术规范。

（7）设计图纸。图纸是招标文件和合同的重要组成部分，是投标人在拟定施工方案、确定施工方法以及提出替代方案、计算投标报价必不可少的资料。

（8）评标标准和方法。评标标准和方法应根据工程规模和招标范围详细地确定出来。

（9）投标辅助材料。投标辅助材料主要包括项目经理简历表、主要施工管理人员表、主要施工机构设备表、项目拟分包情况表、劳动力计划表、近三年的资产负债表和损益表、施工方案或施工组织设计、施工进度计划表、临时设施布置及临时用电表等。

招标文件编制完成后需报上级主管部门审批。因此，招标工作小组必须填写"建设工程施工招标文件报批表"。

**注意：** 本书提供3套实际工程（土建、电梯、锅炉）的招标文件范文，请从华信教育资源网（www.hxedu.com.cn）的本书页面链接处进行下载。可以参照范文中的内容构成与表格形式，编制新的招标文件。

### 3.3.4 编制、审核标底

招标人设有标底的，《招标投标法》第二十二条规定招标人不得向他人透露已获取招标文件的潜在投标人的名称、数量以及可能影响公平竞争的有关招标投标的其他情况。标底必须保密，标底编制应符合实际，力求准确、客观、公正，不超出工程投资总额。不低于工程成本。

**1. 标底的作用**

标底既是核算预期投资的依据和衡量投标报价的准绳，又是评价的主要尺度和选择承包企业报价的经济界限。

**2. 编制标底应遵循的原则**

（1）根据设计图纸及有关资料、招标文件，参照国家规定的技术、经济标准定额及范例，确定工程量和编制标底。

（2）标底价格应由成本、利润、税金组成。一般应控制在批准的总概算及投资包干的限额内。标底的计算内容、计算依据应与招标文件一致。

（3）标底的价格作为建设单位的期望计划价，应力求与市场的实际变化吻合，要有利于竞争和保证工程质量。

（4）标底应考虑人工、材料、机械台班等价格变动因素，还应包括施工不可预见费、包干费和措施费等。

（5）一个工程只能有一个标底。

**3．编制标底的依据**

（1）已批准的初步设计、投资概算。

（2）国家颁发的有关计价办法。

（3）有关部委及省、自治区、直辖市颁发的相关定额。

（4）建筑市场供求竞争状况。

（5）根据招标工程的技术难度、实际发生而必须采取的有关技术措施等。

（6）工程投资、工期和质量等方面的因素。

标底必须报经招标投标办事管理机构审定。一经审定应密封保存至开标时，所有接触到标底的人员均负有保密责任，不得泄露。

### 3.3.5 编制招标文件注意事项

1）用醒目的方式加黑标明招标的实质性要求和条件

招标人应当在招标文件中规定实质性要求和条件，并用醒目的方式标明。招标文件规定的各项技术标准应符合国家强制性标准。

2）招标人可以要求投标人提交备选投标方案

招标人可以要求投标人在提交符合招标文件规定要求的投标文件外，提交备选投标方案，但应当在招标文件中做出说明，并提出相应的评审和比较办法。

3）招标文件不得含有倾向或者排斥潜在投标人的内容

招标文件中规定的各项技术标准均不得要求或标明某一特定的专利、商标、名称、设计、原产地或生产供应者，不得含有倾向或者排斥潜在投标人的其他内容。如果必须引用某一生产供应者的技术标准才能准确或清楚地说明拟招标项目的技术标准时，则应当在参照后面加上"或相当于"的字样。

4）招标人不得以不合理的工期，限制或者排斥投标人以及潜在投标人

招标项目需要确定工期的，招标人应当合理确定工期，并在招标文件中载明。

5）招标文件应当明确规定评标标准和方法

招标文件应当明确规定评标时除价格以外的所有评标因素，以及如何将这些因素量化或者据以进行评估的标准。在评标过程中，不得改变招标文件中规定的评标标准、方法和中标条件。

6）招标文件应当规定投标有效期

投标有效期是从投标截止日起至招标人公布中标人名单日止的期限。招标文件应当规定一个适当的投标有效期，以保证招标人有足够的时间完成评标和与中标人签订合同。

7）工期长的项目，招标文件可规定工程造价的调整方法

施工招标项目工期超过 12 个月的，招标文件中可以规定工程造价指数体系、价格调整因素和调整方法。

8）投标人编制投标文件的时间最短不得少于 15 日

招标人应当确定投标人编制投标文件所需要的合理时间，依法必须进行招标的项目，自

招标文件开始发出之日起至投标人提交投标文件截止之日止，最短不得少于 15 日。

# 任务 3.4　设备采购招标

扫一扫看工程
招标示范本

设备是指大型设备，即和建筑物共存的固定资产，包括电梯、锅炉、空调（中央空调）、楼宇控制等。所有的大型设备都必须依据《招标投标法》来选择销售及安装，并必须选择具备相应资格的企业。由具有特种设备经营、生产、安装、维护保养的企业来承担工程。设备招标有着非标准制作等差异性。

## 3.4.1　建筑工程物资采购招标投标特点与评标

建设工程物资包括材料和设备两大类，其招标投标采购方式主要适用于大宗材料、定型批量生产的中小型设备、大型设备和特殊用途的大型非标准部件等的采购，各类物资的招标采购都具有各自的特点。

### 1. 工程建设物资采购招标的特点

1）大宗材料或定型批量生产的中小型设备

（1）标的物采用国家标准。大宗材料或定型批量生产的中小型设备等，规格、性能、主要技术参数等都是通用指标，都应采用国家标准。

（2）招标中评标的重点。大宗材料或定型批量生产的中小型设备等的质量都必须达到国家标准，在资格预审时认定投标人的质量保证条件，评标的重点应当是各投标人的商业信誉、报价、交货期等条件。

2）非批量生产的大型设备和特殊用途的大型非标准部件

非批量生产的大型设备和特殊用途的大型非标准部件，既无通用的规格、型号等指标，也没有国家标准，招标择优的对象，应当是能够最大限度地满足招标文件规定的各项综合评价标准的投标人。评标的内容主要有：

（1）标的物的规格、性能、主要技术参数等质量指标。

（2）投标人的商业信誉、报价、交货期等条件。

（3）投标人的制造能力、安装、调试、保修、操作培训等技术条件。

3）贯彻最合理采购价格原则

（1）材料采购招标。在标价评审时，综合考虑材料价格和运杂费两个因素。

（2）设备采购招标。设备采购的最合理采购价格原则是指按寿命周期费用最低原则采购物资，在标价评审中要全面考虑下列价格的构成因素：

① 物资的单价和总价。

② 采购物资的运杂费。

③ 寿命期内需要投入的运营费用。

### 2. 工程建设物资采购分段招标的相关因素

工程建设所需的物资种类繁多，可按建设进度对物资的需求分阶段进行招标。确定分标范围的相关因素主要有以下 4 个方面。

1）建设进度与供货时间的合理衔接

建设物资采购分标，应以物资到货时间刚好满足建设进度为要求，最好能够做到既不延误工程建设，也不过早到货。

2）鼓励有实力的供货厂商参与竞争

分标采购的资金额度，应当有利于各类供应商或生产厂家参与竞争。分标的额度过大，不利于中小供货厂商的参与；分标额度过小，则对有实力的供货厂商缺乏吸引力。

3）建设物资的市场行情

建设物资采购的分标除考虑上列因素外，还应考虑建设物资市场货源和价格浮动等情况。货源紧，要提早采购；货源充裕时，应通过预测市场价格，掌握其浮动的规律，合理分阶段分批采购。

4）建设资金计划

根据资金计划中有关资金到位的安排和资金周转的要求，分标采购。

### 3.4.2  设备采购招标的资格预审

设备采购招标，特别是大型设备的采购，例如电梯、锅炉、空调等都必须进行资格预审。审查的内容如下。

#### 1．具有合同主体资格

参与投标的设备供应厂商必须具有合同主体资格，拥有独立订立合同的权利，能够独立承担民事责任。代理商（经销商）必须要有委托授权书。

#### 2．具有履行合同的资格和能力

1）具备国家核定的生产或供应招标采购设备的法定条件

（1）设备生产许可证、设备经销许可证或制造厂商的代理授权文件。

（2）产品鉴定书（生产厂商的生产许可、安全检查合格证）。

2）具有与招标标的物及其数量相适应的生产能力

（1）设计和制造的能力。包括专业技术水平、技术装备水平、专业技术人员的情况等。

（2）质量控制的能力。包括：

① 具有完善的质量保证体系。

② 业绩良好。设计或制造过与招标设备相同或相近的设备至少已有 1~2 台（套），在安装、调试和运行中，未发现重大质量问题，或已有有效的改进措施，并且经 2 年以上运行，技术状态良好。

#### 3．社会信誉

在社会信誉方面，主要审查投标人的资金信用、商业信誉和交易习惯等。

### 3.4.3  材料设备采购招标的评标方法

#### 1．经评审的最低投标报价法

1）评标要点

评标时，材料采购招标的最合理采购价格根据投标价格和运杂费等确定。设备采购应贯

彻寿命周期费用最低原则，以报价、运杂费、设备运营费用作为评比要素，将投标人按其经评审的投标报价由低到高排序，取前二至三名作为评标委员会推荐的中标候选人。以设备寿命周期费用为基础评审标价的程序如下：

（1）确定设备寿命周期。

（2）计算设备寿命周期成本的净现值。

（3）将投标价加上设备寿命周期成本的净现值作为投标报价的评审值。

### 2）适用范围

经评审的最低投标报价法适用于招标采购简单商品、半成品、原材料，以及其他的性能、质量相同或容易进行比较的物资。

## 2. 综合评估法

在物资采购招标中，采用综合评估法评标的具体做法有综合评审标价法和综合评分法两种。这种评标方法适用于招标采购机组、车辆、电梯、锅炉、空调等大型设备。

### 1）综合评审标价法

评标时，以投标报价为基础，将各评审要素按预定方法换算成相应的价格值，用以对投标报价进行增减，形成各投标人的经评审的投标报价，并按由低到高的顺序排序，取前二至三名作为评标委员会推荐的中标候选人。

综合评审标价法的评审要素和换算方法应当在招标文件中明示。评审要素主要有：

（1）运输费用。主要指需招标人额外支付的运费、保险费和其他费用。例如，运输道路加宽费、桥梁加固费等。费用按运输、保险等部门的取费标准计算。

（2）交货期。提前到货不影响评标；推迟供货，在施工进度允许范围内的，每迟延一个月，按投标价的一定百分比（通常为2%）计算折算价，增加到报价上去。

（3）付款条件。投标人应按招标文件规定的付款条件报价，不符合规定的投标是非响应性投标可予以拒绝。在大型设备采购招标中，投标人提出增加（或减少）预付款或前期付款的，按招标文件规定的贴现率（或利率）换算成评标时的净现值（或利息），对投标价进行相应的增减。

（4）零配件和售后服务。招标文件规定将这两笔费用纳入报价的，评审价格时不再考虑；单独报价的，将其加到报价上。

（5）设备性能和生产能力。投标设备应具有招标文件规定的技术规范所要求的生产效率。如果由于定型生产等原因所提供设备的性能、生产能力等的某些技术指标不能达到要求的基准参数时，则每种参数降低1%，以设备生产效率成本为基础计算出折算价，加到报价上去。一般维修期为两年。

### 2）综合评分法

首先确定评价项目及其评分标准，然后求出各投标文件的评价总分，最后取最高得分的二至三名投标人作为推荐的中标候选人。综合评分法在物资采购评标中的应用示例如表 3-2 所示。

表3-2　综合评分法在物资采购评标中的应用

| 评 价 项 目 | 评分标准及方法 | 对各投标文件的评价 | | |
|---|---|---|---|---|
| | | A标书 | B标书 | C标书 |
| 投标价 | 50（1分/百元） | 50 | 45 | 40 |
| 运杂费 | 10 | 0 | 5 | 10 |
| 备件价格 | 5 | 5 | 0 | 5 |
| 技术性能 | 20 | 10 | 15 | 20 |
| 运行费用 | 10 | 5 | 5 | 10 |
| 售后服务及维修 | 5 | 5 | 0 | 5 |
| 合计得分 | | 75 | 70 | 90 |
| 中标人 | | | | C |

# 项目实训2　编制招标文件

**教师**：讲授招标的原则和方法，掌握编制招标文件的方法与要点。结合一个招标项目实例进行项目教学。

**学生**：听、看、学、做，编制某工程项目招标文件。学生作为某咨询公司或投资方就某工程编制招标文件。该土建工程，工程采用大包，招标范围包括土、水、电，工程概况自设，工期、建筑面积自设，评标方法标准查建设部标准，可参照教材和范文。

**时间安排**：上机每天8学时，2周时间。

**交稿方式**：电子稿、小组及班级同项目实训1。机房教师及各班建一个文档存盘。个人交、迟交均不收。

**要求**：（1）设封面，工程需二级以上（查资质标准）。

（2）每人编制一份土建招标文件。

（3）小组交一份设备招标文件（电梯、锅炉）自选。

（4）完全相同一致的招标文件无效。

 扫一扫看天津酒店桩基础招标文件

 扫一扫看锅炉竞争性谈判文件

 扫一扫看无机房电梯招标文件

 扫一扫看无机房电梯招标报价表

 扫一扫看无机房电梯招标文件附件

# 学习情境 4

# 建筑工程项目投标

扫一扫看
本情境教
学课件

## 教学导航

| 项目任务 | 任务1　建筑工程项目投标的概念与程序；<br>任务2　建筑工程项目投标分析与报价；<br>任务3　建筑工程项目投标报价决策；<br>任务4　编制和递交投标文件；<br>任务5　施工组织设计编制 | | 学　时 | 8 |
|---|---|---|---|---|
| 教学目标 | 具备编制投标函、商务标、技术标的能力；运用理论知识和方法进行施工组织设计 | | | |
| 教学载体 | 实训中心、教学课件及书中相关内容 | | | |
| 课程训练 | 知识方面 | 掌握投标书的内容及编制方法，依据招标文件、设计文件及相关法律法规的规定编制投标文件 | | |
| | 能力方面 | 能够独立完成资格预审文件的编制及相关材料的收集与审核，具有独立完成项目投标全过程的操作能力 | | |
| | 其他方面 | 具备一定的文字编写、排版、装订、制图设计的能力 | | |
| 过程设计 | 任务布置及知识引导→分组学习讨论→学生集中汇报→老师点评或总结 | | | |
| 教学方法 | 参与型项目教学法 | | | |

建设项目投标主要的优点是依据招标文件及相关的法律法规保证工程质量，保证工期，控制工程造价，提高经济效益。因此，掌握建设项目的投标概念、程序、要件是至关重要的。

　　根据招标文件及设计文件的要求进行投标文件的编制，应完全符合招标文件的要求。

# 任务 4.1　建筑工程项目投标的概念与程序

　　建设项目投标是一种复杂的、综合各种因素的社会活动，在国际、国内的项目建设中普遍采用投标方式。在本任务中，要求掌握一般建设项目的投标程序与投标文件的编制等，了解投标各个环节的关键要素，熟悉商务标、技术标的编制技巧，能独立完成一般建筑项目的投标任务。

　　熟悉招标项目的基本情况，在此基础上，主要了解一下招标文件的投标人须知、投标人须知附录、合同条款等的组成，熟悉招标必备的要件，了解招标与投标之间的关系，可以从一个典型的项目招标投标案例剖析着手，通过模拟招标投标、参与实际投标现场、参与投标文件的编制工作，观摩建设项目开标会，从中掌握投标活动的各个环节。在熟悉掌握招标投标的基本知识后，在参加实际投标活动前，还要熟练掌握设计文件报价、投标活动的惯例等。

　　要根据招标文件的要求准备相关的证明文件，并保证证明文件的有效性。

## 4.1.1　建筑工程投标概念

　　建设工程投标，投标有时也称报价，是指投标人根据招标人规定的招标条件，提出完成发包工程的报价、施工方案等向招标人投函，争取得到项目承包权的活动。

　　招投标是一个有机整体，招标是建设单位在招标投标活动中的工作内容；投标则是承包商在招标投标活动中的工作内容。

　　建设工程项目投标是指勘察、设计、施工等项目承包单位选择项目发包单位的社会活动，承包方根据建设单位要求的建设项目内容、工期、质量及技术经济条件等招标条件，通过公开和非公开的方式参加竞争，争取项目承包权。

　　投标最主要的功能是通过了建设单位项目资格预审后根据建设单位招标文件进行投标的活动，包括勘察、设计、施工、监理及与工程建设有关的重要设备、材料等的采购等，目的是保护国家利益、社会公共利益和招标投标活动当事人的合法权益，提高经济效益，保证项目质量。

　　承包商当通过资格预审后收到合格通知书并购买招标文件，组织成立项目投标小组，编制投标文件。投标文件编制主要包括商务标、技术标，商务标中的投标报价是投标文件的重要组成部分，关系到评分的得分值高低；技术标中的施工组织设计按照工程特点、招标文件的评分标准，结合投标单位具体情况进行编制。

　　项目投标是企业生存发展的需要，能否中标的关键因素是投标文件在编制过程中的报价、施工方案等是否合理，在很大程度上决定着投标单位的中标率。因此，在编制投标文件时，既要保证合理的利润，又要保证最大限度的中标。

　　本任务中的项目投标，采用真实的案例（招标文件），以小组为单位，进行工学结合演练，做资格预审文件、投标文件的编制、组织现场踏勘和召开招标预备会、对招标文件答疑等，通过学生自评、小组互评、教师总结完成本任务。

### 4.1.2　建筑工程投标程序

**1. 投标的程序**

（1）根据市场调查了解招标信息参加投标报名。

（2）申请投标，接受资格预审并通过。

（3）购买招标文件。

（4）参加现场踏勘和招标预备会。

（5）研究招标文件及市场调研进行设备材料询价。

（6）编制施工组织设计，做技术标。

（7）编制施工图预算确定投标报价，做商务标。

（8）打印装订、签字、密封。

（9）报送投标文件参加开标会议。

（10）经专家组评审、中标公示，接到中标通知书后与建设单位签订合同。

投标的一般程序如图 4-1 所示。

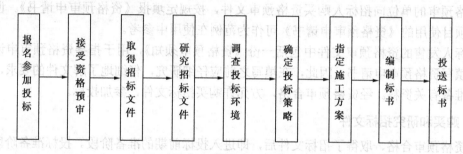

图 4-1　投标的一般程序

**2. 投标工作机构**

进行工程项目投标，需要有精干的机构和人员对投标的全部活动过程加以组织和管理。实践证明，建立一个强有力的投标机构是投标获得成功的根本保证。

在工程承包的招标投标竞争中，对招标人来说，招标就是择优。择优一般包含四个方面：较低的价格、优良的质量、先进的技术、较短的工期。招标人通过招标，从众多的投标人中进行评选，既要从其突出的侧面进行衡量，又要综合考虑上述四方面的优劣，最后确定中标者。

对于投标人来说，参加投标就如同参加一场赛事竞争。随着社会的发展，科学技术的进步，建筑工程越来越多的是技术密集型项目，这样势必给承包人带来两方面的挑战，一方面是技术上的挑战，要求承包商具有先进的科学技术，能够完成高、新、尖、难工程，另一方面是管理上的挑战，要求承包商具有现代先进的组织管理水平，能以较低价中标，靠管理和索赔获利。因此，要想在众多投标者中战胜对手，就必须组建一个强有力的投标机构。

**3. 投标阶段准备工作**

招标人为了使招标获得理想结果，限制不符合要求的承包商盲目参加投标，通常在发售招标文件之前要进行投标资格预审，借以预先了解投标单位的技术、财务实力和管理经验。对承包商来说，只有资格预审合格，才能参加投标的实质性竞争。也就是说，资格预审是取

得投标参赛资格的第一步。因此，投标人必须认真对待资格预审。

（1）国内投标资格预审。国内工程投标资格预审比较简单，按现行规定，申请资格预审的单位应向招标人提交以下有关资料：

① 企业营业执照和资质证书。

② 企业简历。

③ 自有资金情况（财务报表、银行资信证明）。

④ 全员职工人数，包括技术人员、技术工人数量及平均技术等级职称证书等；企业自有主要施工机械设备一览表。

⑤ 近三年承建的主要工程及其质量情况。

⑥ 现有主要施工任务，包括在建和尚未开工工程一览表。

在实践中，一般由申请资格预审的承包商填报"投标资格预审表"交招标单位审查，或转报地方招标管理部门审批。填报"投标资格预审表"时，按规定应提交的有关资料可作为该表的附件。

（2）国际投标资格预审。国际工程投标资格预审内容比国内工程资格预审详细，通常由参加资格预审的单位向招标人购买资格预审文件，按规定填报《资格预审申请书》。世界银行贷款项目使用的《资格预审申请书》可作为范例在使用中参考。

招标人发售的资格预审文件中包括一份《资格预审须知》，用于指导资格预审申请单位正确地填写资格预审申请书。因此，在填写之前应仔细研究，仔细地了解文件的要求，然后按要求准备有关资料。经资格预审合格，方允许购买招标文件，参加投标。

**4．购买和研究招标文件**

当资格预审合格、取得了招标文件后，即进入投标前期的准备阶段。投标准备阶段的首要工作是阅读、研究、分析招标文件，充分了解其内容和要求。其目的是：弄清楚承包者的责任和报价范围，以避免在报价中发生任何遗漏；弄清楚各项技术要求，以便确定经济适用而又可能缩短工期的施工方案；弄清楚工程中需使用的特殊材料和设备，以便在报价之前调查市场价格，避免因盲目估价而造成失误；整理出招标文件中含糊不清的问题、缺少的必要条件、设计文件未明确的技术条件等以书面形式签字，参加答疑会，招标人以书面形式回复所有投标人。

招标文件是投标的主要依据，研究招标文件重点应放在以下几个方面：

（1）研究工程综合说明，借以获得对工程全貌的了解。初步了解工程的性质、地点、结构等。

（2）熟悉并仔细研究设计图纸和技术说明书，目的在于弄清工程的技术细节和具体要求，使制定施工方案和报价有确切的依据。为此，要详细了解设计规定的各部位做法和对材料品种规格的要求；对整个建筑物及各部件的尺寸，各种图纸之间的关系都要吃透，发现不清楚或相互矛盾之处，要提请招标人解释或更正。

（3）研究合同主要条款，明确中标后应承担的义务和责任及应享有的权利，重点是承包方式、开竣工时间及工期奖罚，材料供应及价款结算办法，预付款的支付和工程款结算办法，工程变更及停工、窝工损失处理办法等。对于国际招标的工程项目，还应研究支付工程款所用的货币种类，不同货币所占比例及汇率。因这些因素最终都会反映在标价上，所以都须认真研究，以利于减少风险。

（4）熟悉投标须知，明确了解在投标过程中，投标人应在什么时间做什么事和不允许做什么事，目的在于提高效率，避免造成废标，徒劳无功。

全面研究招标文件，对工程本身和招标人的要求有基本了解后，投标人才便于制定自己的投标工作计划，以争取中标为目标，有序地开展工作。

### 5. 调查投标环境与现场考查

投标环境是招标工程项目施工的自然、经济和社会条件。这些条件都是工程施工的制约因素，必然影响工程成本。施工现场考察是投标者必须经过的投标程序。按照国际惯例，投标者提出的报价单一般被认为是在现场考察的基础上编制的。一旦报价单提出后，投标者就无权因为现场考察不周、情况了解不细或因考虑不全面而提出修改投标文件、调整报价或提出补偿等要求。对于国内地区所属企业投标本地区建设项目，投标环境和现场考查是自身的优势，一般过程较简单。

现场考察既是投标者的权利又是他的职责。因此，投标者在报价前必须认真研究招标文件，拟定调研提纲，确定重点要解决的问题，全面仔细地调查了解现场及其周围的政治、经济、地理等情况。

1）国内投标环境调查要点

（1）施工现场条件。

① 施工场地四周情况，布置临时设施、生活营地的可能性。

② 进入现场的通道，给排水、供电和通信设施。

③ 地上、地下有无障碍物。

④ 附近的现有建筑工程情况。

⑤ 环境对施工的限制。

（2）自然地理条件。

① 气象情况，包括气温、湿度、主导风向和风速、年降雨量以及雨季的起止期。

② 场地的地理位置、用地范围。

③ 地质情况，地基土质及其承载力，地下水位。

④ 地震及其设防程度，洪水、台风及其他自然灾害情况。

（3）材料和设备供应条件。

① 砂石等大宗地方材料的采购和运输。

② 须在市场采购的钢材、水泥、木材等材料的可能供应来源和价格。

③ 当地供应构配件的能力和价格。

④ 当地租赁建筑机械的可能性和价格等。

（4）其他条件。

① 工地现场附近的治安情况。

② 专业分包、劳务分包的能力和分包条件。

③ 业主的履约情况。

④ 竞争对手的情况。

（5）异地投标要办理市场准入证：在我国境内建筑企业跨省去其他地区投标，应到当地

招标工程所在地建设管理部门登记、领取许可证。登记时应交验企业营业执照、资质证书和企业法人所地省级建筑业主管部门批准赴外地承包工程的证明。中标后办理注册手续，注册期限于承建工程的合同工期，若注册期满后工程还未完工，还须办理延期手续。

2）国际投标环境调查要点

（1）政治情况。

① 工程所在国的社会制度和政治制度。

② 政局是否稳定。

③ 与邻国关系如何，有无发生边境冲突和封锁边界的可能。

④ 与我国的双边关系如何。

（2）经济条件。

① 工程项目所在国的经济发展情况和自然资源状况。

② 外汇储备情况及国际支付能力。

③ 港口、铁路和公路运输以及航空交通与电信联络情况。

④ 当地的科学技术水平。

（3）法律方面。

① 工程项目所在国的宪法。

② 与承包活动有关的经济法、工商企业法、建筑法、劳动法、税法、外汇管理法、经济合同法及经济纠纷的仲裁程序等。

③ 民法和民事诉讼法。

④ 移民法和外事管理办法。

（4）社会情况。

① 当地的风俗习惯。

② 居民的宗教信仰。

③ 民族或部落间的关系。

④ 工会的活动情况。

⑤ 治安状况。

（5）自然条件。

① 工程所在地理位置、地形、地貌。

② 气象情况，包括气温、湿度、主导风向和风力，年平均和最大降雨量等。

③ 地质情况，地基土质构造及特征，承载能力，地下水情况。

④ 地震、洪水、台风及其他自然灾害情况。

（6）市场情况。

① 建筑和装饰材料、施工机械设备、燃料、动力、水和生活用品的供应情况，价格水平，过去几年的批发物价和零售物价指数及今后的变化趋势预测。

② 劳务市场状况，包括工人的技术水平、工资水平，有关劳动保险和福利待遇的规定，在当地雇用熟练工人、半熟练工人和普通工人的可能性，以及外籍工人是否被允许入境等。

③ 外汇汇率和银行信贷利率。

④ 工程所在国本国承包企业和注册的外国承包企业的经营情况。

## 任务 4.2　建筑工程项目投标分析与报价

承包商通过投标获得工程项目，是市场经济条件下的产物。但是作为承包商，并不是每标必投，这里有个投标决策的问题。所谓决策，是从相互替代的方案中选择一个最适合的方案，决策有三个方面的内容：

（1）针对某项目是投标还是不投标，即选择投标对象。

（2）若去投标，是投什么性质的标，即投标报价策略问题。

（3）在投标中如何采用以长制短、以优胜劣的策略和技巧。

投标决策的正确与否，关系到能否中标和中标后的效益问题，关系到施工企业的信誉和发展前景，甚至关系到国家的信誉和经济发展问题。因此，企业的决策班子必须充分认识到投标决策的重要意义，把这一工作放到企业的重要议事日程上来着重考虑。

### 4.2.1　投标决策的种类

#### 1. 风险标和保险标的决策

这种分类是按投标性质分类的决策类型。

（1）风险标是指明知工程承包难度大、风险大，且技术、设备资金上都有未解决的问题，但由于施工队伍无活、处于息工，或因为工程赢利丰厚，或为了开拓新技术领域而决定参加投标，同时设法解决存在的问题，即风险标。投标后，如果问题解决得好，可取得较多的利润，也可锻炼出一支好的施工队伍，否则企业信誉、效益受损害，严重的将导致企业严重亏损甚至破产。因此对投标风险必须审慎对待。

（2）保险标是指对可以预见的情况从技术、设备、资金等重大问题都有了解决的对策之后再投标，称为保险标。企业经济实力较弱，经不起失误打击的，往往投保险标。当前我国施工企业多数愿意投保险标，保险标的决策风险小。

#### 2. 赢利标、保本标、亏损标的决策

这种分类是按投标效益分类的决策类型。

（1）赢利标。如果招标工程既是本企业的强项，又是竞争对手的弱项，或招标人意向明确，或本企业任务饱满、利润丰厚，这种情况下的投标，称赢利标。

（2）保本标。当企业无后继工程，或已出现部分息工，必须争取投标中标。但招标的工程项目对于本企业又无优势可言，竞争对手又是"强手如林"的局面。此时，宜投保本标，至多投薄利标。

（3）亏损标。亏损标是一种非常手段，一般是在下列情况下采用，即企业已大量息工，严重亏损，若中标后至少使部分人工、机械运转，减少亏损；或者为在对手林立的竞争中夺得头标，不惜血本压低标价；或是为了在本企业一统天下的地盘里，为挤跨企图插足的竞争对手；或为打入新市场，取得拓宽市场的立足点而压低标价。以上这些，虽然是不正常的，但在激烈的投标竞争中有时也可这样做。

### 4.2.2　投标时应考虑的基本因素

对某一具体工程是否投标，首先要从本企业的主观条件来衡量，其次还要了解企业自身

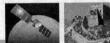

以外的客观因素。

投标决策的影响因素表现在以下几方面：

（1）工人和技术人员的技术操作水平。

（2）机械设备能力。

（3）设计能力。

（4）对工程的熟悉程度和管理经验。

（5）竞争的程度是否激烈。

（6）器材设备的交货条件。

（7）得标承包后对今后本企业的影响。

（8）已往对类似工程的经验。

### 4.2.3 投标决策的定量分析方法

进行投标决策时，只有把定性分析和定量方法结合起来，才能定出正确决策。决策的定量分析方法有很多，如投标评价表法、概率分析法、线性规划法等。下面具体叙述投标评价表法的应用。

（1）根据具体情况，分别确定影响因素及其重要程度。

（2）逐项分析各因素预计实现的情况。可以划分为上、中、下三种情况。为了能进行定量分析，对以上三种情况赋予一个定量的数值。如"上"得10分，"中"得5分，"下"得0分。

（3）综合分析。根据经验统计确定可以投标的最低总分，再针对具体工程评定各项因素的加权综合总分，与"最低总分"比较，即可做出是否可以投标的决策。示例如表4-1所示。

表4-1　投标评价表

| 八项标准 | 权数 | 判断等级 | | | 得分 |
|---|---|---|---|---|---|
| | | 上（10分） | 中（5分） | 下（0分） | |
| 1. 工人和技术人员的操作技术水平 | 20 | 10 | — | — | 200 |
| 2. 机械设备能力 | 20 | — | 5 | — | 100 |
| 3. 设计能力 | 5 | 10 | — | — | 50 |
| 4. 对工程的熟悉程度和管理经验 | 15 | 10 | — | — | 150 |
| 5. 竞争的程度是否激烈 | 10 | — | 5 | — | 50 |
| 6. 器材设备的交货条件 | 10 | — | — | 0 | 0 |
| 7. 对今后机会的影响 | 10 | 10 | — | — | 100 |
| 8. 以往对类似工程的经验 | 10 | 10 | — | — | 100 |
| 合计 | 100 | — | — | — | 700 |
| 可接受的最低分值 | — | — | — | — | 650 |

该工程投标机会评价值为700分，而该承包商规定可以投标最低总分为650分。故可以考虑参加投标。

### 4.2.4 投标的策略

正确的投标策略来自实践经验的积累和对客观规律的认识及对具体情况的了解；同时，

决策者的能力和魄力也是不可缺少的。常见的投标策略有以下几种。

**1）全面分析招标文件**

招标文件所确定的内容，是承包人制作投标文件的依据。

（1）对于招标文件已确定的不可变的内容，应侧重分析有无实现的可能，以及实现的途径、成本等。

（2）对于有些要求，如银行开具保函，应由承包人与其他单位协作完成，则应分析其他承包人有无配合的可能。

（3）特别注意招标文件存在的问题。如文件内容是否有不确定、不详细、不清楚的地方；是否还缺少其他文件、资料或条件；对合同签定和履行中可能遇到的风险做出分析。

**2）确定合理的项目实施方案**

确定科学合理的实施方案是发包人选择承包人的重要因素。因此，承包人确定的实施方案应合理、规范、可行。

**3）投标报价要合理**

投标报价是承包人核算的全面完成建设工程施工所需的费用，特别要注意工程量的计算，定额单价的套用，费用的计取、计算正确与否。

**4）以较高的经营管理水平取胜**

建筑企业平时要注重提高经营管理水平。投标时，通过做好施工组织设计，采取合理的施工技术和施工机械，精心采购材料与设备，选择可靠的分包单位，安排紧凑的施工进度等措施，有效降低工程成本，从而获得较大的利润。

**5）靠改进设计取胜**

承包企业组织人力仔细研究原设计图纸，发现不合理之处，提出能降低造价的修改设计建议，以提高对业主的吸引力，从而在竞争中获胜。

**6）靠缩短工期取胜**

在招标文件要求的工期基础上，采取有效措施，使工期提前若干个月或若干天完工，从而使工程早投产，早收益。这也是能吸引业主的一种策略。

**7）低利润政策**

承包商任务不足时，可以以低利润承包到一些工程，对企业发展还是有利的。此外，承包商初到一个新的地区，为了打入这个地区的建筑市场，建立信誉，也往往采用这种策略。

**8）着眼于施工索赔**

利用图纸、技术说明书与合同条款中不明确之处寻找索赔机会，虽报低价，也可得到高额利润。一般索赔金额可达标价的 10%～20%。不过这种策略并不是到处可用的。

**9）着眼于发展，争取将来的优势**

承包商为了掌握某种有发展前途的工程施工技术，宁愿目前少赚钱，也可能采用这种策略。这是一种较有远见的策略。

以上这些策略不是互相排斥的，需根据具体项目情况，综合、灵活地来运用。

### 4.2.5 投标的技巧

投标技巧的研究，其实质是在保证工程质量与工期的条件下，寻找一个好的报价的技巧问题。承包商为了中标并获得期望的效益，投标全过程都要研究投标报价技巧的问题。

如果以投标程序中的"开标"为界，可将投标的技巧研究分为两阶段，即开标前的技巧研究和开标至订立合同前一阶段的技巧研究。

#### 1．开标前的投标技巧研究

1）不平衡报价

不平衡报价，指在总价基本确定的前提下，如何调整项目和各个子项目的报价，以期既不影响总报价，又在中标后可以获取较好的经济效益。通常采用的不平衡报价有下列几种情况：

（1）对能早期结账收回工程款的项目（如土方、基础等）的单价可报较高价，以利于资金周转；对后期项目（装饰、电气安装等）单价可适当降低。

（2）估计今后工程量可能增加的项目，其单价可提高；而工程量可能减少的项目，其单价可降低。

上述两点要统筹考虑，对于工程量计算有错误的早期工程，如不可能完成工程量表中的数量，则不能盲目抬高单价，需要具体分析后再确定。

（3）图纸内容不明确或有错误，估计修改后工程量要增加的，其单价可提高；而工程内容不明确的，其单价可降低。

（4）没有工程量而只需填报单价的项目（如疏浚工程中的开挖淤泥工作等），其单价可抬高。这样，既不影响总的投标价，又可多获利。

（5）对于暂定项目，其实施的可能性大的项目，价格可定高价；估计该工程不一定实施的项目则可定低价。

2）零星用工（计时工）

零星用工一般可稍高于工程单价表中的工资单价。原因是零星用工不属于承包总价的范围，发生时可实报实销，可多获利。

3）多方案报价

若业主拟定的合同条件要求过于苛刻，为使业主修改合同要求，可准备"两个报价"。并阐明，按原合同要求规定，投标报价为某一数值；倘若合同要求做某些修改，则投标报价为另一数值，即比原始报价低一定的百分点，以此吸引对方修改合同条件。

另一种情况是自己的技术和设备满足不了原设计的要求，但在修改设计以适应自己的施工能力的前提下仍希望中标，于是可以报一个原设计施工的投标报价（高报价）；另一个则按修改设计施工的方案，比原设计施工的标价低得多的投标报价，诱导业主采用合理的报价或修改设计。但是，这种修改设计，必须符合设计的基本要求。

4）突然袭击法

由于投标竞争激烈，为迷惑对方，有意泄露一点假情报，如不打算参加投标；或准备投高价标，表现出无利可图不想干的假象。然而，到投标截止前的几个小时，突然前往投标，并压低标价，从而使对手措手不及而失败。

5）低投标价夺标法

这是一种非常手段。如企业大量窝工，为减少亏损；或为打入某一建筑市场；或为挤走竞争对手保住自己的局部垄断，于是制定严重亏损标，力争夺标。若企业无经济实力，信誉又不佳，此法不一定奏效。

### 2．开标后的投标技巧研究

投标人通过公开开标这一程序可以得知众多投标人的报价，但低报价并不一定中标，需要综合各方面的因素，反复考虑，并经过议标谈判，方能确定中标者。所以，评标只是选定中标候选人，而非已确定了中标者。投标人可以利用议标谈判施展竞争手段，从而改变自己原投标文件中的不利因素而成为有利因素，以增加中标的机会。

议标谈判又称评标答辩。谈判的内容主要是：其一，技术谈判，业主从中了解投标人关于组织施工、控制质量、工期保证措施，以及特殊情况下采用何种紧急措施等；其二，业主要求投标人在价格及其他一些问题上，如自由外汇的比例、付款期限、贷款利润等方面做出让步。可见，这种议标谈判，业主处于主动地位。正因为如此，有的业主将中标后的合同谈判也一并在此进行。因为如果分别进行的话，那么，中标人的被动地位将有所改变，中标人恰好利用这一有利条件。

议标谈判的方式通常是选 2 至 3 家条件较优者进行磋商，并由招标人分别向他们发出议标谈判的书面通知。各中标候选人分别与招标人进行磋商。

从招标的原则来看，投标人在投标有效期内，是不能修改其报价的，但是，某些议标谈判对报价的修改例外。

议标谈判中的投标技巧主要有降低投标报价和补充投标优惠两种。

1）降低投标报价

投标价格不是中标的唯一因素，但却是中标的关键因素。在议标中，投标人适时提出降价要求是议标的主要手段。需要注意的是：其一，要摸清招标人的意图，在得到招标人希望降价的暗示后，再提出降价的要求。因为，有些国家的政府关于招标的法规中规定，已投出的投标文件不得做出任何改动；若有改动，投标即为无效；其二，降低投标价要适当，不得损害投标人自己的利益。

降低投标报价可以从降低投标利润、降低经营管理费和设定降价系数三方面入手。

（1）投标利润的确定，既要围绕争取最大未来收益这个目标而定立，又要考虑中标率和竞争者数量因素的影响。通常，投标人准备两个价格，既准备了应付一般情况的适中价格，又同时准备了应付竞争特殊环境需要的替代价格，它是通过调整报价利润所得出的总报价。两个价格中，后者可以低于前者，也可以高出前者。

（2）经营管理费，应作为间接成本进行计算。为了竞争的需要，也可适当降低这部分费用。

（3）降价系数，是指投标人在投标作价时，预先考虑一个未来可能降价的系数。如果开标后需要降价竞争，就可以参照这个系数进行降价；如果竞争局面对投标人有利，则不必降价。

2）补充投标优惠条件

除中标的关键性因素——价格外，在议标谈判中，还可以考虑其他许多重要因素，如缩短工期、提高工程质量、降低支付条件要求、提出新技术和新设计方案（局部）以及提供补充物资和设备等，以此优惠条件争取得到招标人的赞许，争取中标。

## 4.2.6 投标报价

投标报价是承包商采取投标方式承揽工程项目时，计算和确定承包该项工程的投标总价格。招标人把投标人的报价作为主要标准来选择中标者，同时也是招标人（业主）和投标人（承包商）就工程标价进行承包合同谈判的基础。报价是进行工程投标的核心。报价过高会失去中标机会，而报价过低虽然得标，但利润微薄有时会给工程带来亏损的风险。因此，标价过高或过低都不可取，如何做出合适的投标报价，是投标人能否中标的最关键的问题。

### 1．报价的依据

工程报价的依据主要有下列各项：

（1）设计图纸及说明。

（2）工程量表。

（3）合同条件，尤其是有关工期、支付工程款条件、外汇比例的规定。

（4）有关法规。

（5）拟采用的施工方案、进度计划。

（6）施工规范和施工说明书。

（7）工程材料、设备的价格及运费。

（8）劳务工资标准。

（9）当地生活物资价格水平。

（10）现行当地定额或企业定额，现行取费标准及其他有关规定。

（11）施工现场实际条件。

### 2．报价的步骤

当投标人资格预审通过、获得全套招标文件后，即根据工程性质组建一个经验丰富、决策力强的班子进行投标报价。一般单价合同报价计算分以下九个步骤：

（1）研究招标文件。

（2）现场考察。

（3）熟悉施工规划。

（4）复核工程量。

（5）计算工、料、机单价。

（6）计算分项工程基本单价。

（7）计算间接费。

（8）考虑管理费、风险费、保险费、预计利润。

（9）确定投标价格。

工程投标报价无论是国内工程，还是国外工程都遵循上述九个基本步骤，但是在计算标价时应注意国内工程和国外工程有较大的差异，计算国内工程注意报价工程的所在地是确定标价的一个重要因素。

### 3．定额计价编制标价

现行的定额计价方式是与工程量清单计价共存于招标投标计价活动中的另一种计价方

式。定额计价采用定额工料单价计价，定额计价价款包括建筑安装工程费的全部内容。2004年 1 月 1 日发布并于 2013 年 7 月 1 日修订实施的"关于印发《建筑安装工程费用项目组成》的通知"（建标〔2013〕44 号）中规定，现行建筑安装工程费用项目组成见图 4-2。

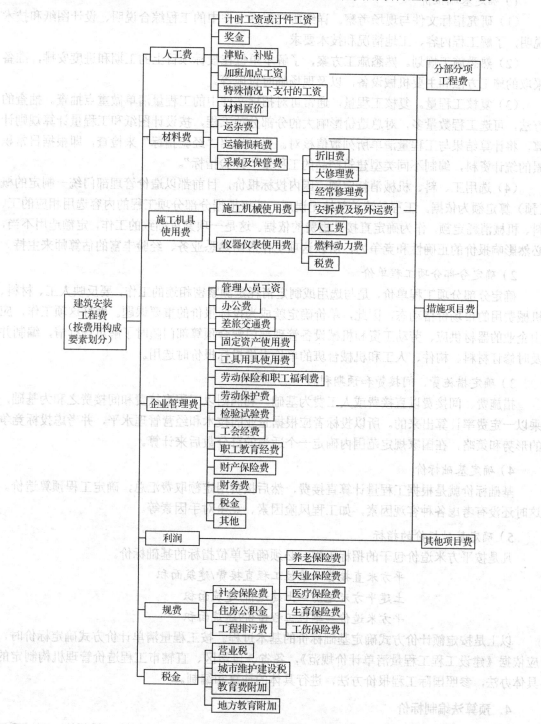

图 4-2　建筑安装工程费用项目组成

在图4-2中所列费用的计算过程参见《建筑安装工程费用项目组成》的具体规定和有关部门颁发的结算文件。

**1）确定基础报价**

（1）研究招标文件与现场考察。详细研究招标文件中的工程综合说明、设计图纸和技术说明，了解工程内容、工地情况和技术要求。

（2）熟悉施工规划。熟悉施工方案，了解本单位在投标项目上的工期和进度安排，准备采取的施工方法和主要机械设备，以及现场临时设施等。

（3）复核工程量。复核工程量，通常可对招标文件中的工程量清单做重点抽查。抽查的方法，可选工程数量多，对总造价影响大的分部分项工程，按设计图纸和工程量计算规则计算，将计算结果与工程量清单所列数值核对。也可运用"经验指标"来检查，即根据日常积累的统计资料，编制不同类型建筑产品的工程量"经验指标"。

（4）选用工、料、机械消耗定额。国内投标报价，目前都以造价管理部门统一制定的概（预）算定额为依据。工程量清单复核无误后，即可根据分部分项工程的内容选用相应的工、料、机械消耗定额，作为确定直接工程费的依据。这是一项繁重细致的工作，定额选用不当，必然影响报价的正确性和竞争力，所以这项工作应由熟悉业务、经验丰富的估算师来主持。

**2）确定分部分项工程单价**

确定分部分项工程单价，是与选用或制定消耗定额紧密相连的工作，要反映人工、材料、机械费用的市场价格动态，因此，单价确定就成为投标报价的重要课题。做好这项工作，应由企业的器材供应、劳动工资和机械设备管理部门配合预算部门随时了解市场行情，编制并及时修订材料、构件、人工和机械台班的单价表供投标报价时选用。

**3）确定措施费、间接费和预期利润**

措施费、间接费以直接费或人工费为基础，利润则以工程直接费和间接费之和为基础，乘以一定费率计算出来的。所以投标者应根据企业的技术和经营管理水平，并考虑投标竞争的形势和策略，在国家规定范围内确定一个适当的百分数后来计算。

**4）确定基础标价**

基础标价就是根据工程量计算直接费，然后按费用定额取费汇总，确定工程预算造价。这时还没有考虑各种客观因素，如工程风险因素、竞争对手因素等。

**5）确定基础标价的指标**

凡是按平方米造价包干的招标工程，必须确定单位指标的基础标价。

$$平方米直接费＝单位工程直接费/建筑面积$$
$$土建平方米造价＝土建造价/建筑面积$$
$$平方米造价＝单位工程造价/建筑面积$$

以上是按定额计价方式确定基础标价的基本过程。按工程量清单计价方式确定标价时，应依据《建设工程工程量清单计价规范》，各省、自治区、直辖市工程造价管理机构制定的具体办法，参照国际工程报价方法，进行具体的计算和编制。

**4．预算法编制标价**

施工图预算的编制结果也可以用来做单位工程的投标报价。编制施工图预算，可以采用单价法和实物法。这里简单介绍单价法编制施工图预算的步骤。

单价法，就是根据地区统一的单位估价表中的各项工程的定额基价，乘以相应的分项工程的工程量，并相加，得到单位工程的人工费、材料费、机械使用费之和，再加上措施费、间接费、利润、税金，并考虑一定的报价策略，即可得到单位工程的投标报价。操作步骤如图 4-3 所示。

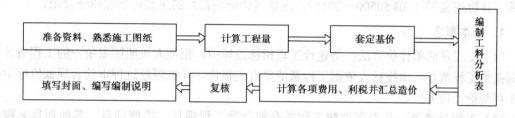

图 4-3　单价法编制施工图步骤

### 5. 综合费率法计价

按工程结构（高度、跨度、用途）和企业资质等级，以直接费为计算基础，划分几个档次收取间接费。一般来说，采用综合费率计算，取费比较合理，计算比较简便。无论国有、集体、私有建筑企业只要具备与工程相符合的资质等级，都可以按同一标准参加投标。这就避免了按企业级别计取费率，使同一产品出现不同产品价格的问题。投标费率表如表 4-2 所示。

表 4-2　投标费率表

| 工程名称 | | | | | | | | | |
|---|---|---|---|---|---|---|---|---|---|
| 建设规模 | | | | | | | | | |
| 取费工程类别 | | | | | | | | | |
| 费用名称 | 正常费率（%） | | | 投标费率（%） | | | 让利（%） | | |
| | 土建 | 安装 | 装饰 | 土建 | 安装 | 装饰 | 土建 | 安装 | 装饰 |
| 综合费 | | | | | | | | | |
| 利润 | | | | | | | | | |
| 远地施工增加费 | | | | | | | | | |
| 赶工措施增加费 | | | | | | | | | |
| 文明施工增加费 | | | | | | | | | |
| 集中供暖等项费用 | | | | | | | | | |
| 其他 | | | | | | | | | |
| 质量标准 | | | | | | | | | |
| 工期 | | | | | | | | | |
| 备注 | | | | | | | | | |

注：① 冬季施工增加费、特殊工种培训费、特种保健津贴、工程风险系数不计算。
　　② 劳动保险基金、工程定额测定费、税金不投标报价，结算时按省级规定执行。

### 4.2.7 工程量清单计价

随着我国招标投标制、合同制的逐步推行，以及加入世界贸易组织（WTO）与国际惯例接轨等要求，工程量清单计价做法已得到广泛应用。为规范建设工程工程量清单计价行为，统一建设工程工程量清单的编制和计价方法，制定《建设工程工程量清单计价规范》（以下简称《计价规范》）（GB 50500—2013）。现就《计价规范》的主要内容做以下介绍。

**1．基本概念**

（1）工程量清单计价方法：是建设工程招标投标中，招标人按照国家统一的工程量计算规则提供工程数量，由投标人依据工程量清单自主报价，并按照经过评审的合理低价标中标的工程造价计价方式。

（2）工程量清单：是表现拟建工程的分部分项工程项目、措施项目、其他项目名称和相应数量的明细清单，由招标人按照《计价规范》附录中统一的项目编码、项目名称、计量单位和工程量计算规则进行编制，包括分部分项工程量清单、措施项目清单、其他项目清单。

（3）工程量清单计价：是指投标人完成由招标人提供的工程量清单所需的全部费用，包括分部分项工程费、措施项目费、其他项目费和规费、税金。

（4）工程量清单计价采用综合单价计价。综合单价是指完成规定计量单位项目所需的人工费、材料费、机械使用费、管理费、利润，并考虑风险因素。

**2．《计价规范》的基本内容**

《计价规范》包括正文和附录两大部分，二者具有同等效力。

正文分五章，包括总则、术语、工程量清单编制、工程量清单计价、工程量清单及其计价格式等内容，分别就《计价规范》的适用范围、遵循的原则、编制工程量清单应遵循的规则、工程量清单计价活动的规则、工程量清单及其计价格式做了明确规定。

附录A～E主要介绍建筑工程、装饰装修工程、安装工程、市政工程、园林绿化工程工程量清单项目及计算规则。

附录中包括：项目编码、项目名称、项目特征、计量单位、工程量计算规则和工程内容，其中项目编码、项目名称、计量单位、工程量计算规则作为"四统一"的内容，要求招标人在编制工程量清单时必须执行。该附录的内容是以表格形式体现的，见表4-3。

表4-3 附录内容

| 项目编码 | 项目名称 | 项目特征 | 计量单位 | 工程量计算规则 | 工程内容 |
| --- | --- | --- | --- | --- | --- |
| | | | | | |

1）项目编码

项目编码是为工程造价信息全国共享而设的，要求全国统一。项目编码共设12位数字，规则统一到前9位，后3位由编制人确定。

2）项目名称

项目的设置或划分是以形成工程实体为原则，它也是计量的前提。因此项目名称均以工程实体命名。项目设置的另一个原则是不能重复，完全相同的项目，只能相加后列一项，用

同一编码，即一个项目只有一个编码，只有一个对应的综合单价。项目名称需符合规范要求的"四统一"原则。

3）项目特征

项目特征是用来表述项目名称的，它明显（直接）影响实体自身价值（或价格），包括：施工项目类型，所用施工材料的种类、规格，采用的施工方法等特征。以砌筑工程里的"砖基础"（项目名称）为例，其项目特征包含的内容有垫层材料种类、厚度，砖品种、规格、强度等级，基础类型，基础深度，砂浆强度等级。

4）计量单位

附录按国际惯例，工程量的计量单位均采用基本单位计量，它与定额的计算单位不一样，编制清单或报价时一定要求以附录规定的计量单位计为准，它是本规范"四统一"中的第三个统一。长度计量采用 m 为单位；面积计量采用 $m^2$ 为单位；重量计量采用 kg 为单位；体积和容积采用 $m^3$ 为单位；自然计量单位有台、套、个、组等。

5）工程量计算规则

附录中每一个清单项目都有一个相应的工程量计算规则，这个规则全国统一，即全国各省市的工程量清单，均要按照附录中规定的工程量计算规则计算工程量。

6）工程内容

这是表格形式中的最后一项内容。由于清单项目是按实体设置的，而且应包括完成实体的全部内容。建筑安装工程的实体往往是由多个工程综合而成的，因此附录将各清单可能发生的工程项目均做了提示并列在"工程内容"一栏中，供清单编制人对项目描述时参考。对清单项目的描述很重要，它是报价人计算综合单价的主要依据。以砌筑工程的砌筑砖基础（010301001）为例，此项的工程内容有：①砂浆制作、运输；②铺设垫层；③砌砖；④防潮层铺设；⑤材料运输。报价人应针对这五项内容报价。

### 3. 工程量清单计价的项目划分

工程量清单由分部分项工程量清单、措施项目清单、其他项目清单组成。工程量清单计价的项目划分为分部分项工程项目、措施项目、其他项目。

1）分部分项工程项目

分部分项工程是构成工程实体的项目。分部分项工程量清单根据《计价规范》附录 A～E 规定的统一项目编码、项目名称、计量单位和工程量计算规则进行编制。

附录 A 为建筑工程工程量清单项目及计算规则，适用于采用工程量清单计价的工业与民用建筑物和构筑物的建筑工程。

附录 B 为装饰装修工程工程量清单项目及计算规则，适用于工业与民用建筑物和构筑物的装饰装修工程。

附录 C 为安装工程工程量清单项目及计算规则，适用于工业与民用建筑（含公用建筑）给排水、采暖、燃气、通风空调、电气、照明、通信、智能等设备，管线的安装工程和一般机械设备安装工程量清单的编制与计价。

附录 D 为市政工程工程量清单项目及计算规则，适用于城市市政建设工程。

附录 E 为园林绿化工程工程量清单项目及计算规则，适用于园林绿化工程。

分部分项工程清单项目是以形成工程实体为基础设立的，并且要求不能重复。

2）措施项目

措施项目是完成工程项目施工，发生于该工程施工前和施工过程中技术、生活、安全等方面的非工程实体项目，如脚手架项目、混凝土及钢筋混凝土模板项目。措施项目清单应根据拟建工程的具体情况，参照《计价规范》的"措施项目清单表"列项。

3）其他项目

可以参照以下内容：预留金、材料购置费、总承包服务费、零星工作项目费等。编制其他项目清单时应根据拟建工程的具体情况列项。

### 4．分部分项工程量清单的项目编码

项目编码共设 12 位数字，其中第 1、2 位表示附录，即工程类别：

01 为附录 A，建筑工程；02 为附录 B，装饰装修工程；03 为附录 C，安装工程；04 为附录 D，市政工程；05 为附录 E，园林绿化工程。

第 3、4 位表示各附录的章，即专业工程，如 0101 为附录 A 的第 1 章"土（石）方工程"；0302 为附录 C 的第 2 章"电气设备安装工程"。

第 5、6 位表示各章的节，如 010101 为附录 A 建筑工程第 1 章"土（石）方工程"的第 1 节"土方工程"。

第 7、8、9 位表示清单项目，如 010101001 为土方工程中"平整场地"项目。未来在建设部的造价信息库里 010101001 就是有关平整场地的相关信息，包括平整场地的人工费、机械费、综合单价、消耗量等，供全国查询。

第 10、11、12 位数字，是供清单编制人依据设计图纸设置，并自 001 起开始编制，一共有 999 个码可供使用，这个数字对一个工程是足够用了。

## 4.2.8 测定综合单价的步骤和方法

分部分项工程量清单的综合单价，应根据《计价规范》的综合单价的组成，按设计文件或参照附录 A、附录 B、附录 C、附录 D、附录 E 中的"工程内容"确定；措施项目清单金额应根据拟建工程的施工方案或施工组织设计，参照《计价规范》规定的综合单价组成确定。此外，还要依据企业定额和材料的市场价格信息，或参照建设行政主管部门发布的社会平均消耗量定额确定综合单价。

各项工程量清单项目的"综合单价"与招标文件中提供的清单工程量的乘积作为工程的承包成本，并以这个成本费用为基础结合一定的投标报价策略（见任务 4.3 节内容）来确定最终的投标报价。下面介绍一下建筑工程清单项目综合单价的测定步骤和方法。

### 1．分析每个清单项目的"工程内容"的组成情况

"综合单价"是完成工程量清单中一个规定项目的单价，而每个清单项目又是由若干个不同的"工程内容"组成的，因此，一个清单项目的"单价"应该是其所包含的若干个工程内容的单价"综合"取定的。

例如，附录 A 建筑工程 "土（石）方工程"一章中的"挖基础土方"清单项目，其工作内容就可以包含人工挖地槽、土方运输等，"挖基础土方"项目的综合单价应该由其所涉

及的各项工作内容（人工挖地槽、人工或机械运输土方等）的单价来确定。

### 2. 复核各"工程内容"的工程量

清单项目的工程量计算原则是"按拟建工程分项工程的实体净尺寸计算"。投标人在投标报价时按自己的企业技术工程水平和施工方案的具体情况，将实际多出的工程量计入综合单价中进行报价；显然，增加的量越小越有竞标能力。因此，对于招标人在工程量清单中给出的工程量，投标人要根据招标图纸及工程内容的组成情况仔细地进行复核，精确的工程量是确定工程投标报价的前提。

根据招标文件中的工程量清单和有关要求、施工现场实际情况及拟定的施工方案或施工组织设计，复核各"工程内容"（由 1 步分析出）的实际工程量；以招标文件工程量清单中提供的清单项目"清单工程量"为对比基础，用"此清单项目所含的各项工程内容的实际工程量"除以"招标文件中此清单项目的清单工程量"得到 "各工程内容的相对工程量"。计算公式（4-1）如下：

$$X_i = \frac{S_i}{Q} \tag{4-1}$$

式中，$X_i$——招标文件中某清单项目的第 $i$ 项工程内容的"相对工程量"；

$S_i$——此清单项目的第 $i$ 项工程内容的"实际工程量"；

$Q$——招标文件中给定的此清单项目的"清单工程量"。

### 3. 计算各"工程内容"的单价

依据企业定额和市场价格信息，或参照建设行政主管部门发布的社会平均消耗量定额（如地方单位估价表），用"第 $i$ 项工程内容的相对工程量"$X_i$（由第 2 步计算出）乘以相应的"企业定额或地方单位估价表的分项工程定额基价"，计算得到"第 $i$ 项工程内容"的人工单价、材料单价、机械单价，再通过取费程序计算"第 $i$ 项工程内容"的管理费单价和利润单价；各项单价费用相加，即得到"第 $i$ 项工程内容"的单价。计算公式如下：

$$R_i = X_i \times r; \quad C_i = X_i \times c; \quad J_i = X_i \times j \tag{4-2}$$
$$G_i = 费用计算基数 \times 费率; \quad L_i = 费用计算基数 \times 费率 \tag{4-3}$$
$$F_i = R_i + C_i + J_i + G_i + L_i \tag{4-4}$$

式中，$R_i$、$C_i$、$J_i$——完成第 $i$ 项工程内容所耗人工单价、材料单价、机械单价；

$r$、$c$、$j$——地方单位估价表（或企业定额）子目基价规定的人工费、材料费、机械费；

$F_i$——第 $i$ 项工程内容的单价；

$G_i$、$L_i$——第 $i$ 项工程内容的管理费单价、利润单价。在"地区费用定额"中规定了一套取费程序，用以计算工程管理费、利润等。其计算方法是"费用计算基数×相应费率"，其中"费用计算基数""费率"应由费用定额统一做出规定。如某省费用定额中规定："建筑工程费用计取以基价人工费＋基价机械费为计算基数"，"安装工程以基价人工费为计算基数"。

### 4. 计算工程量清单项目的"综合单价"

将此工程量清单项目中所含的各项工程内容的单价（由第 3 步计算出）进行汇总，即得到此清单项目的"综合单价"。计算公式如下：

$$D_z = \sum_{i=1}^{n} F_i \qquad (4-5)$$

式中，$D_z$ 为某分部分项工程清单项目的综合单价；$n$ 为此清单项目包含工程内容的项数；$i$ 为此清单项目中的第 $i$ 项工程内容。

综合单价中还应包括一定的风险金，以应对不可预测因素发生的费用。

### 5．计算分部分项工程费

用"招标文件中清单项目的清单工程量" $Q$ 乘以相应的"清单项目的综合单价" $D_z$（由第4步计算出），即得到此分部分项工程清单项目的工程费。计算公式如下：

$$B = Q \times D_z \qquad (4-6)$$

式中，$B$ 为某分部分项工程清单项目的工程费；$Q$ 为招标文件中给定的此清单项目的清单工程量；$D_z$ 为某分部分项工程清单项目的综合单价。

投标企业通过以上 5 个步骤计算得到招标文件中规定的分部分项工程清单项目的工程费，并结合投标报价策略获得一个满意的投标报价方案。以上综合单价及工程费的计算程序可参考表4-4进行。（用综合单价编制投标价的案例，见本4.3.1节内容）

表4-4　工程量清单项目综合单价及工程费计算程序表

| 清单项目的 $n$ 项工程内容<br><br>综合单价、工程费计算程序 | 第1项 | 第2项 | 第3项 | … | 第 $n$ 项 |
|---|---|---|---|---|---|
| 1．计算各项工程内容的实际工程量 $S_i$ | $S_1$ | $S_2$ | $S_3$ | … | $S_n$ |
| 2．计算各项工程内容的相对工程量 $X_i = \dfrac{S_i}{Q}$（$Q$——清单工程量） | $X_1 = \dfrac{S_1}{Q}$ | $X_2 = \dfrac{S_2}{Q}$ | $X_3 = \dfrac{S_3}{Q}$ | … | $X_n = \dfrac{S_n}{Q}$ |
| 3．对各项工程内容分别用"相对工程量 $X_i$"套定额，计算人工单价、材料单价、机械单价、管理费单价、利润单价；汇总求出各项工程内容的工程费单价 $F_i = R_i + C_i + J_i + G_i + L_i$ | $R_1 = X_1 \times r$<br>$C_1 = X_1 \times c$<br>$J_1 = X_1 \times j$<br>$G_1$（按费用定额计算）<br>$L_1$（按费用定额计算）<br>$F_1 = R_1 + C_1 + J_1 + G_1 + L_1$ | $R_2 = X_2 \times r$<br>$C_2 = X_2 \times c$<br>$J_2 = X_2 \times j$<br>$G_2$（按费用定额计算）<br>$L_2$（按费用定额计算）<br>$F_2 = R_2 + C_2 + J_2 + G_2 + L_2$ | $R_3 = X_3 \times r$<br>$C_3 = X_3 \times c$<br>$J_3 = X_3 \times j$<br>$G_3$（按费用定额计算）<br>$L_3$（按费用定额计算）<br>$F_3 = R_3 + C_3 + J_3 + G_3 + L_3$ | … | $R_n = X_n \times r$<br>$C_n = X_n \times c$<br>$J_n = X_n \times j$<br>$G_n$（按费用定额计算）<br>$L_n$（按费用定额计算）<br>$F_n = R_n + C_n + J_n + G_n + L_n$ |
| 4．计算本工程量清单项目的综合单价 $D_z$ | $D_z = F_1 + F_2 + F_3 + \cdots + F_n = \displaystyle\sum_{i=1}^{n} F_i$ | | | | |
| 5．计算本工程量清单项目的工程费 $B$ | $B = Q \times D_z$ | | | | |

## 任务4.3　建筑工程项目投标报价决策

投标决策指针对某个项目，是投标还是不投标，投什么样的标、什么性质的标，即投标

策略问题。在投标中如何以长制短、以优胜劣，成功中标并赢利，需要在投标决策过程中采用一定的方法与策略。

### 4.3.1　投标报价策略

如果施工企业决定参加投标，接下来的工作就是根据企业技术负责人主持制定的施工方案确定初步的工程投标报价，这个价格应该是施工企业对承建招标工程所要发生的各种费用的计算，即工程承包成本费用。

投标报价决策是指工程投标人召集投标人和决策者、高级咨询顾问人员共同研究，就上述报价的计算结果和投标阶段、施工阶段可能会遇到的各种风险因素进行讨论，依此对报价的调整做出最后的决策。

投标报价决策分为报价的定性决策和定量决策两个方面。

**1. 投标报价的定性决策**

在投标报价的定性决策阶段，要对算标的结果进行审核，并要考查本单位除了价格因素之外其他方面的竞争优势，全面预测分析各种风险因素和竞争对手情况，为最后确定投标报价提供基础数据。具体要完成以下的工作内容。

（1）由投标单位的决策人员和投标人员一起对投标时提出的施工方案、选用的定额基价、费用定额等予以审定和进行必要的修正。

（2）投标单位的决策层要意识到低报价虽然是中标的重要因素，但不是唯一因素。因此，在对报价做最后调整时，不能一味地追求低报价（甚至报出低于成本的价格），而要去考察本单位在其他哪些方面可以战胜竞争对手，这也是投标报价定性决策阶段要进行的一项重要工作。例如，投标单位可以从工程设计和施工等方面提出一些合理化建议，使工程实施中达到降低成本、缩短工期的目的，从而提高企业投标报价方案的竞争性。

（3）预测投标过程、施工过程中可能会遇到的各种风险因素，全面了解各竞标对手的情况，并对这些资料进行仔细分析，为下面的投标报价的定量决策阶段的工作提供参考数据。

**2. 投标报价的定量决策**

投标报价的定量决策是在前阶段定性决策的基础上，最终确定一个合适的投标报价，使投标者既中标又赢利。投标者希望从所承包的工程得到利润的高低，除去经营管理因素外，很重要的是决定于其投标报价的高低。因此，在投标报价的定量决策阶段，决策人要科学地处理好中标和得利多少的矛盾。

**1）投标报价定量决策的方法**

投标企业一般会在工程成本的基础上考虑一个报高率后，将其作为投标报价的最终结果。选择一个合适的报高率至关重要，报高率过高，中标的机率就要降低；报高率过低，企业的预期利润又要受影响。直接利润、预期利润及报高率之间的关系见公式（4-7）和公式（4-8）。

$$直接利润 = 投标报价 - 工程成本 = 工程成本 \times 报高率 \tag{4-7}$$
$$预期利润 = 中标概率 \times 直接利润 \tag{4-8}$$

显然，一个工程的预期利润并不是直接利润，还要考虑一个中标概率系数。在众多投标报价方案中，决策人一般要选择"预期利润"较大的价格方案作为最终的投标报价。

采用这种概率论方法进行投标报价的定量决策，是建立在对竞争对手过去投标历史十分熟悉的基础上，而且假定竞争对手采取的投标策略维持过去惯用的模式。在这两个条件的基础上，确定一定报高率下的中标概率。根据竞争者性质的不同，可以分两种情况来计算这个中标概率。

**情况一：**与已知的竞争对手竞争，在一定报高率下的中标概率可由公式（4-9）确定。

$$P_Y = \prod_{k=1}^{n} A_k \qquad (4\text{-}9)$$

式中，$P_Y$——与已知的竞争对手竞争，在一定报高率下的中标概率；

$A_k$——与第 $k$ 个已知竞争者单独竞争，在一定报高率下的中标概率；

$n$——已知竞争者的个数。

**情况二：**与未知的竞争对手竞争，在一定报高率下的中标概率可由公式（4-10）确定。

$$P_W = C^m \qquad (4\text{-}10)$$

式中，$P_W$——与未知的竞争对手竞争，在一定报高率下的中标概率；

$C$——与未知竞争者竞争，在一定报高率下的中标概率；

$m$——未知竞争者的个数。

与所有的竞争者竞争，在一定报高率下的中标概率可由公式（4-11）确定：

$$P = P_Y \times P_W \qquad (4\text{-}11)$$

式中，$P$——与所有的竞争对手竞争，在一定报高率下的中标概率。

**实例4-1**  当报高率为10%时，某投标单位与A单独竞争中标机会为85%，与B单独竞争中标机会为70%，与未知竞争者单独竞争中标机会为60%，则此单位若参加某项工程的投标，竞争对手是A、B及两位未知竞标者时，若采用报高率为10%，那么其中标可能性为：

$$0.85 \times 0.70 \times 0.60^2 = 0.2142$$

即战胜4位竞标者的概率为21.42%。

**实例4-2**  某公司收集了经常在竞争中遇到的四个对手A、B、C、D及与未知竞争者单独竞争时，在各个报高率下的中标概率资料。不同报高率下的中标概率如表4-5所示。

表4-5  不同报高率下的中标概率

| 报高率/% | 与竞争对手单独竞争时中标概率/% | | | | |
|---|---|---|---|---|---|
| | 对手A | 对手B | 对手C | 对手D | 未知对手 |
| 0 | 88 | 76 | 85 | 87 | 83 |
| 1 | 86 | 73 | 80 | 85 | 80 |
| 3 | 76 | 63 | 73 | 75 | 76 |
| 5 | 71 | 56 | 67 | 71 | 69 |
| 7 | 63 | 45 | 59 | 65 | 64 |
| 9 | 55 | 40 | 53 | 57 | 57 |

今欲参加某工程的投标。若该工程的实际总成本为450万元，对手A、B、D及另两名未知竞争者参与竞标。表4-6是不同报高率时的报价、中标概率及可能利润。

表 4-6　不同报高率时的报价、中标概率及可能利润

| 报高率/% | 报价/万元 | 直接利润/万元 | 与竞争对手单独竞争时中标概率/% | | | | | 预期利润/万元 |
| --- | --- | --- | --- | --- | --- | --- | --- | --- |
| | | | 对手 A | 对手 B | 对手 D | 未知 2 名 | 全部 5 名 | |
| （1） | （2）＝450×（1＋（1）） | （3）＝（2）－450 | （4） | （5） | （6） | （7） | （8）＝（4）×（5）×（6）×（7） | （9）＝（3）×（8） |
| 0 | 450 | 0 | 88 | 76 | 87 | 69 | 40.1 | 0 |
| 1 | 454.5 | 4.5 | 86 | 73 | 85 | 64 | 34.2 | 1.5369 |
| 3 | 463.5 | 13.5 | 76 | 63 | 75 | 58 | 20.7 | 2.8001 |
| 5 | 472.5 | 22.5 | 71 | 56 | 71 | 48 | 13.4 | 3.024 |
| 7 | 481.5 | 31.5 | 63 | 45 | 65 | 41 | 7.5 | 2.3776 |
| 9 | 490.5 | 40.5 | 55 | 40 | 57 | 32 | 4.1 | 1.6501 |

从表中可以看出，报高率 5%时预期利润最高为 3.024 万元，对应的最优报价为 472.5 万元，战胜 5 名竞标者的概率为 13.4%。

### 4.3.2　投标报价的编制

#### 1. 用综合单价法编制投标价

用综合单价法编制投标价，就是根据招标文件中提供的各项目清单工程量，乘以相应的清单项目的综合单价，并相加，即得到单位工程的费用，在此基础上运用一定的报价策略，获得工程投标报价。

用综合单价法编制投标价的步骤如下：

1）准备资料，熟悉施工图纸

广泛搜集和准备各种资料，包括施工图纸、设计要求、施工现场实际情况、施工组织设计、施工方案、现行的建筑安装预算定额（或企业定额）、取费标准和地区材料预算价格等。

2）测定分部分项工程清单项目的综合单价，计算分部分项工程费

分部分项工程清单项目的综合单价是确定投标报价的关键数据。由于工程投标报价所用的分部分项工程的工程量是招标文件中统一给定的，因此整个工程的投标报价是否具有竞争性主要取决于企业测定的各清单项目综合单价的高低。

如挖基础土方工程量，在招标文件的工程量清单中是按基础垫层底面积乘以挖土深度计算的，未将放坡的土石方量计入工程量内。投标人在投标报价时，可以按自己的企业水平和施工方案的具体情况，将基础土方挖填的放坡量计入综合单价内。显然，增加的量越小越有竞标能力。

综合单价测定出来后，用清单项目工程量乘以相应的综合单价，计算清单项目的工程费。综合单价的测定步骤、方法以及分部分项工程费用的计算公式，见 4.2.8 节。

3）计算措施项目消耗的费用

措施项目是为完成工程项目施工，发生于工程施工前和施工过程中的技术、生活、安全等方面的非工程实体项目。如大型机械设备进出场及安拆费、脚手架费、混凝土（钢筋混凝

土）模板及支架费，等等。

在计算完分部分项工程项目（其实质是工程实体项目）清单报价后，投标人还要根据施工组织设计文件资料和招标文件，测算各项措施项目的工程量，根据企业定额或地方建筑工程预算定额的基价，计算措施项目费用。

4）计算其他项目消耗的费用

其他项目的消耗，由投标人根据招标文件给出的项目进行编制。

5）工程量清单计价格式的填写

工程量清单计价采用统一格式，随招标文件发送至投标人，由投标人填写。工程量清单计价格式由以下内容组成：封面、投标总价、工程项目总价表、单项工程费汇总表、单位工程费汇总表、分部分项工程量清单计价表、措施项目清单计价表、其他项目清单计价表、零星工作项目计价表、分部分项工程量清单综合单价分析表、措施项目费分析表、主要材料价格表。

**实例4-3** 某多层砖混住宅的土方工程，其施工要求为：土壤类别为三类土；基础为砖大放脚带形基础；混凝土垫层宽度为1 000 mm；挖土深度为2.0 m；基础总长度为1 600 m；弃土运距4 km。

**1）招标人根据基础施工图计算的挖基础土方清单工程量。**

挖基础土方清单工程量Q＝基础垫层底面积×挖土深度＝3 200 m³。

**2）测定挖基础土方项目的综合单价，确定分部分项工程项目的工程费。**

（1）根据施工方案、施工组织设计文件的资料分析出"挖基础土方"清单项目涉及的工程内容。根据施工方案基础土方采用人工开挖方式；除沟边堆土外，现场推土2 200 m³、运距60 m，采用人工运输；另外，1 300 m³的土方量，采用装载机装、自卸汽车运输，运距4 km。

因此，"挖基础土方"清单项目的工程内容有3项：人工挖地槽、人工运土方、装载机装自卸汽车运土方。

（2）投标人根据施工图、施工方案、施工组织设计文件，计算各项工程内容的实际工程量$S_i$；以"挖基础土方"项目清单工程量Q（为3 200 m³）为对比基数，计算各项工程内容的相对工程量。

① 人工挖地槽：工程量应包括施工图提供的净挖方量及放坡工程量。根据施工资料，混凝土垫层工作面宽度每边增加0.30 m，放坡系数为1：0.37。

人工挖地槽的实际工程量$S_1 = 4.68\ m^2 \times 1\ 600\ m = 7\ 488\ m^3$；

人工挖地槽的相对工程量$X_1 = \dfrac{S_1}{Q} = \dfrac{7\ 488\ m^3}{3\ 200\ m^3} = 2.34$。

② 人工运土方相对工程量$X_2 = \dfrac{S_2}{Q} = \dfrac{2\ 200\ m^3}{3\ 200\ m^3} = 0.688$。

③ 装载机装自卸汽车运土方的相对工程量$X_3 = \dfrac{S_3}{Q} = \dfrac{1\ 300\ m^3}{3\ 200\ m^3} = 0.406$。

（3）利用某省建筑工程预算定额（若投标企业编有自己的定额，也可以用其企业定额）计算各工程内容的单价。某省建筑工程预算定额有关项目如表4-7所示（按照此省的费用定额：管理费、利润的计取按人工费与机械费之和分别乘以11%、4%确定）。

表4-7　定额项目

| 定 额 编 号 | | 1-8 | 1-84 | 1-108 |
|---|---|---|---|---|
| 工程项目 | | 人工挖地槽 | 人工运土方（60 m） | 装载机装自卸汽车运土方（4 km） |
| 基价（元） | | 834.18 元/100 m³ | 5 315.53 元/1 000 m³ | 12 527.24 元/1 000 m³ |
| 其中 | 人工费（元） | 829.97 元/100 m³ | 5 315.53 元/1 000 m³ | 152.51 元/1 000 m³ |
| | 材料费（元） | —— | —— | 21.79 元/1 000 m³ |
| | 机械费（元） | 4.21 元/100 m³ | | 12 352.94 元/1 000 m³ |

① 人工挖地槽耗用的人工单价 $R_1 = X_1 \times r$（$r$：829.97 元/100 m³）
$$= 2.34 \times 8.299\,7 \text{元} = 19.42 \text{元};$$

机械单价 $J_1 = X_1 \times j$（$j$：4.21 元/100 m³）$= 2.34 \times 0.042\,1 \text{元} = 0.10 \text{元};$

管理费单价 $G_1 = (R_1 + J_1) \times 11\% = (19.42 \text{元} + 0.10 \text{元}) \times 11\% = 2.15 \text{元};$

利润单价 $L_1 = (R_1 + J_1) \times 4\% = (19.42 \text{元} + 0.10 \text{元}) \times 4\% = 0.78 \text{元};$

人工挖地槽的单价 $F_1 = R_1 + J_1 + G_1 + L_1 = 22.45 \text{元};$

② 人工运土方（60 m）的单价 $F_2 = 4.21 \text{元};$

③ 装载机装自卸汽车运土方（4 km）的单价 $F_3 = 5.85 \text{元}$。

（4）计算"挖基础土方"清单项目的综合单价 $D_z$（本案例中未考虑风险因素）：

$$D_z = \sum_{i=1}^{3} F_i = 22.45 \text{元} + 4.21 \text{元} + 5.85 \text{元} = 32.51 \text{元}。$$

（5）计算"挖基础土方"分部分项工程量清单计价表中的此项目的分部分项工程费：

$$B = Q \times D_z = 3\,200 \text{ m}^3 \times 32.51 \text{元/m}^3 = 104\,032 \text{元}。$$

**3）计算措施项目消耗费用**

根据施工组织设计及招标文件，本工程的土方工程涉及一项措施费项目：大型机械场外运输费，其中包括1台次推土机进出场、1台次装载机进场两项工作内容。根据某省建筑工程预算定额得到表4-8所示的定额项目。

表4-8　定额项目

| 定 额 编 号 | | 17-19 | 17-42 |
|---|---|---|---|
| 工程项目 | | 推土机进出场 | 装载机进出场 |
| 基价（元） | | 3 026.03 元/台次 | 263.31 元/台次 |
| 其中 | 人工费（元） | 138.00 元/台次 | —— |
| | 材料费（元） | 168.61 元/台次 | —— |
| | 机械费（元） | 2 719.42 元/台次 | 263.31 元/台次 |

推土机进出场费 = 138.00 元 + 168.61 元 + 2 719.42 元 + （138.00 元 + 2 719.42 元）× 11% + （138.00 元 + 2 719.42 元）× 4% = 3 454.65 元;

装载机进出场费 = 263.31 元 + 263.31 元 × 11% + 263.31 元 × 4% = 302.80 元;

大型机械场外运输费 = 推土机进出场费 + 装载机进出场费 = 3 454.65 元 + 302.80 元 = 3 757.45 元。

**4）工程量清单计价格式的填写。**

投标人应完成下列表格的填写工作（本案例中未考虑投标报价决策因素）：首先按照计

算结果填写"分部分项工程量清单综合单价计算表"（如表4-9所示）；然后，根据"分部分项工程量清单综合单价计算表"的综合单价的计算结果及招标文件中的清单工程量，填写"分部分项工程量清单综合单价计算表"（如表 4-10 所示）；用同样的方法填写"措施项目费计算表"（如表4-11所示）和"措施项目清单计价表"（如表4-12所示）。

**5）填写其他项目清单计价表。**

**6）填写封面、投标总价表。**

### 表4-9　分部分项工程量清单综合单价计算表

工程名称：某多层砖混住宅工程　　　　　　　　　　　计量单位：m³

项目编码：010101003001　　　　　　　　　　　　　工程数量：3 200

项目名称：挖基础土方　　　　　　　　　　　　　　综合单价：32.51 元

| 编号 | 项目编号 | 工程内容 | 单位 | 数量 | 其中：（元） | | | | | |
|---|---|---|---|---|---|---|---|---|---|---|
| | | | | | 人工费 | 材料费 | 机械费 | 管理费 | 利润 | 小计 |
| 1 | 1－8 | 人工挖地槽 | m³ | 2.34 | 19.42 | —— | 0.10 | 2.15 | 0.78 | 22.45 |
| 2 | 1－84 | 人工运土方（60 m） | m³ | 0.688 | 3.66 | | 0.40 | 0.15 | 4.21 |
| 3 | 1－108 | 装卸机装自卸汽车运土（4 km） | m³ | 0.406 | 0.06 | 0.01 | 5.02 | 0.56 | 0.20 | 5.85 |
| | 合计 | | | | 23.14 | 0.01 | 5.12 | 3.11 | 1.13 | 32.51 |

### 表4-10　分部分项工程量清单计价表

工程名称：某多层砖混住宅工程　　　　　　　　　　　　　　　第　页　共　页

| 编号 | 项目编码 | 项目名称 | 计量单位 | 工程数量 | 金额（元） | |
|---|---|---|---|---|---|---|
| | | | | | 综合单价 | 合价 |
| 1 | 010101003001 | A．1　土（石）方工程<br>挖基础土方<br>土壤类别：三类土<br>基础类型：砖大放脚<br>带形基础垫层宽度：920 mm<br>挖土深度：1.8 m<br>弃土运距：4 km | m³ | 3 200 | 32.51 | 104 032 |
| | | 合计 | | | | 104 032 |

### 表4-11　措施项目费计算表

工程名称：某多层砖混住宅工程

| 序号 | 项目编号 | 工程内容 | 单位 | 数量 | 其中：（元） | | | | | |
|---|---|---|---|---|---|---|---|---|---|---|
| | | | | | 人工费 | 材料费 | 机械费 | 管理费 | 利润 | 小计 |
| 1 | 17～19 | 推土机进出场 | 台次 | 1 | 138.00 | 168.61 | 2 719.42 | 314.32 | 114.30 | 3 454.65 |
| 2 | 17～42 | 装载机进出场 | 台次 | 1 | —— | | 263.31 | 28.96 | 10.53 | 302.80 |
| | 合计 | | | | 138.00 | 168.61 | 2 982.73 | 343.28 | 124.83 | 3 757.45 |

表 4-12　措施项目清单计价表

工程名称：某多层砖混住宅工程　　　　　　　　　　第 页　共 页

| 序号 | 项目名称 | 金额（元） |
|---|---|---|
| 1 | 大型机械场外运输费 | 3 757.45 |
| | 合计 | 3 757.45 |

### 4.3.3 投标报价的审核

工程投标中，报价是工作的核心，在计算出投标价后，要对其进行审核。在审核阶段，可以利用相近工程的造价数据，与计算出来投标工程的投标价进行对比，以此提高工作效率和中标率。这就要求施工企业要善于认真总结经验教训，及时将有关的数据记录整理下来，为以后的工作提供参考依据。

#### 1．单位工程造价

施工企业在施工中可以按工程类型的不同编制出各种工程的每单位建筑面积用工、用料的价格，房屋按平方米，铁路公路按公里，铁路桥梁、隧道按每米，公路桥梁按桥梁桥面平方米造价等。按各国各地区的情况，分别收集各种类型的建筑单位造价，将这些数据作为施工企业投标报价的参考值，从而控制报价，提高中标率。

#### 2．全员劳动生产率

企业的全员劳动生产率，即全体员工一天的生产价值，这是一个十分重要的经济指标，用于对工程报价进行控制。尤其一些难以用单位工程造价分析的综合性的大项目，采用全员劳动生产率显得尤为有用。但对非同类工程，以及机械化水平、技术指标差别悬殊的工程，要进一步分析。

#### 3．主要分部分项工程占工程实体消耗项目的比例指标

一个单位工程是由若干分部分项工程组成的，控制各分部分项工程的价格是提高报价准确度的重要途径之一。例如，一般民用建筑物的土建工程，是由土方、基础、砖石、钢筋混凝土、木结构、金属结构、楼地面、屋面、装饰等分部分项工程构成的，它们在工程实体消耗项目中都有一个合理的大体比例。投标企业应善于利用这些数据审核各分部分项工程的小计价格是否存在偏差。房屋建筑工程每平方米建筑面积用工用料数量如表 4-13 所示。

表 4-13　房屋建筑工程每平方米建筑面积用工用料数量

| 序号 | 建筑类型 | 人工（工日/m²） | 水泥（kg） | 钢材（kg） | 木材（m³） | 沙子（m³） | 碎石（m³） | 砖砌体（m³） | 水（t） |
|---|---|---|---|---|---|---|---|---|---|
| 1 | 砖混结构楼房 | 4.0～4.5 | 150～200 | 20～30 | 0.04～0.05 | 0.3～0.4 | 0.2～0.3 | 0.35～0.45 | 0.7～0.9 |
| 2 | 多层框架楼房 | 4.5～5.5 | 220～240 | 50～65 | 0.05～0.06 | 0.4～0.5 | 0.4～0.6 | | 1.0 |
| 3 | 高层框剪楼房 | 5.5～6.5 | 230～260 | 60～80 | 0.06～0.07 | 0.45～0.55 | 0.45～0.65 | | 1.2～1.5 |
| 4 | 某高层宿舍楼（内浇外挂结构） | 4.51 | 250 | 61 | 0.031 | 0.45 | 0.50 | | 1.10 |
| 5 | 某高层饭店（筒体结构） | 5.80 | 250 | 61 | 0.032 | 0.51 | 0.59 | | 1.30 |

### 4．工、料、机三费占工程实体消耗项目的比例指标

在计算投标报价时，工程实体消耗项目中的工、料、机三费是计算投标报价的基础，这三项费用分别占工程实体消耗部分有一个合理的比例。根据这个比例，也可以审核投标报价准确性。

## 任务 4.4　编制和递交投标文件

扫一扫看
投标文件
封面范文

扫一扫看
投标文件
范文

### 4.4.1　投标文件的编制

扫一扫看
投标方案
封面范文

扫一扫看
投标方案
范文

#### 1．投标文件的基本内容

当进行完资格预审，投标人取得投标资格后，购买招标文件，细读招标文件、设计文件等。投标人安排技术等人员到现场踏勘、了解周围环境及发包人经济、信誉等各方面资料。投标人对招标工程做出报价决策后，即编制投标文件。投标文件应当对招标文件提出的实质性要求和条件做出响应。就是对投标人的要求、条件做出回答，按招标文件的要求和规定做投标文件。

我国 2013 年修订实施的《工程建设项目施工招标投标办法》规定，投标文件一般包括投标函、投标报价、施工组织设计、技术偏差表四个方面的内容。

（1）投标函：就是投标文件及其附件，是由投标人负责人签署的正式书面文件。中标后，投标文件及其附件即成为合同文件的重要组成部分。

（2）投标报价：此部分也称为商务标。实行工程量清单计价的，按《建设工程工程量清单计价规范》（GB 50500—2013）规定的"工程量清单报价表"填写。不实行工程量清单计价的，按定额单价法，根据有关资料及招标文件要求进行确定。

（3）施工组织设计：此部分也称为技术标。

（4）技术偏差表：此部分是投标文件与招标文件合同条款、技术规范等方面的不同点，特别是设备投标技术偏差表尤为重要。

另外，投标人根据招标人的招标文件说明的项目实际情况，拟在中标后将中标项目的部分非主体、非关键性工作进行分包的，应当在投标文件中说明。

#### 2．投标文件的基本格式

国内工程投标文件的基本格式可参照《建投工程施工招标文件范本》，国际工程投标文件格式可参照《世界银行贷款项目招标文件范本》中的《土建工程国际竞争性招标文件范本》。

（1）投标文件。投标文件的基本格式示例如下。

---

**投标文件（投标函）**

_____（建设单位或招标办公室）

致：　__招标机构名称__

1．根据你方招标工程招标编号为__（招标编号）__的_____（工程名称）工程招标文件，遵照《中华人民共和国招标投标法》等有关规定，经踏勘项目现场和研究上述招标文件的投标须知、合同条款、图纸、工程建设内容与要求以及其他有关文件后，我方愿

---

按人民币（大写）_____元（RMB￥_____元）的投标报价、其中人民币（大写）_____元（RMB￥_____元）元的安全生产措施费总额，并按上述图纸、合同条款、工程建设标准的条件要求承包上述工程的施工、竣工，并承担任何质量缺陷保修责任。

2. 我方已详细审核全部招标文件，包括修改文件（如有时）及有关附件。

3. 我方承认投标函附录是我方投标函（见表4-14）的组成部分。

表4-14 投标函附录

| 序号 | 项目内容 | 合同条款号 | 约定内容 | 备注 |
|---|---|---|---|---|
| 1 | 履约保证金<br>银行保函金额<br>履约担保书金额 | | 合同价格的（ ）%<br>合同价格的（ ）% | |
| 2 | 发出开工通知的时间 | | 签订合同协议书后（ ）天 | |
| 3 | 误期赔偿费金额 | | （ ）元/天 | |
| 4 | 误期赔偿费限额 | | 合同价格（ ）% | |
| 5 | 提前工期奖 | | （ ）元/天 | |
| 6 | 施工总工期 | | （ ）日历天 | |
| 7 | 质量等级 | | | |
| 8 | 工程质量达到优良标准补偿金 | | （ ）元 | |
| 9 | 工程质量未达到优良标准时的赔偿费 | | （ ）元 | |
| 10 | 预付款保函金额 | | 合同价格（ ）% | |
| 11 | 预付款金额 | | 合同价格（ ）% | |
| 12 | 保留金金额 | | 每次预付款的（ ）% | |
| 13 | 出具付款证书以后的付款时间 | | 月付款证书（ ）天<br>最终付款证书（ ）天 | |
| 14 | 保修金限额 | | 合同价格（ ）% | |
| 15 | 保修期 | | （ ）日历天 | |

4. 一旦我方中标，我方保证按标书工期____年__月__日_开工，__年__月__日竣工_____日历天要求完成并移交全部工程。

5. 我方保证该工程质量要求达到_____标准。

5. 我方同意所提交的投标文件在招标文件的投标须知前附表中规定的投标有效期内有效，在此期间内如果中标，我方将受此约束。

6. 除非另外达成协议并生效，你方的中标通知书和本投标文件将成为约束双方的合同文件的组成部分。

7. 我方将与本投标函一起，提交人民币_____元作为投标保证金。

投 标 人：_____（盖章）

单位地址：_____

法定代表人或其委托代理人：_____（签字或盖章）

邮政编码：_____ 电话：（　　　）_____ 传真：_____

开户银行名称：_____

开户银行账号：_____

开户银行地址：_____

开户银行电话：_____

日 期：____年___月___日

（2）综合说明。它包括建筑面积、总工期、计划开工和竣工日期、报价总金额等。

（3）钢材、水泥、木材用量。其中实行议价承包的，应写明单位差价及差价总金额。

（4）对招标文件的确认或提出新的建议。

（5）报价说明，即注明报价总金额中未包含的内容和要求招标单位配合的条件，应写明项目、数量、金额和未包含的理由。对招标单位的要求应具体明确，并提出在招标单位不能给予配合情况下的报价和要求，例如报价增加多少、工期延长要求及其他要求条件等。

（6）降低造价的建议和措施说明。

（7）施工组织设计或施工方案。施工方案不仅关系到工期，而且对工程成本和报价也有密切关系。一个优良的施工方案，既要采用先进的施工方法，安排合同的工期，又要充分有效地利用机械设备，均衡地安排劳动力和器材进场以尽可能减少临时设施和资金占用。施工方案应由投标单位的技术负责人主持制定，主要包括下列基本内容：

① 编制说明及工程概况。

② 采用的施工技术规范、规程及标准。

③ 施工方案。

④ 主要分部分项工程施工方法和技术措施。

⑤ 各项保证措施。
　◆ 确保工程质量的施工技术组织措施。
　◆ 确保安全生产、文明施工的技术组织措施。
　◆ 确保工程工期的技术组织措施。
　◆ 季节施工的技术组织措施。
　◆ 防止质量通病等硬性问题出现的技术组织措施。
　◆ 保证降低工程成本的技术组织措施。
　◆ 成品保护的技术组织措施。

⑥ 临时设施计划。

⑦ 拟投入的主要施工机械设备。

⑧ 劳动力计划表。

⑨ 施工现场平面布置图。

⑩ 计划开工、竣工日期及施工进度计划。

⑪ 工程的技术服务和完工后服务的内容及措施。

由于投标的时间要求往往相当紧迫，所以施工方案一般不可能也不必编得很详细，只需抓住要点、简明扼要地表述即可。

（8）单项工程标书。它包括工程名称、建筑面积、结构类型、檐高、层数、质量标准、单项工程造价及总价构成、分包的项目内容和拟用的分包单位或用什么方式选用分包单位等。

（9）投标文件附件。国际投标工程一般情况下要求采用标准格式。投标文件附件格式有联合国工业发展组织编制的，也有 FIDIC（国际咨询工程师联合会）组织推荐的。FIDIC 组织推荐的格式与表 4-15 相似类。

**注意：** 提供 2 套实际工程（土建、电梯）的投标文件范文，请从华信教育资源网（www.hxedu.com.cn）的本书页面链接处进行下载。可以参考范文中的内容构成与表格形式，编制新的投标文件。

（10）投标保函与担保书。一般对工程量比较大的，或者重点工程，需要考核投标人的资金状况，发包人会要求提供投标保函或投标担保书。

投标保函可分为银行提供的投标保证金和担保公司、证券公司或保险公司提供的担保书两种格式。投标保证金一般不得超过投标报价的百分之二，但最高不得超过 80 万元人民币。投标保证金有效期应当超出投标有效期 30 天。投标保函格式和投标担保书格式示例如下。

---

**投标保函格式**

鉴于 (投标人名称) （以下称投标人）于_____年____月____日递交 (合同名称) 的投标文件。

本行 (银行名称) （以下称"本行"）在此承担向 (业主名称) （以下称业主）支付总金额人民币_____元的责任。

本责任的条件是：

（1）如果投标人在投标文件规定的投标有效期内撤回其投标；或_____。

（2）如果投标人在投标有效期内收到业主的中标通知后：

① 不能或拒绝按投标须知的要求（如果有要求的话）签署合同协议书；或_____。

② 不能或拒绝按投标须知的规定提交履约保证金。

而业主指明了产生上述情况的条件，则本行在接到业主的第一次书面要求就支付上述数额之内的任何金额，并不需要业主申述和证实他的要求。

本保函在招标通告中规定的投标截止期后或业主在这段时间内延长的截止期后 30 天内保持有效，本行不要求得到延长有效期的通知，但任何索款要求应在有效期内送到本行。

银行授权代表：（签字盖公章）

姓名：_____

银行：_____

地址：_____

证人：（签字盖公章）

日期：_____年_____月_____日

---

### 投标担保书格式

根据本担保书，<u>（投标人名称）</u>作为委托人（以下称"委托人"）和在中国注册的<u>（担保公司、证券公司或保险公司名称）</u>作为担保人（以下称担保人）共同向债权人<u>（业主名称）</u>（以下称业主）承担支付人民币_____元的责任。

鉴于委托人已于_____年___月___日就<u>（合同名称）</u>的建设向业主递交了书面投标文件（以下称"投标文件"）。

本担保书的条件是：

（1）如果委托人在投标规定的投标有效期内撤回其投标；或_____。

（2）如果委托人在投标有效期内收到业主的中标通知后：

① 不能或拒绝按投标须知的要求（如果要求的话）签署合同协议；或_____。

② 不能或拒绝按投标须知的规定提交履约保证金。

则本担保书有效，否则为无效。

但是，担保人不承担支付下述金额的责任：

（1）大于本担保书规定的金额，或_____。

（2）大于投标人投标价与业主授标之间的差额的金额。

担保人在此确认本担保书责任在招标通告中规定的投标截止期后或在这段时间内延长的截止期后30天内保持有效。延长投标有效期无须通知担保人。

委托人代表（签字盖公章）　　担保人代表（签字盖公章）

姓名：_____　　　　　姓名：_____

地址：_____　　　　　地址：_____

　　　　　　　　　　　　　　日期：_____年___月___日

**3. 准备备忘录提要**

招标文件中一般都明确规定，不允许投标者对招标文件的各项要求进行随意取舍、修改或提出保留。但是在投标过程中，投标者对招标文件反复深入地进行研究后，往往会发现很多问题，这些问题大体可分为三类：

（1）对投标者有利的，可以在投标时加以利用或在以后提出索赔要求的，这类问题投标者一般在投标时是不提的。

（2）发现的错误明显对投标者不利的，如总价包干合同工程项目漏项或是工程量偏低，这类问题投标者应及时向业主提出质询，要求业主更正。

（3）投标者企图通过修改某些招标文件的条款或是希望补充某些规定，以使自己在合同实施时能处于主动地位的问题。

这些问题在准备投标文件时应单独写成一份备忘录提要。但这份备忘录提要不能附在投标文件中提交，只能自己保存。第三类问题留待合同谈判时使用，也就是说，当该投标使业主感兴趣，业主邀请投标者谈判时，再把这些问题根据当时情况，逐个拿出来谈判，并将谈判结果写入合同协议书的备忘录中。

总之，在投标阶段除第二类问题外，一般少提问题，以免影响中标。

### 4.4.2　投标文件的递交与接收

#### 1. 投标文件的递交

全部投标文件编好后，经校核无误，由法定代表人或法定代表人委托的代理人签字盖章，按投标须知的规定分装、密封。一般惯例，投标人按招标文件要求将所有的投标文件准备正本一份及副本若干（按招标文件要求，一般为 4～6 份）。标书的正本与副本应分别包装，而且都要求用内外两层封套分别包装与密封。按照《招标投标法》规定，依法必须进行招标的项目，自招标文件开始发出之日起至投标人提交文件截止之日止，最短不得少于 20 日。投标人在招标文件要求提交投标文件的截止时间前，可以补充、修改或者撤回已提交的招标文件，并书面通知招标人。补充、修改的内容为投标文件的组成部分。

#### 2. 投标文件的接收

（1）在投标截止时间前，招标人做好投标文件的接收工作，在接收中应注意核对投标文件是否按招标文件的规定进行密封和标志。并做好接收时间的记录，投标人应在该接收记录上签字；也可以邀请公证部门对投标文件接收情况予以公证。

（2）在开标前，招标人应妥善保管好投标文件、修改和撤回通知等投标资料。

#### 3. 编制与递交投标文件注意事项

（1）投标文件中的每一要求填写的空格都必须填写，不能空着不填。否则，即被视为放弃意见；重要数字不填写，可能被作为废标处理。

（2）填报投标文件应反复校对，保证分项和汇总计算均无错误。

（3）递交的投标文件，如填写中有错误而不得不修改，应在修改处签字。

（4）各种投标文件的填写要清晰、补充设计要美观，给业主留下好印象。

（5）如招标文件规定，投标保证金为合同总价的某百分比时，开投标保函不要太早，以防泄露己方报价。但有的投标者提前开出并故意加大保函金额，以麻痹竞争对手的情况也是存在的。

（6）所有投标文件应装帧美观大方，较小工程可装成一册，大、中型工程（或按业主要求）可分下列几部分装订。

① 有关投标者资历等文件，如证明投资者资历业绩、能力、财力的文件，投标保函，合同、财务审计、获奖证明、认证证明、岗位证书、投标人在项目所在国注册证明，投标附加说明等。

② 技术标部分，如施工组织设计、各项计划等。

③ 商务标部分，包括工程量表、单价、总价等。

④ 建议方案的设计图纸及有关说明。

⑤ 备忘录。

（7）递交投标文件不宜太早，一般在招标文件规定的截止日期前一二天或规定的时间内密封送交指定地点。

总之，要避免因细节的疏忽和技术上的缺陷而使投标文件无效。

# 任务 4.5　施工组织设计编制

　　建设部 2017 年 5 月 4 日修订公布的《建设工程项目管理规范》（GB/T 50326—2017）规定，采用项目管理理论和方法对施工项目组织施工时，施工项目管理的一项首要任务是编制施工项目管理实施规划。项目管理实施规划，是在建筑业企业参加工程投标中标取得施工任务后且在工程开工前，由施工项目经理主持并组织施工项目经理部有关人员编制的，旨在指导施工项目实施阶段管理的文件，是项目管理规划大纲的具体化。

　　施工组织设计是指导拟建工程施工全过程各项活动的技术、经济和组织全局性的综合性文件，应尽量适应施工过程的复杂性和具体施工项目的特殊性，并尽可能保持施工生产的连续性、均衡性和协调性，以实现施工生产活动取得最佳的经济效益、社会效益和环境效益。本书所叙述的施工组织设计，是指建筑业企业参加工程投标并中标取得施工任务后而编制的，用来具体组织和指导施工的中标后的施工组织设计。施工组织设计的编制对象是一个施工项目，它可以是一个建设项目的施工及成果，也可以是一个单项工程或单位工程的施工及成果。

　　施工组织设计是我国长期工程建设实践中形成的一项管理制度。施工项目的生产活动是一项复杂而有序的生产活动，施工过程中要涉及多单位、多部门、多专业、多工种的组织和协调。一个施工项目的施工，可以采用不同的施工组织方式、劳动组织形式，不同的材料、机具的供应方式，不同的施工方案、施工进度安排、施工平面布置等。

　　施工组织设计的基本任务就是要针对以上一系列问题，根据国家、地区的建设方针、政策和招标投标的各项规定和要求，从施工全局出发，结合拟建工程的各种具体条件，采用最佳的劳动组织形式、材料和机具的供应方式，合理确定施工中劳动力、材料、机具等资源的需用量；选择技术上先进、经济上合理、安全上可靠的施工方案，安排合理、可行的施工进度，合理规划和布置施工平面图；把施工中要涉及的各单位、各部门、各专业、各工种更好地组织和协调起来，使施工项目管理建立在科学、合理、规范、法制的基础上，确保全面高效地完成工程施工任务，取得最佳的经济效益、社会效益和环境效益。

## 4.5.1　施工组织设计的内容

　　施工组织设计的内容根据编制目的、对象、施工项目管理的方式、现有的施工条件及当地的施工水平的不同而在深度和广度上有所不同，但其基本内容应给予保证。一般说中标后施工组织设计包括以下基本内容。

　　1）工程概况

　　工程概况主要包括工程建设概况、工程建设地点特征、建筑设计概况、结构设计概况、施工条件、施工特点分析等内容。（用文字表格描述）

　　2）施工方案

　　施工方案主要包括确定施工起点流向、确定各分部分项工程施工顺序、选择主要分部分项的施工方法和适用的施工机械、确定流水施工组织等内容。（用网络图、文字描述）

3）施工进度计划

施工进度计划主要包括划分施工过程、计算工程量、套用施工定额、计算劳动量和机械台班量、计算施工过程的延续时间、编制施工进度计划、编制各项资源需要量计划等内容。（用横道图、网络图表示）

4）施工现场平面图

施工现场平面图主要包括起重垂直运输机械的布置、搅拌站的布置、加工厂及仓库的布置、临时设施的布置、水电管网的布置等内容。

5）施工技术组织措施

施工技术组织措施主要包括技术措施、保证施工质量措施、保证安全施工措施、降低施工成本措施、施工进度控制措施、施工现场环境保护措施等内容。

对于施工项目规模比较小、建筑结构比较简单、技术要求比较低，且采用传统施工方法组织施工的一般施工项目，其施工组织设计可以编制得简单一些。其内容一般只包括施工方案、施工进度计划、施工平面图，辅以简要的文字说明及表格，简称为"一案一表一图"。

## 4.5.2 工程概况的编写

工程概况，是指对施工项目的工程名称、建设地点、建筑设计概况、结构设计概况、开工竣工日期、施工条件等内容所做的一个简要的、突出重点的文字介绍。也可以采用表格的形式来介绍说明，详见下表4-15。

表4-15 工程概况

| 建 设 单 位 | | 建 筑 结 构 | | 装 修 要 求 | |
|---|---|---|---|---|---|
| 设计单位 | | 层数 | | 内粉 | |
| 勘察单位 | | 基础 | | 外粉 | |
| 施工单位 | | 墙体 | | 门窗 | |
| 监理单位 | | 柱 | | 楼面 | |
| 建筑面积（m²） | | 梁 | | 地面 | |
| 工程造价（万元） | | 楼板 | | 天棚 | |
| 计划 | 开工日期 | 屋架 | | | |
| | 竣工日期 | 吊车架 | | | |
| 编制说明 | 上级文件和要求 | | | 地质情况 | |
| | 施工图纸情况 | | | | |
| | 合同签订情况 | | | 地下水位 | 最高 |
| | | | | | 最低 |
| | | | | | 常年 |
| 编制说明 | 土地征购情况 | | | 雨量 | 日最大量 |
| | | | | | 一次最大 |
| | 三通一平情况 | | | | 全年 |
| | 主要材料落实程度 | | | 气温 | 最高 |
| | 临时设施解决办法 | | | | 最低 |
| | | | | | 平均 |
| | 其他 | | | 其他 | |

1）工程建设概况

工程建设概况主要介绍拟建工程的工程名称，开工、竣工日期，建设单位、勘察单位、设计单位、施工单位、监理单位，施工图纸情况，施工合同签订情况，以及组织施工的指导思想等。

2）工程建设地点特征

工程建设地点特征主要介绍拟建工程所在的地理位置、地形、地质、地下水位、水质、气温、冬雨期期限、主导风向、风力、地震设防烈度和抗震等级等特征。

3）建筑设计概况

建筑设计概况主要介绍拟建工程的建筑面积，平面形状和平面组合情况，层数、层高、总高度、总长度、总宽度等尺寸，以及室内、室外装修的构造做法。

4）结构设计概况

结构设计概况主要介绍拟建工程基础构造特点及埋置深度，设备基础的形式，桩基础的桩的种类、直径、长度、数量，主体结构的类型、墙、柱、梁、板的材料及主要截面尺寸，预制构件的类型、重量及安装位置，楼梯构造及形式等。

5）施工条件

施工条件主要介绍拟建工程施工现场及周围环境情况，"三通一平"情况，预制构件的生产能力及供应情况，当地的交通运输条件，施工单位的劳动力、材料、机具等资源配备情况，内部承包方式、劳动组织形式及施工管理水平，现场临时设施、供水、供电问题的解决等。

6）施工特点分析

施工特点分析主要介绍拟建工程施工过程中重点、难点所在，以便突出重点，抓住关键，使施工生产正常顺利地进行，以提高建筑业企业的经济效益和经营管理水平。

不同类型的建筑，不同条件下的工程施工，均有不同的施工特点。如高层现浇钢筋混凝土结构房屋的施工特点是：基础埋置深及挖土方工程量大，钢材加工量大，模板工程量大，基础及主体结构混凝土浇筑量大且浇筑困难，结构和施工机具设备的稳定性要求高，脚手架搭设必须进行设计计算，安全问题突出，要有高效率的施工机械设备等。

### 4.5.3 施工方案的选定

施工方案的选择是施工组织设计的重要环节，是决定整个工程施工全局的关键。施工方案选择的科学与否，不仅影响到施工进度的安排和施工平面图的布置，而且将直接影响到工程的施工效率、施工质量、施工安全、工期和技术经济效果，因此必须引起足够的重视。为此必须在若干个初步方案的基础上进行认真分析比较，力求选择出施工上可行、技术上先进、经济上合理、安全上可靠的施工方案。

在选择施工方案时应着重研究以下四个方面的内容：确定施工起点流向，确定各分部分项工程施工顺序，选择主要分部分项工程的施工方法和适用的施工机械，确定流水施工组织。

#### 1. 确定施工起点流向

施工起点流向是指拟建工程在平面或竖向空间上施工开始的部位和开展的方向。这主要取决于生产需要，如缩短工期、保证施工质量和确保施工安全等要求。一般来说，对高层建筑物，除了确定每层平面上的施工起点流向外，还要确定其层间或单元竖向空间上的施工起点流向，如室内抹灰工程是采用水平向下、垂直向下，还是采用水平向上、垂直向上的施工起点流向。

确定施工起点流向，要涉及一系列施工过程的开展和进程，应考虑以下几个因素：

1）生产工艺流程

生产工艺流程是确定施工起点流向的基本因素，也是关键因素。因此，从生产工艺上考虑，影响其他工段试车投产的工段应先施工。如 B 车间生产的产品受 A 车间生产的产品的影响，A 车间分为三个施工段（AⅠ、AⅡ、AⅢ段），且 AⅡ 段的生产要受 AⅠ 段的约束，AⅢ段的生产要受 AⅡ 段的约束。故其施工起点流向应从 A 车间的工段开始，A 车间施工完后，再进行 B 车间的施工，即 AⅠ→AⅡ→AⅢ→B，如图4-4所示。

图4-4　施工起点流向示意图

2）建设单位对项目的急迫程度

一般应考虑建设单位对生产和使用要求急的工段或部位先施工。如某职业技术学院项目建设的施工起点流向示意图，如图4-5所示。

| 警卫室 | | 教学楼 | → | 办公楼 | | 实训楼 | → | 田径场 |
|---|---|---|---|---|---|---|---|---|
| | → | 学生公寓楼 | → | 教工食堂 | → | 体育馆 | → | 篮球场 |
| 永久性围墙 | | 学生食堂 | → | 教工公寓楼 | | 图书馆 | → | 道路园林绿化 |

图4-5　施工起点流向示意图

3）施工的繁简程度

一般对工程规模大、建筑结构复杂、技术要求高、施工进度慢、工期长的施工段或部位先施工。如高层现浇钢筋混凝土结构房屋，主楼部分应先施工，附房部分后施工。

4）房屋高低层或高低跨

当有房屋高低层或高低跨并列时，应从高低层或高低跨并列处开始，如屋面防水层施工应按先高后低方向施工，同一屋面则由檐口向屋脊方向施工；基础有深浅时，应按先深后浅的顺序进行施工。

5）现场施工条件和施工方案

施工现场场地的大小、施工道路布置、施工方案所采用的施工方法和选用施工机械的不同，是确定施工起点流向的主要因素。如土方工程施工中，边开挖边外运余土，在保证施工质量的前提条件下，一般施工起点应确定在离道路远的部位，由远及近地展开施工；挖土机械可选用正铲、反铲、拉铲、抓铲挖土机等，这些挖土施工机械本身的工作原理、开行路线、

布置位置，便决定了土方工程的施工起点流向。

6）分部工程特点及其相互关系

根据不同分部工程及其相关关系，施工起点流向在确定时也不尽相同。如基础工程由施工机械和施工方法决定其平面、竖向空间的施工起点流向；主体工程一般均采用自下而上的施工起点流向；装饰工程竖向空间的施工起点流向较复杂，室外装饰一般采用自上而下的施工起点流向，室内装饰可采用自上而下、自下向上或自中而下、再自上而中的施工起点流向，同一楼层中可采用楼地面→顶棚→墙面和顶棚→墙面→楼地面两种施工起点流向。

**2. 确定施工顺序**

确定合理的施工顺序是选择施工方案必须考虑的主要问题。施工顺序是指分部分项工程施工的先后次序。确定施工顺序既是为了按照客观的施工规律组织施工和解决工种之间的合理搭接问题，也是编制施工进度计划的需要，在保证施工质量和确保施工安全的前提下，充分利用空间，争取时间，以达到缩短施工工期的目的。

在实际工程施工中，施工顺序可以有多种。不仅不同类型建筑物的建造过程有着不同的施工顺序；而且在同一类型的建筑物建造过程中，甚至同一幢房屋的建造过程中，也会有不同的施工顺序。因此，我们的任务就是如何在众多的施工顺序中，选择出既符合客观施工规律又最为合理的施工顺序。

1）确定施工顺序应遵循的基本原则

（1）先地下后地上：是指在地上工程开始之前，把土方工程和基础工程全部完成或基本完成。从施工工艺的角度考虑，必须先地下后地上，地下工程施工时应做到先深后浅，以免对地上部分施工生产产生干扰，既给施工带来不便，又会造成浪费，影响施工质量和施工安全。

（2）先主体后围护：是指在多层及高层现浇钢筋混凝土结构房屋和装配式钢筋混凝土单层工业厂房施工中，先进行主体结构施工，后完成围护工程。同时，主体结构与围护工程在总的施工顺序上要合理搭接。一般来说，多层现浇钢筋混凝土结构房屋以少搭接为宜，而高层现浇钢筋混凝土结构房屋则应尽量搭接施工，以缩短施工工期；而在装配式钢筋混凝土单层工业厂房施工中，主体结构与围护工程一般不搭接。

（3）先结构后装饰：是指先进行结构施工，后进行装饰施工，是针对一般情况而言，有时为了缩短施工工期，在保证施工质量和确保施工安全的前提条件下，也可以有部分合理的搭接。随着新的结构体系的涌现、建筑施工技术的发展和建筑工业化水平的提高，某些结构的构件就是结构与装饰同时在工厂中完成，如大板结构建筑。

（4）先土建后设备：是指在一般情况下，土建施工应先于水暖煤卫电等建筑设备的施工。但它们之间更多的是穿插配合关系，尤其在装饰施工阶段，要从保证施工质量、确保施工安全、降低施工成本的角度出发，正确处理好相应之间的配合关系。

以上原则可概括为"四先四后"原则，在特殊情况下，它也可以根据情况调整，如在冬期施工前，应尽可能地完成土建和围护工程，以利于施工中的防寒和室内作业的开展，从而达到改善工人的劳动环境，缩短施工工期的目的；又如在一些重型工业厂房的施工中，就可能要先进行设备的施工，后进行土建施工。

2）确定施工顺序应符合的基本要求

在确定施工顺序过程中，应遵守上述基本原则，还应符合以下基本要求。

（1）必须符合施工工艺的要求。建筑物在建造过程中，各分部分项工程之间存在着一定的工艺顺序关系。这种顺序关系随着建筑物结构和构造的不同而变化，在确定施工顺序时，应注意分析建筑建造过程中各分部分项工程之间的工艺关系，施工顺序的确定不能违背工艺关系。如基础工程未做完，其上部结构就不能进行；土方工程完成后，才能进行垫层施工；墙体砌完后，才能进行抹灰施工；钢筋混凝土构件必须在支模、绑扎钢筋工作完成后，才能浇筑混凝土；现浇钢筋混凝土房屋施工中，主体结构全部完成或部分完成后，再做围护工程。

（2）必须与施工方法协调一致。确定施工顺序，必须考虑选用的施工方法，施工方法不同施工顺序就可能不同。如在装配式钢筋混凝土单层工业厂房施工中，采用分件吊装法，则施工顺序是先吊柱、再吊梁，最后吊一个节间的屋架及屋面板等；采用综合吊装法，则施工顺序为第一个节间全部构件吊完后，再依次吊装下一个节间，直至全部吊完。

（3）必须考虑施工组织的要求。工程施工可以采用不同的施工组织方式，确定施工顺序必须考虑施工组织的要求。如有地下室的高层建筑，其地下室地面工程可以安排在地下室顶板施工前进行，也可以安排在地下室顶板施工后进行。从施工组织方面考虑，前者施工较方便，上部空间宽敞，可以利用吊装机械直接将地面施工用的材料吊到地下室；而后者，地面材料运输和施工就比较困难。

（4）必须考虑施工质量的要求。安排施工顺序时，要以能保证施工质量为前提条件，影响施工质量时，要重新安排施工顺序或采取必要技术组织措施。如屋面防水层施工，必须等找平层干燥后才能进行，否则将影响防水工程施工质量；室内装饰施工，做面层时须待中层干燥后才能进行；楼梯抹灰安排在上一层的装饰工程全部完成后进行。

（5）必须考虑当地的气候条件。确定施工顺序，必须与当地的气候条件结合起来。如在雨期和冬期施工到来前，应尽量先做基础、主体工程和室外工程，为室内施工创造条件；在冬期施工时，可先安装门窗玻璃，再做室内楼地面、顶棚、墙抹灰施工，这样安排施工有利于改善工人的劳动环境，有利于保证抹灰工程施工质量。

（6）必须考虑安全施工的要求。确定施工顺序时如要主体交叉、平行搭接施工，必须考虑施工安全问题。如同一竖向上下空间层上进行不同的施工过程，一定要注意施工安全的要求；在多层砌体结构民用房屋主体结构施工时，只有完成二个楼层板的施工后，才允许底层进行其他施工过程的操作，同时要有其他必要的安全保证措施。

确定分部分项工程施工顺序必须符合以上 6 方面的基本要求，有时互相之间存在着矛盾，因此必须综合考虑，这样才能确定出科学、合理、经济、安全的施工顺序。

3）高层现浇钢筋混凝土结构房屋的施工顺序

高层现浇钢筋混凝土结构房屋的施工，按照房屋结构各部位不同的施工特点，一般可分为基础工程、主体工程、围护工程、装饰工程四个阶段。如某十层现浇钢筋混凝土框架结构房屋施工顺序，如图 4-6 所示。

（1）±0.000 以下工程施工顺序

高层现浇钢筋混凝土结构房屋的基础一般分为无地下室和有地下室工程，具体内容视工程设计而定。

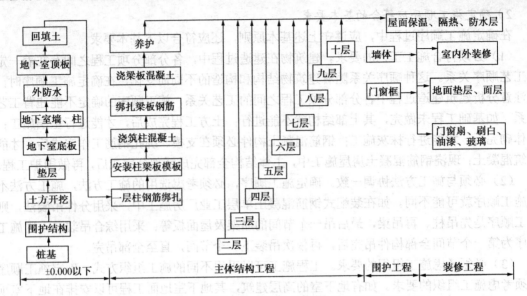

图 4-6 某十层现浇钢筋混凝土框架结构房屋施工顺序示意图
（地下室一层、桩基础、主体二～九层的施工顺序同一层）

当无地下室，且房屋建在坚硬地基上时（不打桩），其±0.000 以下工程阶段施工的施工顺序一般为：定位放线→施工预检→验灰线→挖土方→隐蔽工程检查验收（验槽）→浇筑混凝土垫层→养护→基础弹线→施工预检→绑扎钢筋→安装模板→施工预检、隐蔽工程检查验收（钢筋验收）→浇筑混凝土→养护拆模→隐蔽工程检查验收（基础工程验收）→回填土。

当无地下室，且房屋建在软弱地基上时（需打桩），其±0.000 以下工程阶段施工的施工顺序一般为：定位放线→施工预检→验灰线→打桩→挖土方→试桩及桩基检测→凿桩或接桩→隐蔽工程检查验收（验槽）→浇筑混凝土垫层→养护→基础弹线→施工预检→绑扎钢筋→安装模板→施工预检、隐蔽工程检查验收（钢筋验收）→浇筑混凝土→养护拆模→隐蔽工程检查验收（基础工程验收）→回填土。

当有地下室一层，且房屋建在坚硬地基上时（不打桩），采用复合土钉墙支护技术，其±0.000 以下工程阶段施工的施工顺序一般为：定位放线→施工预检→验灰线→挖土方、基坑围护→隐蔽工程检查验收（验槽）→地下室基础承台、基础梁、电梯基坑定位放线→施工预检→地下室基础承台、基础梁、电梯基坑挖土方及砖胎膜→浇筑混凝土垫层→养护→弹线→施工预检→绑扎地下室基础承台、基础梁、电梯井、底板钢筋及墙、柱钢筋→安装地下室墙模板至施工缝处→施工预检、隐蔽工程检查验收（钢筋验收）→浇筑地下室基础承台、基础梁、电梯井、底板、墙（至施工缝处）混凝土→养护→安装地下室楼梯模板→施工预检→绑扎地下室墙（包括电梯井）、柱、楼梯钢筋→隐蔽工程检查验收（钢筋验收）→安装地下室墙（包括电梯井）、柱、梁、顶板模板→施工预检→绑扎地下室梁、顶板钢筋→隐蔽工程检查验收（钢筋验收）→浇筑地下室墙（包括电梯井）、柱、楼梯、梁、顶板混凝土→养护拆模→地下室结构工程中间验收→防水处理→回填土。

当有地下室一层，且房屋建在软弱地基上时（需打桩），采用复合土钉墙支护技术，其±0.000 以下工程阶段施工的施工顺序一般为：定位放线→施工预检→验灰线→打桩→挖土方、基坑围护→试桩及桩基检测→凿桩或接桩→隐蔽工程检查验收（钢筋验收）→地下室基础承台、基础梁、电梯基坑定位放线→施工预检→地下室基础承台、基础梁、电梯基坑挖土方及砖胎膜→浇筑混凝土垫层→养护→弹线→施工预检→绑扎地下室基础承台、基础梁、电梯井、底板钢筋及墙、柱钢筋→安装地下室墙模板至施工缝处→施工预检、隐蔽工程检查验收（钢筋验收）→浇筑地下室基础承台、基础梁、电梯井、底板、墙（至施工缝处）混凝土→养护→安装地下室楼梯模板→施工预检→绑扎地下室墙（包括电梯井）、柱、楼梯钢筋→隐蔽工程检查验收（钢筋验收）→安装地下室墙（包括电梯井）、柱、梁、顶板模板→施工预检→绑扎地下室梁、顶板钢筋→隐蔽工程检查验收（钢筋验收）→浇筑地下室墙（包括电梯井）、柱、楼梯、梁、顶板混凝土→养护拆模→地下室结构工程中间验收→防水处理→回填土。

±0.000 以下工程施工阶段，挖土方与做混凝土垫层这两道工序，在施工安排上要紧凑，时间间隔不宜太长。在施工中，可以采取集中兵力、分段进行流水施工，以避免基槽（坑）土方开挖后，因垫层未及时进行，使基槽（坑）灌水或受冻害，从而使地基承载力下降，造成工程质量事故或引起劳动力、材料等资源浪费而增加施工成本。同时还应注意混凝土垫层施工后必须留有一定的技术间歇时间，使之具有一定的强度后，再进行下道工序施工。要加强对钢筋混凝土结构的养护，按规定强度要求拆模。及时进行回填土，回填土一般在±0.000以下工程通过验收后（有地下室还必须做防水处理）一次性分层、对称夯填，以避免±0.000以下工程受到浸泡并为上部结构施工创造条件。

以上示例举的施工顺序只是高层现浇钢筋混凝土结构房屋基础工程施工阶段施工顺序的一般情况，具体内容视工程设计而定，施工条件发生变化时，其施工顺序应做相应的调整。如当受施工条件的限制，基坑土方开挖无法放坡，则基坑围护应在土方开挖前完成。

（2）主体结构工程阶段施工顺序

主体结构工程阶段的施工主要包括：安装塔吊、人货梯起重垂直运输机械设备，搭设脚手架，现浇柱、墙、梁、板、雨篷、阳台、沿沟、楼梯等施工内容。

主体结构工程阶段施工的施工顺序一般有两种，分别是：弹线→施工预检→绑扎柱、墙钢筋→隐蔽工程检查验收（钢筋验收）→安装柱、墙、梁、板、楼梯模板→施工预检→绑扎梁、板、楼梯钢筋→隐蔽工程检查验收（钢筋验收）→浇筑柱、墙、梁、板、楼梯混凝土→养护→进入上一结构层施工；弹线→施工预检→安装楼梯模板，绑扎柱、墙、楼梯钢筋→施工预检、隐蔽工程检查验收（钢筋验收）→安装柱、墙模板→施工预检→浇筑柱、墙、楼梯混凝土→养护→安装梁、板模板→施工预检→绑扎梁、板钢筋→隐蔽工程检查验收（钢筋验收）→浇筑梁、板混凝土→养护→进入上一结构层施工。目前施工中大多采用商品混凝土，为便于组织施工，一般采用第一种施工顺序。

主体结构工程阶段主要是安装模板、绑扎钢筋、浇筑混凝土三大施工过程，它们的工程量大、消耗的材料和劳动量也大，对施工质量和施工进度起着决定性作用。因此在平面上和竖向空间上均应分施工段及施工层，以便有效地组织流水施工。此外，还应注意塔吊、人货梯起重垂直运输机械设备的安装和脚手架的搭设，还要加强对钢筋混凝土结构的养护，按规定强度要求拆模。

（3）围护工程阶段施工顺序

围护工程阶段施工主要包括墙体砌筑、门窗框安装和屋面工程等施工内容。不同的施工内容，可根据机械设备、材料、劳动力安排、工期要求等情况，来组织平行、搭接、立体交叉施工。墙体工程包括内、外墙的砌筑等分项工程，可安排在主体结构工程完成后进行，也可安排在待主体结构工程施工到一定层数后进行，墙体工程砌筑完成一定数量后要进行结构工程中间验收，门窗工程与墙体砌筑要紧密配合。

屋面工程的施工，应根据屋面工程设计要求逐层进行。柔性屋面按照找平层→隔气层→保温层→找平层→柔性防水层→保护层的顺序依次进行。刚性屋面按照找平层→保温层→找平层→隔离层→刚性防水层→隔热层的顺序依次进行。为保证屋面工程施工质量，防止屋面渗漏，一般情况下不划分施工段，可以和装饰工程搭接施工，要精心施工，精心管理。

（4）装饰工程阶段施工顺序

装饰工程包括两部分施工内容：一是室外装饰，包括外墙抹灰、勒脚、散水、台阶、明沟、水落管等施工内容；二是室内装饰，包括顶棚、墙面、地面、踢脚线、楼梯、门窗、五金、油漆、玻璃等施工内容。其中内外墙及楼地面抹灰是整个装饰工程施工的主要施工过程，因此要着重解决抹灰的空间施工顺序。

根据装饰工程施工质量、施工工期、施工安全的要求，以及施工条件，其施工顺序一般有以下几种：

① 室外装饰工程。室外装饰工程施工一般采用自上而下的施工顺序，是指屋面工程全部完工后，室外抹灰从顶层往底层依次逐层向下进行。其施工流向一般为水平向下，如图4-7所示。采用这种顺序的优点是：可以使房屋在主体结构完成后，有足够的沉降期，从而可以保证装饰工程施工质量；便于脚手架的及时拆除，加速周转材料的及时周转，降低了施工成本，提高了经济效益；可以确保安全施工。

② 室内装饰工程。室内装饰工程施工一般有自上而下、自下而上、自中而下再自上而中三种施工顺序。

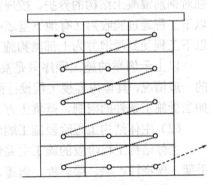

图 4-7　室外装饰自上而下施工顺序
（水平向下）

◆ 室内装饰工程自上而下的施工顺序是指主体结构工程及屋面工程防水层完工后，室内抹灰从顶层往底层依次逐层向下进行。其施工流向又可分为水平向下和垂直向下两种，通常采用水平向下的施工流向，如图4-8所示。采用自上而下施工顺序的优点是：主体结构完成后，有足够的沉降期，沉降变化趋于稳定，屋面工程及室内装饰工程施工质量得到了保证，可以减少或避免各工种操作相互交叉，便于组织施工，有利于施工安全，而且楼层清理也比较方便。其缺点是：不能与主体结构工程及屋面工程施工搭接，因而施工工期相应较长。

◆ 室内装饰工程自下而上的施工顺序是指主体结构工程施工三层以上时（有两个层面楼板，以确保施工安全），室内抹灰从底层开始逐层向上进行，一般与主体结构工程平行搭接施工。其施工流向又可分为水平向上和垂直向上两种，通常采用水平向上的施工流向，如图4-9所示。采用自下而上施工顺序的优点是：可以与主体结构工程平行搭接施工，交叉进行，故施工工期相应较短。其缺点是：施工中工种操作互

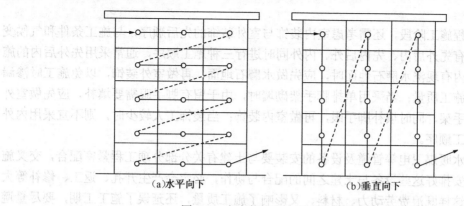

（a）水平向下　　　　　　　　（b）垂直向下

图 4-8　室内装饰自上而下施工顺序

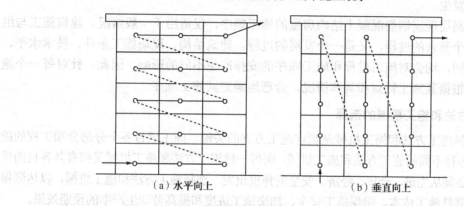

（a）水平向上　　　　　　　　（b）垂直向上

图 4-9　室内装饰自下而上施工顺序

相交叉，要采取必要的安全措施；交叉施工的工序多、人员多，材料供应紧张，施工机具负担重，现场施工组织和管理比较复杂；施工时主体结构工程未完成，没有足够的沉降期，必须采取必要的保证施工质量措施，否则会影响室内装饰工程施工质量。因此，只有当工期紧迫时，室内装饰工程施工才考虑采取自下而上的施工顺序。

◆ 自中而下再自上而中的施工顺序，一般适用于高层及超高层建筑的装饰工程，这种施工顺序采用了自上而下、自下而上这两种施工顺序的优点。

室内装饰工程施工在同一层内顶棚、墙面、楼地面之间的施工顺序一般有两种：楼地面→顶棚→墙面，顶棚→墙面→楼地面。这两种施工顺序各有利弊，前者便于清理地面基层，地面施工质量易保证，而且便于收集墙面和顶棚的落地灰，从而节约材料，降低施工成本；但为了保证地面成品质量，必须采用一系列的保护措施，地面做好后要有一定的技术间歇时间，否则后道工序不能及时进行，故工期较长。后者则地面施工前必须将顶棚及墙面的落地灰清扫干净，否则会影响面层与基层之间的黏结，引起地面起壳，而且影响地面施工用水的渗漏可能影响下层顶棚、墙面的抹灰施工质量。底层地面通常在各层顶棚、墙面、地面做好后最后进行。楼梯间和楼梯踏步装饰，由于施工期间易受损坏，为了保证装饰工程施工质量，楼梯间和楼梯踏步装饰往往安排在其他室内装饰完工后，自上而下统一进行。门窗的安装可在抹灰之前或之后进行，主要视气候和施工条件而定，但通常是安排在抹灰之后进行。而油漆和玻璃安装的次序是先油漆门窗、后安装玻璃，以免油漆弄脏玻璃，塑钢及铝合金门窗不受此限制。

在装饰工程施工阶段，还需考虑室内装饰与室外装饰的先后顺序，与施工条件和气候变化有关。一般有先外后内、先内后外、内外同时进行三种施工顺序，通常采用先外后内的施工顺序。当室内有现浇水磨石地面时，应先做水磨石地面，再做室外装饰，以免施工时渗漏影响室外装饰施工质量；当采用单排脚手架砌墙时，由于留有脚手眼需要填补，应先做室外装饰，拆除脚手架，同时填补脚手眼，再做室内装饰；当装饰工人较少时，则不宜采用内外同时施工的施工顺序。

房屋各种水暖煤卫电等管道及设备的安装要与土建有关分部分项工程紧密配合，交叉施工。如果没有安排好这些设备与土建之间的配合与协作，必定会产生开孔、返工、修补等大量零星用工，这样既浪费劳动力、材料，又影响了施工质量，还延误了施工工期，要尽量避免此类事件的发生。

上面所述高层现浇钢筋混凝土结构房屋的施工顺序，仅适用于一般情况。建筑施工与组织管理既是一个复杂的过程，又是一个发展的过程。建筑结构、现场施工条件、技术水平、管理水平等不同，均会对施工过程和施工顺序的安排产生不同的影响。因此，针对每一个施工项目，必须根据其施工特点和具体情况，合理地确定其施工顺序。

### 3．施工方法和施工机械的选择

正确地选择施工方法和施工机械是制定施工方案的关键。施工项目各个分部分项工程的施工，均可选用各种不同的施工方法和施工机械，而每一种施工方法和施工机械又都有其各自的优缺点。因此，必须从先进、合理、经济、安全的角度出发，选择施工方法和施工机械，以达到保证施工质量、降低施工成本、确保施工安全、加快施工进度和提高劳动生产率的预期效果。

1）选择施工方法和施工机械的依据

在施工项目的施工过程中，对施工方法和施工机械的选择主要应依据施工项目的建筑结构特点、工程量大小、施工工期长短、资源供应条件、现场施工条件、施工项目经理部的技术装备水平和管理水平等因素综合考虑来进行。

2）选择施工方法和施工机械的基本要求

在施工项目的施工过程中，选择施工方法和施工机械应符合以下基本要求。

（1）应考虑主要分部分项工程施工的要求

从施工项目的全局出发，着重考虑影响整个施工项目施工的主要分部分项工程的施工方法和施工机械的选择。而对于一般的、常见的、工人熟悉或工程量不大的及与施工全局和施工工期无多大影响的分部分项工程，可以不必详细选择，只要针对分部分项工程施工特点，提出若干应注意的问题和要求就可以了。

在施工项目的施工过程中，主要分部分项工程，一般是指：

① 工程量大，占施工工期长，在施工项目中占据重要地位的施工过程。如高层钢筋混凝土结构房屋施工中的打桩工程、土方工程、地下室工程、主体工程、装饰工程等。

② 施工技术复杂或采用新技术、新工艺、新结构，对施工质量起关键作用的分部分项工程。如地下室的地下结构和防水施工过程，其施工质量的好坏对今后的使用将产生很大影响；整体预应力框架结构体系的工程，其框架和预应力施工对工程结构的稳定及其施工质量起关键作用。

③ 对施工项目经理部来说，某些特殊结构工程或不熟悉且缺乏施工经验的分部分项工

程，如大跨度预应力悬索结构、薄壳结构、网架结构等。

（2）应满足施工技术的要求

对施工方法和施工机械的选择，必须满足施工技术的要求。如预应力张拉的方法、机械、锚具、预应力施加等必须满足工程设计、施工的技术要求；吊装机械类型、型号、数量的选择应满足构件吊装的技术和进度要求。

（3）应符合提高工厂化、机械化程度的要求

在施工项目的施工过程中，原则上应尽可能实现和提高工厂化施工方法和机械化施工程度。这是建筑施工发展的需要，也是保证施工质量、降低施工成本、确保施工安全、加快施工进度、提高劳动生产率和实现文明施工的有效措施。

这里所说的工厂化，是指施工项目的各种钢筋混凝土构件、钢结构件、钢筋加工等应最大限度地实现工厂化制作，最大限度地减少现场作业。所说的机械化程度，不仅是指施工项目施工要提高机械化程度，还要充分发挥机械设备的效率，减少繁重的体力劳动操作，以求提高工效。

（4）应符合先进、合理、可行、经济的要求

选择施工方法和施工机械，除要求先进、合理之外，还要考虑施工中是可行的，选择的机械设备是可以获得的、经济上节约的。要进行分析比较，从施工技术水平和实际情况出发进行选择。

（5）应满足质量、安全、成本、工期要求

所选择的施工方法和施工机械应尽量满足保证施工质量、确保施工安全、降低施工成本、缩短施工工期的要求。

3）主要分部分项工程的施工方法和施工机械的选择

分部分项工程的施工方法和施工机械，在建筑施工技术课程中已详细叙述，这里仅将其要点归纳如下。

（1）土方工程

① 计算土方开挖工程量，确定土方开挖方法，选择土方开挖所需机械的类型、型号和数量。

② 确定土方放坡坡度、工作面宽度或土壁支撑形式。

③ 确定排除地面水、地下水的方法，选择所需机械的类型、型号和数量。

④ 确定防止出现流沙现象的方法，选择所需机械的类型、型号和数量。

⑤ 计算土方外运、回填工程量，确定填土压实方法，选择所需机械的类型、型号和数量。

（2）基础工程

① 浅基础施工中，应确定垫层、基础的施工要求，选择所需机械的类型、型号和数量。

② 桩基础施工中，应确定预制桩的入土方法和灌注桩的施工方法，选择所需机械的类型、型号和数量。

③ 地下室施工中，应根据防水要求，留置、处理施工缝。

（3）钢筋混凝土工程

① 确定模板类型及支模方法，进行模板支撑设计。

② 确定钢筋的加工、绑扎和连接方法，选择所需机械的类型、型号和数量。

③ 确定混凝土的搅拌、运输、浇筑、振捣、养护方法，留置、处理施工缝，选择所需机械的类型、型号和数量。

④ 确定预应力混凝土的施工方法，选择所需机械的类型、型号和数量。

（4）砌筑工程

① 砌筑工程施工中，应确定砌体的组砌和砌筑方法及质量要求。

② 弹线、楼层标高控制和轴线引测。

③ 确定脚手架所用材料与搭设要求及安全网的设置要求。

④ 选择砌筑工程施工中所需机械的类型、型号和数量。

（5）层面工程

① 屋面工程中各层的做法及施工操作要求。

② 确定屋面工程施工中所用各种材料及运输方式。

③ 选择屋面工程施工中所需机械的类型、型号和数量。

（6）装饰工程

① 室内外装饰的做法及施工操作要求。

② 确定材料运输方式、施工工艺。

③ 选择所需机械的类型、型号和数量。

（7）现场垂直运输、水平运输

① 选择垂直运输机械的类型、型号和数量及水平运输方式。

② 选择塔吊的型号和数量。

③ 确定起重垂直运输机械的位置或开行路线。

根据选择施工方法和施工机械的主要依据、基本要求和上面归纳的要点及施工特点，来确定施工项目的主要分部分项工程方法和施工机械。

#### 4．确定流水施工组织

任何一个施工项目的施工都是由若干个施工过程组成的，而每个施工过程可以组织一个或多个施工班组来进行施工。如何组织各施工班组的先后顺序或平行搭接施工，是组织施工中的一个基本问题。通常，组织施工时有依次施工、平行施工、流水施工三种方式。

（1）依次施工是指将施工项目分解成若干个施工对象，按照一定的施工顺序，前一个施工对象完成后，去做后一个施工对象，直至把所有施工对象都完成为止的施工组织方式。依次施工是一种最基本、最原始的施工组织方式，它的特点是单位时间内投入的劳动力、材料、机械设备等资源量较少，有利于资源供应的组织工作，施工现场管理简单，便于组织安排；由于没有充分利用工作面去争取时间，所以施工工期长；各班组施工及材料供应无法保持连续和均衡，工人有窝工情况；不利于改进工人的操作方法和施工机具，不利于提高施工质量和劳动生产率。当工程规模较小，施工工作面又有限时，依次施工是适用的。

（2）平行施工是指将施工项目分解成若干个施工对象，相同内容的施工对象同时开工、同时竣工的施工组织方式。平行施工的特点是由于充分利用工作面去争取时间，所以施工工期最短，单位时间内投入的劳动力、材料、机械设备等资源量较大，供应集中，所需的临时设施、仓库面积等也相应增加，施工现场管理复杂，组织安排困难；不利于改进工人的操作方法和施工机具，不利于提高施工质量和劳动生产率。当工程规模较大，施工工期要求紧，资源供应有保障，平行施工是适用和合理的。

（3）流水施工是指将施工项目分解成若干个施工对象，各个施工对象陆续开工、陆续竣工，使同一施工对象的施工班组保持连续、均衡施工，不同施工对象尽可能平行搭接施工的施工组织方式。流水施工的特点是科学地利用了工作面，争取了时间，施工工期较合理；单位时间内投入的劳动力、材料、机械设备等资源量较均衡，有利于资源供应的组织工作，实行了班组专业化施工，有利于提高专业水平和劳动生产率，也有利于提高施工质量；为文明施工和现场科学管理创造了条件。因此流水施工是一种较科学、合理的施工组织方式。组织流水施工的条件是：划分施工过程，应根据施工进度计划的性质、施工方法与工程结构、劳动组织情况等进行划分；划分施工段，数目要合理，工程量应大致相等，要有足够的工作面，要利于结构的整体性，要以主导施工过程为依据进行划分；每个施工过程组织独立的专业班组；主导施工过程必须连续、均衡地施工；不同施工过程尽可能组织平行搭接施工。

在施工项目的施工过程中，哪些内容应按依次施工来组织，哪些内容应按平行施工来组织，哪些内容应按流水施工来组织，是施工方案选择中必须考虑的问题。一般情况下，施工项目中包含多幢建筑物，资源供应有保障，应考虑按平行施工或流水施工方式来组织施工；施工项目中只包含一幢建筑物，这要根据其施工特点和具体情况来决定采用哪种施工组织方式施工。

例如，高层现浇钢筋混凝土结构房屋施工的流水组织如下。

1）±0.000以下工程施工阶段

高层现浇钢筋混凝土结构房屋±0.000以下工程施工中，应根据工程规模、工程量大小、资源供应情况等因素来确定施工组织方式。一般情况下，当无地下室时，不划分施工段，考虑按依次施工方式来组织施工；当有地下室时，要以安装模板、绑扎钢筋和浇筑混凝土三个施工过程为主采用流水施工组织方式来组织施工；若工程规模、工程量大，资源供应有保障，设置了沉降缝时，还可以考虑按平行施工方式来组织施工。

2）主体工程施工阶段

主体工程是高层现浇钢筋混凝土结构房屋的一个主要分部工程，其工程量大、占用施工工期长，所以一般情况下均应在水平方向上和竖向空间上划分施工段及施工层，采用流水施工方式来组织施工；但在水平方向上划分施工段时，要以安装模板、绑扎钢筋和浇筑混凝土三个施工过程为主，要严格遵守质量第一的原则，一般以沉降缝、抗震缝、伸缩缝处为施工段的界面，不允许设置施工缝的部位，绝不可作为施工段的界面。若工程规模、工程量大，资源供应有保障，施工工期要求紧时，还可以考虑按平行施工方式来组织施工。

3）围护工程施工阶段

墙体砌筑、门窗框安装工程施工，一般应在水平方向上和竖向空间上划分施工段及施工层，采用流水施工方式来组织施工；若工程规模、工程量大，资源供应有保障，施工工期要求紧，还可以考虑按平行施工方式来组织施工。

屋面工程是一个有特殊要求的分部工程，为了保证屋面工程施工质量，一般情况下不划分施工段，考虑按依次施工方式来组织施工；若工程规模、工程量大，资源供应有保障，设置了沉降缝、抗震缝、伸缩缝时，可以考虑按平行施工或流水施工方式来组织施工。

4）装饰工程施工阶段

装饰工程施工内容多、工程量大、占用施工工期长，所以一般情况下均应在水平方向上和竖向上划分施工段及施工层，采用流水施工方式来组织施工；若工程规模、工程量大，资源供应有保障，施工工期要求紧，设置了沉降缝、抗震缝、伸缩缝时，还可以考虑按平行施工方式来组织施工。

### 4.5.4　施工进度计划的编制

 扫一扫看土建工程投标商务报价范文

 扫一扫看土建工程投标报价表范文

**1. 影响施工进度的主要因素**

由于施工项目本身具有建造和使用地点固定、规模庞大、工程结构复杂多样、综合性强等特点，以及施工生产过程中具有生产流动、施工工期长、露天作业多、高空作业多、手工作业多、相关单位多、施工管理难度大等特点，从而决定了施工项目的施工进度将受到许多因素的影响。为了有效地进行施工项目的施工进度控制，就必须对影响施工项目施工进度的多种因素进行全面细致的分析，事先采取预防措施，尽可能地缩小计划进度与实际进度的偏差，使施工进度尽可能地按计划进行，从而实现对施工项目施工进度的主动控制和动态控制。在施工项目的施工过程中，影响施工项目施工进度的因素有很多，主要影响因素有以下几个。

1）业主因素

如因业主的决策改变或失误而进行设计变更；提供的施工现场条件（如临时供水、临时供电等）不能满足施工的正常需要；没有按合同条款向施工承包单位拨付工程进度款；业主直接发包的分包单位配合不到位；业主有关人员工作责任心差，协调不力等。

2）勘察设计因素

如地质勘察资料不正确，与施工现场地质不相符，发生错误或遗漏；设计内容不完善，规范的应用错误或不恰当，设计质量较差；设计对施工的可能性未考虑或考虑不周全；施工图纸供应不及时、不配套；设计更改联系单供应不及时；设计单位服务意识差。

3）施工技术因素

如施工过程中采用的施工工艺错误或不成熟；采用不合理的施工技术方案；采用的施工安全措施不当或错误；对应用新技术、新材料、新工艺缺乏施工经验等。

4）自然环境因素

如复杂的工程地质条件；不明的水文气象条件；施工过程中工程地质条件和水文地质条件与工程勘察不相符等。

5）社会环境因素

如节假日交通、市容整顿限制；临时的停水、停电；地方性部门规定的限制等。

6）施工组织管理因素

如向有关部门提出各种申请审批手续拖延；计划安排不周密，组织管理协调不力，导致停工待料；领导不力，指挥失当，使参加工程施工的各个施工单位、各专业工种、各个施工过程之间交接配合上发生矛盾；施工组织不合理，施工平面布置不合理等。

7）材料、设备因素

如材料供应环节发生差错，不能按质、按量、适时、适地、成套齐全地保证供应，无法满足连续施工的需要；特殊材料、新材料的不合理使用；施工机械设备供应不配套，选型失当，带病运转，效率低下等。

### 2．施工进度计划的作用

施工项目施工进度计划是在既定施工方案的基础上，根据施工合同规定工期和各种资源供应条件，按照施工过程合理的施工顺序，用图表形式，对施工项目各施工过程做出时间和空间上的计划安排。

施工进度计划的主要作用是：

（1）控制施工项目的施工进度，保证在施工合同规定的工期内保质、保量地完成施工任务。

（2）确定施工项目各个施工过程的施工顺序、施工持续时间及相互的衔接、穿插、平行搭接和合理的配合关系。

（3）为编制施工作业计划提供依据。

（4）是编制施工现场劳动力、材料、机具等资源需要量计划的依据。

（5）是编制施工准备工作计划的依据。

（6）对施工项目的施工起到指导作用。

### 3．施工进度计划的表达方式

施工项目的施工进度计划表达方式有多种，常用的有横道图计划和网络图计划两种表达方式。

#### 1）横道图计划

横道图也称甘特图，是美国人甘特（Cantt）在 20 世纪 20 年代提出的。横道图中的进度线（横道线）与时间坐标相对应，表示方式形象、直观，且易于编制和理解，因而，长期以来被广泛应用于施工项目进度控制中，见表 4-16。

表 4-16　施工进度计划

| 序号 | 施工过程 | 工程量 | | 施工定额 | 需用劳动量 | | 需用机械台班量 | | 每天工作班制 | 每班安排工人数或机械台数 | 工作天数（天） | 施工进度 | | | | | | | |
|---|---|---|---|---|---|---|---|---|---|---|---|---|---|---|---|---|---|---|---|
| | | 单位 | 数量 | | 工种名称 | 数量（工日） | 机械名称 | 数量（台班） | | | | 月 | | | | 月 | | | |
| | | | | | | | | | | | | 1 | 2 | 3 | … | 1 | 2 | 3 | … |
| | | | | | | | | | | | | | | | | | | | |
| | | | | | | | | | | | | | | | | | | | |
| | | | | | | | | | | | | | | | | | | | |
| | | | | | | | | | | | | | | | | | | | |
| | | | | | | | | | | | | | | | | | | | |

表 4-16 一般由两个基本部分组成，即左边部分是施工过程名称、工程量、施工定额、劳动量或机械台班量、每天工作班次、每班安排的工人数或机械台数及工作时间等计算数据；右边部分是进度线（横道线），表示施工过程的起止时间、延续时间及相互搭接关系，以及整个施工项目的开工时间、完工时间和总工期。

利用横道图表示进度计划，有很大的优点，也存在下列缺点：

（1）施工过程中的逻辑关系可以设法表达，但不易表达清楚，因而在计划执行中，当某些施工过程的进度由于某种原因提前或拖延时，不便于分析对其他施工过程及总工期的影响程度，不利于施工项目进度的动态控制。

（2）不能明确地反映进度计划影响工期的关键工作和关键线路，也就无法反映出整个施工项目的关键所在，因而不便于施工进度控制人员抓住主要矛盾。

（3）不能反映出各项工作所具有的机动时间（时差），看不到施工进度计划潜力所在，无法进行最合理的组织和指挥。

（4）不能反映施工费用与工期之间的关系，因而不便于缩短工期和降低施工成本。

（5）不能应用计算机进行计算，适用于手工编制施工进度计划，计划的调整优化也只能用手工方式进行，因而工作量较大。

由于横道图计划存在以上不足，给施工项目进度控制工作带来了很大不便。即使进度控制人员在进度计划编制时已充分考虑了各方面的问题，在横道图计划上也不能全面地反映出来，特别是当工程项目规模较大、工程结构及工艺关系较复杂时，横道图计划就很难充分地表达出来。由此可见，横道图计划虽然被广泛应用于施工项目进度控制中，但也有较大的局限性。

2）网络图计划

网络图计划的基本原理：首先绘制施工项目施工网络图，表达计划中各工作先后顺序的逻辑关系；然后通过各时间参数的计算找出关键工作及关键线路；继而通过不断改进网络图计划，寻求最优方案，并付诸实施；最后在执行过程中进行有效的控制和监督。

施工进度计划用网络图计划来表示，可以使施工项目进度得到有效控制。国内外实践证明，网络图计划是用来控制施工项目进度的最有效工具。

利用网络图计划控制施工项目进度，可以弥补横道图计划的许多不足。与横道图计划相比，网络图计划具有以下主要特点：

（1）网络图计划能够明确表达各项工作之间相互依赖、相互制约的逻辑关系。

所谓逻辑关系，是指各项工作之间客观上存在和主观上安排的先后顺序关系。包含两类，一类是工艺关系，即由施工工艺和操作规程所决定的各项工作之间客观上存在的先后顺序关系，称为工艺逻辑；另一类是组织关系，即在施工组织安排中，考虑劳动力、材料、施工机具或施工工期影响，在各项工作之间主观上安排的先后顺序关系，称为组织逻辑。网络图计划能够明确地表达各项工作之间的逻辑关系；对于分析各项工作之间的相互影响及处理它们之间的协作关系，具有非常重要的意义，同时也是网络图计划比横道图计划先进的主要特征。

（2）通过网络图计划各时间参数的计算，可以找出关键工作和关键线路。

通过网络图计划各时间参数的计算，能够明确网络图计划中的关键工作和关键线路，能反映出整个施工项目的关键所在，也就明确了施工进度控制中的重点，便于施工进度控制人员抓住主要矛盾，这对提高施工项目进度控制的效果具有非常重要的意义。

（3）通过网络图计划各时间参数的计算，可以明确各项工作的机动时间。

所谓工作的机动时间，是指在执行进度计划时除完成任务所必需的时间外，尚剩余的可供利用的富裕时间，亦称为"时差"。在一般情况下，除关键工作外，其他各项工作（非关键工作）均有富余时间，这种富余时间可视为一种"潜力"，既可以用来支援关键工作，也可以用来优化网络图计划，降低单位时间资源需求量。

（4）网络图计划可以利用计算机进行计算、优化和调整。

对进度计划进行计算、优化和调整是施工项目进度控制工作中的一项重要内容。由于影响施工进度的因素有很多，仅靠手工对施工进度计划进行计算、优化和调整是非常困难的，只有利用计算机对施工进度计划进行计算、优化和调整，才能适应施工实际变化的要求，网络图计划就能做到这一点，因而网络图计划成为控制施工项目进度最有效的工具。

以上几点是网络图计划的优点，与横道图计划相比，它不够形象、直观、不易编制和理解。

3）施工进度计划的编制依据

在施工项目的施工方案确定以后就可以编制施工进度计划，编制的主要依据有：

（1）经会审的全套施工图、工艺设计图、标准图及有关技术资料。

（2）施工工期及开工、竣工日期要求。

（3）已经确定的施工方案。

（4）施工定额。

（5）劳动力、材料、机具等资源的供应情况。

（6）施工条件及分包单位情况。

（7）施工现场情况。

（8）其他有关参考资料，如施工合同、施工组织设计实例等。

4）施工进度计划的编制方法与步骤

编制施工项目的施工进度计划是在满足施工合同规定工期要求的情况下，对选定的施工方案、资源供应情况、协作单位配合施工情况等所做的综合研究和周密部署。其具体编制方法和步骤如下。

（1）划分施工过程

编制施工进度计划时，首先按照施工图纸划分施工过程，并结合施工方法、施工条件、劳动组织等因素，加以适当整理，再进行有关内容的计算和设计。施工过程划分应考虑下述要求：

① 施工过程划分的粗细程度的要求。对于控制性施工进度计划，其施工过程的划分可以粗一些，一般可按分部工程划分施工过程。如开工前准备、地基与基础工程、主体结构工程、屋面及装修工程等。对于指导性施工进度计划，其施工过程的划分应细一些，要求每个分部工程所包括的主要分项工程均应一一列出，起到指导施工的作用。

② 对施工过程进行适当合并，达到简明清晰的要求。施工过程划分太细，施工进度图表就会显得繁杂，重点不突出，反而失去指导施工的意义，并且增加编制施工进度计划的难度。因此，为了使得计划简明清晰，突出重点，一些次要的施工过程应合并到主要施工过程中去；有些虽然重要但工程量不大的施工过程也可与相邻的施工过程合并，如挖土可与垫层施工合并为一项，组织混合班组施工；同一时期由同工种施工的施工内容也可以合并在一起，如墙体砌筑，不分内墙、外墙、隔墙等，而合并为墙体砌筑一项。

③ 施工过程划分的工艺性要求。现浇钢筋混凝土工程施工，一般可分为安装模板、绑扎钢筋、浇筑混凝土等施工过程，是合并还是分别列项，应视工程施工组织、工程量、结构

性质等因素考虑确定。一般现浇钢筋混凝土框剪结构的施工应分别列项，可分为：绑扎柱、墙钢筋，安装柱、墙模板，浇捣柱、墙混凝土，安装梁、板模板，绑扎梁、板钢筋，浇捣梁、板混凝土等施工过程。但在现浇钢筋混凝土工程量不大的工程对象中，一般不再细分，可合并为一项，如砌体结构工程中的现浇雨篷、圈梁、楼板、构造柱等，即可列为一项，由施工班组的各工种互相配合施工。

装修工程中的外装修可能有若干种装修做法，划分施工过程时，一般合并为一项，但也可分别列项。内装修中应按楼地面、顶棚及墙面抹灰、楼梯间及踏步抹灰等分别列项，以便组织施工和安排进度。

施工过程的划分，还应考虑已选定的施工方案。如高层现浇钢筋混凝土结构房屋的水暖煤卫电等房屋设备安装是建筑工程重要组成部分，应单独列项；土建施工进度计划中只需列出设备安装的施工过程，表明其与土建施工的配合关系。

④ 明确施工过程对施工进度的影响程度。根据施工过程对施工进度的影响程度可分为三类。一类为资源驱动的施工过程，这类施工过程直接在施工项目上进行作业、占用时间、消耗资源，对施工项目的完成与否起着决定性的作用，它在条件允许的情况下，可以缩短或延长工期。第二类为辅助性施工过程，它一般不占用施工项目的工作面，虽需要一定的时间和消耗一定的资源，但不占用工期，故可不列入施工进度计划以内。如交通运输，场外构件加工等。第三类施工过程虽然直接在施工项目上进行作业，但它的工期不以人的意志为转移，随着客观条件的变化而变化，它应根据具体情况列入施工进度计划，如混凝土的养护等。

（2）计算工程量

当确定了施工过程后，应计算每个施工过程的工程量。工程量应根据施工图纸、工程量计算规则及相应的施工方法进行计算。计算工程量时应注意以下几个问题。

① 注意工程量的计量单位。每个施工过程的工程量的计量单位与采用的施工定额的计量单位相一致，以便在计算劳动量、材料消耗及机械台班量时就可直接套用施工定额，不需要再进行换算。如模板工程以 $m^2$ 为计量单位；钢筋工程以 t 为计量单位；混凝土以 $m^3$ 为计量单位等。

② 注意采用的施工方法。计算工程量时，应与采用的施工方法相一致，以便计算的工程量与施工的实际情况相符合。例如，挖土时是否放坡，是否增加工作面，坡度和工作面尺寸是多少。

③ 结合施工组织要求。工程量计算中应结合施工组织要求，分区、分段、分层，以便组织流水作业。

④ 正确取用预算文件中的工程量。如果编制施工进度计划时，已编制出预算文件（施工图预算或施工预算），则工程量可从预算文件中摘出并汇总。例如：要确定施工进度计划中列出的"砌筑墙体"这一施工过程的工程量，可先分析它包括哪些施工内容，然后从预算文件中摘出这些施工内容的工程量，再将它们全部汇总即可求得。但是，施工进度计划中某些施工过程与预算文件的内容不同或有出入时，则应根据施工实际情况加以修改、调整或重新计算。

（3）套用施工定额

划分施工过程及计算工程量后，即可套用施工定额，以确定劳动量在和机械台班量。在套用国家或当地颁布的定额时，必须注意结合本单位工人的技术等级、实际操作水平、施工机械情况和施工现场条件等因素，确定定额的实际水平，使计算出来的劳动量、机械台班量符合实际需要。

有些采用新技术、新材料、新工艺或特殊施工方法的施工过程，如果定额中尚未编入时，可参考类似施工过程中的定额或经验资料，按实际情况来确定。

（4）计算确定劳动量及机械台班量

根据工程量及确定采用的施工定额，并结合施工的实际情况，即可确定劳动量及机械台班量。一般按下式计算：

$$P=Q/S=QH \tag{4-12}$$

式中，$P$——某施工过程所需的劳动量（工日）或机械台班量（台班）；

$Q$——某施工过程的工程量（实物计量单位），单位有 $m^3$、$m^2$、$m$、$t$ 等；

$S$——某施工过程所采用的产量定额，单位有 $m^3$/工日、$m^2$/工日、$m$/工日、$t$/工日、$m^3$/台班、$m^2$/台班、$m$/台班、$t$/台班等；

$H$——某施工过程所采用的时间定额，单位有工日/$m^3$、工日/$m^2$、工日/$m$、工日/$t$、台班/$m^3$、台班/$m^2$、台班/$m$、台班/$t$ 等。

**实例 4-4**　某基础工程土方开挖，施工方案确定为人工开挖，工程量为 600 $m^3$，采用的劳动定额为 4 $m^3$/工日。计算完成该基础工程开挖所需的劳动量。

**解**　$P=Q/S=600/4=150$（工日）

**实例 4-5**　某基坑土方开挖，施工方案确定采用 W—100 型反铲挖土机开挖，工程量为 2 200 $m^3$，经计算采用的机械台班产量是 120 $m^3$/台班。计算完成此基坑开挖所需的机械台班量。

**解**　$P=Q/S=2 200/120=18.33$（台班）

取 18.5 台班。

当某一施工过程由两个或两个以上不同分项工程合并组成时，其总劳动量或总机械台班量按下式计算：

$$P_{总}=\sum_{i=1}^{n} P_i=P_1+P_2+P_3+\cdots+P_n \tag{4-13}$$

**实例 4-6**　某钢筋混凝土杯形基础施工，其支设模板、绑扎钢筋、浇筑混凝土三个施工过程的工程量分别为 600 $m^2$、5 t、250 $m^3$，查劳动定额得其时间定额分别是 0.253 工日/$m^2$、5.28 工日/t、0.833 工日/$m^3$，试计算完成钢筋混凝土基础所需劳动量。

**解**　$P_{模}=600\times0.253=151.8$（工日）

$P_{筋}=5\times5.28=26.4$（工日）

$P_{混凝土}=250\times0.833=208.3$（工日）

$P_{杯基}=P_{模}+P_{筋}+P_{混凝土}=151.8+26.4+208.3=386.5$（工日）

当某一施工过程是由同一工种，但不同做法、不同材料的若干分项工程合并组成时，应先计算其综合定额，再求其劳动量。

$$\bar{S}=\frac{\sum\limits_{i=1}^{n} Q_i}{\sum\limits_{i=1}^{n} P_i} \tag{4-14}$$

$$\overline{H}=\frac{1}{\overline{S}} \tag{4-15}$$

式中，$\overline{S}$——某施工过程的综合产量定额，单位有 m³/工日、m²/工日、m/工日、t/工日，m³/台班、m²/台班、m/台班、t/台班等；

$\overline{H}$——某施工过程的综合时间定额，单位有 工日/m³、工日/m²、工日/m、工日/t、台班/m³、台班/m²、台班/m、台班/t 等；

$\sum_{i=1}^{n} Q_i$——总工程量，单位有 m³、m²、m、t 等；

$\sum_{i=1}^{n} P_i$——总劳动量（工日）或总机械台班量（台班）。

**实例 4-7**　某工程外墙装饰有外墙涂料、真石漆、贴面砖三种做法，其工程量分别为 850.5 m²、500.3 m²、320.3 m²；采用的产量定额分别是 7.56 m²/工日、4.35 m²/工日、4.05 m²/工日。计算它们的综合产量定额及外墙面装饰所需的劳动量。

**解**　① 综合产量定额：

$$\overline{S}=\frac{\sum_{i=1}^{n} Q_i}{\sum_{i=1}^{n} P_i}=\frac{850.5+500.3+320.3}{\dfrac{850.5}{7.56}+\dfrac{500.3}{4.35}+\dfrac{320.3}{4.06}}=5.45 \text{（m}^2/\text{工日）}$$

② 外墙面装饰所需的劳动量：

$$P_{\text{外墙装饰}}=\frac{\sum_{i=1}^{n} Q_i}{\overline{S}}=\frac{1\,671.1}{5.46}=306.6 \text{（工日）}$$

取 $P_{\text{外墙装饰}}$＝307 工日。

（5）计算确定施工过程的延续时间

施工过程持续时间的确定方法有以下三种：

① 经验估算法。经验估算法也称三时估算法，即先估计出完成该施工过程的最乐观时间、最悲观时间和最可能时间三种施工时间，再根据式（4-16）计算出该施工过程的延续时间。这种方法适用于新结构、新技术、新工艺、新材料等无定额可循的施工过程。

$$D=\frac{A+4B+C}{6} \tag{4-16}$$

式中，$A$ 为最乐观的时间估算（最短的时间）；$B$ 为最可能的时间估算（最正常的时间）；$C$ 为最悲观的时间估算（最长的时间）。

② 定额计算法。这种方法是根据施工过程需要的劳动量或机械台班量、配备的劳动人数或机械台班数及每天工作班次，确定施工过程的持续时间。其计算公式见式（4-17）：

$$D=\frac{P}{RN} \tag{4-17}$$

式中，$D$ 为某施工过程的持续时间（天）；$P$ 为该施工过程中所需的劳动量（工日）或机械台班量（台班）；$R$ 为该施工过程每班所配备的施工班组人数（人）或机械台数（台）；$N$ 为每天采用的工作班制（班/天）。

从上述公式可知，要计算确定某施工过程的持续时间，除已确定的 $P$ 外，还必须先确定

$R$ 及 $N$ 的数值。

要确定施工班组人数或施工机械台班数 $R$，除了考虑必须能获得或能配备的施工班组人数（特别是技术工人人数）或施工机械台数外，在实际工作中，还必须结合施工现场的具体条件、必要的停歇维修与保养时间等因素考虑，才能计算确定出符合实际可能和要求的施工班组人数及机械台数。

每天工作班制 $N$ 的确定，当工期允许、劳动力和施工机械周转使用不紧迫、施工工艺上无法连续施工时，通常每天采用一班制施工，在建筑业中往往采用 1.25 班制即 10h。当工期较紧或为了提高施工机械的使用率及加快机械周转使用，或工艺上要求连续施工时，某些施工过程可考虑每天二班甚至三班制施工。但采用多班制施工，必然增加有关的设施及费用，因此，须慎重研究确定。

**实例 4-8**　某基础工程混凝土浇筑所需劳动量为 536 工日，每天采用三班制，每班安排 20 人施工。试求完成此基础工程混凝土浇筑所需的持续时间。

解　$D = \dfrac{P}{RN} = \dfrac{536}{20 \times 3} = 8.93$（天）

取 $D = 9$ 天。

③ 倒排计划法。这种方法是根据施工的工期要求，先确定施工过程的延续时间及每天工作班制，再确定施工班组人数或机械台数 $R$。计算公式如下：

$$R = \frac{P}{DN} \tag{4-18}$$

式中符号的含义同式（4-17）。

如果按上式计算出来的结果，超过了本部门每天能安排现有的人数或机械台数，则要求有关部门进行平衡、调度及支持；或从技术上、组织上采取措施，如组织平行立体交叉流水施工，提高混凝土早期强度及采用多班组、多班制的施工等。

**实例 4-9**　某工程砌墙所需劳动量为 810 工日，要求在 20 天内完成，每天采用一班制施工。试求每班安排的工人数。

解　$R = \dfrac{P}{DN} = \dfrac{810}{20 \times 1} = 40.5$（人）

取 $R = 41$ 人。

上例所需施工班组人数为 41 人，若配备技工 20 人，普工 21 人，其比例为 1：1.05，是否有这些劳动人数，是否有 20 个技工，是否有足够的工作面，这些都需经过分析研究才能确定。现按 41 人计算，实际采用的劳动量为 41×20×1=820 工日，比计划劳动 810 个工日多 10 个工日。

（6）编制施工进度计划

当上述划分施工过程及各项计算内容确定后，便可进行施工进度计划的设计。横道图施工进度计划设计的一般步骤如下：

① 填写施工过程名称与计算数据。施工过程划分和确定后，应按照施工顺序要求列成表格，编排序号，依次填写到施工进度计划表的左边各栏内。

高层现浇钢筋混凝土结构房屋各施工过程依次填写的顺序一般是：施工准备工作→基础及地下室结构工程→主体结构工程→围护工程→装饰工程→其他工程→设备安装工程。

上述施工顺序，如有打桩工程，可填在基础工程前；施工准备工作如不纳入施工工期计算范围内，也可以不填写，但必须做好必要的施工准备工作；还有一些施工机械安装、脚手架搭设是否要填写，应根据具体情况分析确定，一般来说，安装塔吊及人货电梯要占据一定的施工时间，所以应填写；井字架的搭设可在砌筑墙体工程时平行操作，一般不占用施工时间，可以不填写；脚手架搭设配合砌筑墙体工程进行，一般可以填写，但它不占施工时间。

以上内容还应按施工工艺顺序的内容进行细分，填写完成后，应检查是否有遗漏、重复、错误等，待检查修正后没有错误时，就进行初排施工进度计划。

② 初排施工进度计划。根据选定的施工方案，按各分部分项工程的施工顺序，从第一个分部工程开始，一个接一个分部工程初排，直至排完最后一个分部工程。在初排每个分部工程的施工进度时，首先要考虑施工方案中已经确定的流水施工组织，并考虑初排该分部工程中一个或几个主要的施工过程。初排完每一个分部工程的施工进度后，应检查是否有错误，没有错误以后，再排下一个分部工程的施工进度，这时应注意该分部工程与前面分部工程在施工工艺、技术、组织安排上的衔接、穿插、平行搭接的关系。

③ 检查与调整施工进度计划。当整个施工项目的施工进度初排后，必须对初排的施工进度方案做全面检查，如有不符合要求或错误之处，应进行修改并调整，直至符合要求为止，使之成为指导施工项目的正式施工进度计划。具体内容如下：

◆ 检查整个施工项目施工进度计划初排方案的总工期是否符合施工合同规定的工期要求。当总工期不符合施工合同规定的工期要求，且相差较大时，有必要对已选定的施工方案进行重新研究修改与调整。

◆ 检查整个施工项目每个施工过程在施工工艺、技术、组织安排上是否正确合理。如有不合理或错误之处，应进行修改与调整。

◆ 检查整个施工项目每个施工过程的起止时间和延续时间是否正确合理。当某个施工过程的施工时间影响初排施工进度计划的总工期以致不符合施工合同规定工期要求时，要进行修改与调整。

◆ 检查整个施工项目某些施工过程应有的技术组织间歇时间是否符合要求。如不符合要求应进行修改与调整，例如混凝土浇筑以后的养护时间；钢筋绑扎完成以后的隐蔽工程检查验收时间等。

◆ 检查整个施工项目施工进度安排，劳动力、材料、机械设备等资源供应与使用是否连续、均衡，如出现劳动力、材料、机械设备等资源供应与使用过分集中等问题时，应进行修改与调整。

建筑施工是一个复杂的过程，每个施工过程的安排并不是孤立的，它们必须相互制约、相互依赖、相互联系。在编制施工进度计划时，必须从施工全局出发，进行周密的考虑、充分的预测、全面的安排、精心的设计，对施工项目的施工起到指导作用。

**实例 4-10** 某浅基础工程施工有关资料如表 4-17 所示，均匀划分三个施工段组织流水施工方案，混凝土垫层浇完后须养护两天才能在其上进行基础弹线工作。请编制该基础工程的施工进度计划。

**解** 根据表 4-17 提供的有关资料及公式（4-13）、式（4-17），进行劳动量、施工过程延续时间、流水节拍计算，结果汇总如表 4-18 所示。

表 4-17　某浅基础工程施工有关资料

| 分部分项工程名称 | 工程量（m³） | 产量定额（m³/工日） | 每天工作班班制（班/天） | 每班安排工人数（人） |
| --- | --- | --- | --- | --- |
| 基槽挖土 | 3441 | 4.69 | 1 | 40 |
| 浇混凝土垫层 | 228 | 0.96 | 1 | 26 |
| 砌砖基础 | 919 | 0.91 | 1 | 37 |
| 回填土 | 2294 | 5.98 | 1 | 42 |

表 4-18　某浅基础工程施工劳动量、施工过程延续时间、流水节拍汇总

| 分部分项工程名称 | 需用劳动量（工日） | 工作天数（天） | 流水节拍（天） |
| --- | --- | --- | --- |
| 基槽挖土 | 734 | 18 | 6 |
| 浇混凝土垫层 | 238 | 9 | 3 |
| 砌砖基础 | 1 100 | 27 | 9 |
| 回填土 | 384 | 9 | 3 |

（1）横道图施工进度计划，如图 4-10 所示。

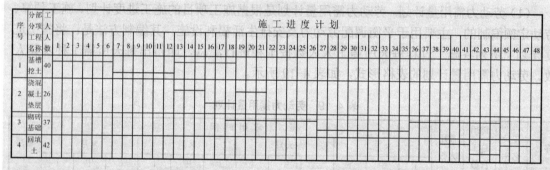

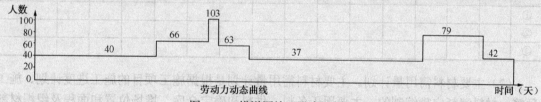

图 4-10　横道图施工进度计划

（2）按施工过程排列的双代号网络图施工进度计划，如图 4-11 所示。

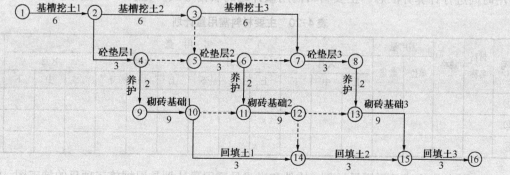

图 4-11　基础工程网络图施工进度计划（按施工过程排列）

（3）按施工段排列的双代号网络图施工进度计划，如图4-12所示。

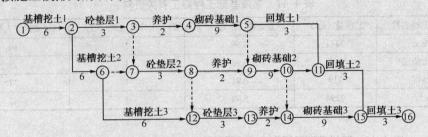

图4-12 基础工程网络图施工进度计划（按施工段排列）

5）各项资源需用量计划的编制

在施工项目的施工方案已选定、施工进度计划编制完成后，就可编制劳动力、主要材料、构件与半成品、施工机具等各项资源用量计划。各项资源需用量计划不仅是为了明确各项资源的需用量，也是为施工过程中各项资源的供应、平衡、调整、落实提供了可靠的依据，是施工项目经理部编制施工作业计划的主要依据。

（1）劳动力需用量计划。劳动力需用量计划是根据施工项目的施工进度计划、施工预算、劳动定额编制的，主要用于平衡调配劳动力及安排生活福利设施。其编制方法是：将施工进度计划上所列各施工过程每天所需工人人数按工种进行汇总，即得出每天所需工种及其人数。劳动力需用量计划的表格形式，如表4-19所示。

表4-19 劳动力需用量计划

| 序号 | 工种名称 | 需用总工日数 | 需用人数 | 需用时间 | | | | | | | | | | | | 备注 |
|---|---|---|---|---|---|---|---|---|---|---|---|---|---|---|---|---|
| | | | | ×月 | | | ×月 | | | ×月 | | | ×月 | | | |
| | | | | 上 | 中 | 下 | 上 | 中 | 下 | 上 | 中 | 下 | 上 | 中 | 下 | |
| ① | | | | | | | | | | | | | | | | |
| ② | | | | | | | | | | | | | | | | |
| ③ | | | | | | | | | | | | | | | | |

（2）主要材料需用量计划。主要材料需用量计划是根据施工项目的施工进度计划、施工预算、材料消耗定额编制的，主要用于备料、供料和确定仓库、堆场位置和面积及组织材料的运输。其编制方法是：将施工进度计划上各施工过程的工程量，按材料品种、规格、数量、需用时间进行计算并汇总。主要材料需用量计划的表格形式，如表4-20所示。

表4-20 主要材料需用量计划

| 序号 | 材料名称 | 规格 | 需用量 | | 需用量 | | | | | | | | | | | | 备注 |
|---|---|---|---|---|---|---|---|---|---|---|---|---|---|---|---|---|---|
| | | | 单位 | 数量 | ×月 | | | ×月 | | | ×月 | | | ×月 | | | |
| | | | | | 上 | 中 | 下 | 上 | 中 | 下 | 上 | 中 | 下 | 上 | 中 | 下 | |
| ① | | | | | | | | | | | | | | | | | |
| ② | | | | | | | | | | | | | | | | | |
| ③ | | | | | | | | | | | | | | | | | |

（3）构件和半成品需用量计划。构件和半成品需用量计划是根据施工项目的施工图、施工

方案、施工进度计划编制的，主要用于落实加工订货单位、组织加工运输和确定堆场位置及面积。其编制方法是：将施工进度计划上有关施工过程的工程量，按构件和半成品所需规格、数量、需用时间进行计算并汇总。构件和半成品需用量计划的表格形式，如表4-21所示。

表4-21　构件和半成品需用量计划

| 序号 | 构件和半成品名称 | 规　格 | 图　号 | 需 用 量 | | 加工单位 | 供应日期 | 备　注 |
|------|------|------|------|------|------|------|------|------|
| | | | | 单位 | 数量 | | | |
| ① | | | | | | | | |
| ② | | | | | | | | |

（4）施工机具需用量计划。施工机具需用量计划是根据施工项目的施工方案、施工进度计划编制的，主要用于施工机具的来源及组织进、退场日期。其编制方法是：将施工进度计划上有关施工过程所需的施工机具按其类型、数量、进退场时间进行汇总。施工机具需用量计划的表格形式，如表4-22所示。

表4-22　施工机具需用量计划

| 序号 | 施工机具名称 | 类型型号 | 需 用 量 | | 来　源 | 使用起止时间 | 备　注 |
|------|------|------|------|------|------|------|------|
| | | | 单位 | 数量 | | | |
| ① | | | | | | | |
| ② | | | | | | | |

### 4.5.5　施工现场平面布置图设计

 扫一扫看常用建筑构造图例

 扫一扫看常用给排水工程图例

施工现场平面布置图是对拟建工程施工现场所做的平面和空间的规划。它是根据拟建工程的规模、施工方案、施工进度计划及施工现场的条件等，按照一定的设计原则，将施工现场的起重垂直机械，材料仓库或堆场，附属企业或加工厂，道路交通，临时房屋，临时水、电、动力管线等的合理布置，以图纸形式表现出来，从而正确处理施工期间所需的各种暂设工程同永久性工程和拟建工程之间的合理位置关系，以指导现场进行有组织有计划地文明施工。

施工现场平面布置图是施工组织设计的主要组成部分。有的建筑工地秩序井然，有的则杂乱无章，这与施工现场平面布置图设计的合理与否有直接的关系。合理的施工平面布置对于顺利执行施工进度计划，实现文明施工是非常重要的。反之，如果施工平面布置图设计不周或管理不当，都将导致施工现场的混乱，直接影响施工进度、施工安全、劳动生产率和施工成本。因此在施工组织设计中对施工平面布置图的设计应予重视。

#### 1. 施工平面布置图设计的依据

施工平面布置图的设计，应力求真实详细地反映施工现场情况，以期能达到便于对施工现场控制和经济上合理的目的。为此，在设计施工平面布置图前，必须熟悉施工现场及周围环境，调查研究有关技术经济资料，分析研究拟建工程的工程概况、施工方案、施工进度及有关要求。施工平面布置图设计所依据的主要资料有：

1）自然条件调查资料

如气象、地形、地貌、水文及工程地质资料，周围环境和障碍物等，主要用于布置地表水和地下水的排水沟，确定易燃、易爆、沥青灶、化灰池等有碍身体健康的设施的布置，安排冬雨期施工期间所需设施的地点。

2）技术经济条件调查资料

如交通运输、水源、电源、物资资源、生产基地状况等，主要用于布置水暖煤卫电等管线的位置及走向，施工场地出入口、道路的位置及走向。

3）社会条件调查资料

如社会劳动力和生活设施，建设单位可提供的房屋和其他生活设施等，主要用于确定可利用的房屋和设施情况，确定临时设施的数量。

4）建筑总平面图

图上表明一切地上、地下的已建和拟建工程的位置和尺寸，标明地形的变化。这是正确确定临时设施位置、修建运输道路及排水设施所必需的资料，以便考虑是否可以利用原有的房屋为施工服务。

5）一切原有和拟建的地上、地下管道位置资料

在设计施工平面图时，可考虑是否利用这些管道，或考虑管道有碍施工而拆除或迁移，并避免把临时设施布置在拟建管道上面。

6）建筑区域场地的竖向设计资料和土方平衡图

这是布置水、电管线和安排土方的挖填及确定取土、弃土地点的重要依据。

7）施工方案

根据施工方案可确定起重垂直运输机械、搅拌机械等各种施工机具的位置、数量和规划场地。

8）施工进度计划

根据施工进度计划，可了解各个施工阶段的情况，以便分阶段布置施工现场。

9）资源需要量计划

根据劳动力、材料、构件、半成品等需要量计划，可以确定工人临时宿舍、仓库和堆场的面积、形式和位置。

10）有关建设法律法规对施工现场管理提出的要求

主要文件有《建设工程施工现场管理规定》、《中华人民共和国文物保护法》、《中华人民共和国环境保护法》、《中华人民共和国环境噪声污染防治法》、《中华人民共和国消防法》、《中华人民共和国消防条例》、《建设工程施工现场综合考评试行办法》、《建筑工程安全检查标准》等。根据这些法律法规，可以使施工平面图的布置安全有序，整洁卫生，不扰民，不损害公共利益，做到文明施工。

**2. 施工平面布置图设计的原则**

在保证施工顺利进行及施工安全的前提下，满足以下原则：

扫一扫看
施工平面
图图例

1）布置紧凑，尽量少占施工用地

这样便于管理，并减少施工用的管线，降低成本。在进行大规模工程施工时，要根据各阶段施工平面图的要求，分期分批地征购土地，以便做到少占土地和不早用土地。

2）最大限度地降低工地的运输费

为降低运输费用，应最大限度地缩短场内运距，尽可能减少二次搬运。各种材料尽可能按计划分期分批进场，充分利用场地。各种材料的堆放位置，应根据使用时间的要求，尽量靠近使用地点。合理地布置各种仓库、起重设备、加工厂和机械化装置，正确地选择运输方式和铺设工地运输道路，以保证各种建筑材料、动能和其他资料的运输距离以及其转运数量最小，加工厂的位置应设在便于原料运进和成品运出的地方，同时保证在生产上有合理的流水线。

3）临时工程的费用应尽量减少

为了降低临时工程的费用，首先应该力求减少临时建筑和设施的工程量，主要方法是尽最大可能利用现有的建筑物以及可供施工使用的设施，争取提前修建永久性建筑物、道路、上下水管网、电力设备等。对于临时工程的结构，应尽量采用简单的装拆式结构，或采用标准设计。布置时不要影响正式工程的施工，避免二次或多次拆建。尽可能使用当地的廉价材料。

临时通路的选线应该考虑沿自然标高修筑，以减少土方工程量，当修建运输量不大的临时铁路时，尽量采用旧枕木旧钢轨，减少道渣厚度和曲率半径。当修筑临时公路时，可以采用装配式钢筋混凝土道路铺板，根据运输的强度采用不同的构造与宽度。

加工厂的位置，在考虑生产需要的同时，应选择开拓费用最少之处。这种场地应该是地势平坦和地下水位较低的地方。

供应装置及仓库等，应尽可能布置在使用者中心或靠近中心的位置。这主要是为了使管线长度最短、断面最小，以及运输道路最短、供应方便，同时还可以减少水的损失、电压损失以及降低养护与修理费用等。

4）便于生产、生活

各项临时设施的布置，应该明确为工人服务，应利于施工管理及工人的生产和生活，使工人至施工区的距离最近，使工人在工地上因往返而损失的时间最少。办公房应靠近施工现场，福利设施应在生活区范围内。

5）应符合劳动保护、技术安全、防火和防洪的要求

必须使各房屋之间保持一定的距离，例如木材加工厂、锻造工场距离施工对象均不得小于 30 m；易燃房屋及沥青灶、化灰池应布置在下风向；储存燃料及易燃物品的仓库，如汽油、火油和石油等，距拟建工程及其他临时性建筑物不得小于 50 m，必要时应做成地下仓库；炸药、雷管要严格控制并由专人保管；机械设备的钢丝绳、缆风绳以及电缆、电线与管道等不要妨碍交通，保证道路畅通；在铁路与公路及其他道路交叉处应设立明显的标志，在工地内应设立消防站、瞭望台、警卫室等；在布置道路的同时，还要考虑到消防道路的宽度，应使消防车可以通畅地到达所有临时与永久性建筑物处；根据具体情况，考虑各种劳保、安全、消防设施；雨期施工时，应考虑防洪、排涝等措施。

施工平面图的设计，应根据上述原则并结合具体情况编制出若干个可能的方案，并需进行技术经济比较，从中选择出经济、安全、合理、可行的方案。方案比较的技术经济指标一般有：满足施工要求的程度；施工占地面积；施工场地利用率；临时设施的数量、面积、费用；场内各种主要材料、半成品、构件的运距和运量大小；场内运输道路的总长度、宽度；各种水、电管线的铺设长度；是否符合国家规定的技术安全、劳动保护及防火要求等。

### 3. 施工平面布置图设计的步骤

#### 1）起重垂直运输机械的布置

起重机械的位置直接影响仓库、堆场、砂浆和混凝土制备站的位置，以及道路和水、电线路的布置等，因此应予以首先考虑。

布置固定式垂直运输设备，如井架、龙门架、施工电梯等，主要根据机械性能、建筑物的平面和大小、施工段的划分、材料进场方向和道路情况而定。其目的是充分发挥起重机械的能力并使地面和楼面上的水平运距最小。一般说来，当建筑物各部位的高度相同时，布置在施工段的分界线附近；当建筑物各部位的高度不同时，布置在高低分界线处。这样布置的优点是楼面上各施工段水平运输互不干扰。若有可能，井架、龙门架、施工电梯的位置，以布置在建筑的窗口处为宜，以避免砌墙留槎和减少井架拆除后的修补工作。固定式起重运输设备中卷扬机的位置不应距离起重机过近，以便司机的视线能够看到起重机的整个升降过程。

由于各种垂直运输机械的性能不同，其布置位置也不相同。

（1）塔式起重机的布置。塔式起重机是集起重、垂直提升、水平输送三种功能为一身的机械设备。垂直和水平运输长、大、重的物料，塔式起重机为首选机械。塔式起重机有轨道式和固定式二种，轨道式起重机由于其稳定性差已经很少使用，特别在南方由于季风的影响使得轨道式塔式起重机更容易出现安全事故。塔吊的布置除了安全上应注意的问题以外，还应该着重解决布置的位置问题。建筑物的平面应尽可能处于吊臂回转半径之内，以便直接将材料和构件运至任何施工地点，尽量避免出现"死角"（见图 4-13）。塔式起重机的安装位置，主要取决于建筑物的平面布置、形状、高度和吊装方法等。塔吊离建筑物的距离 $B$ 应该考虑脚手架的宽度、建筑物悬挑部位的宽度、安全距离、回转半径 $R$ 等因素，因此距离 $B$ 不可能等于零，也不可能无穷大，塔吊的布置必须进行专项施工方案设计。

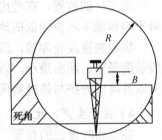

图 4-13 塔吊布置方案

（2）井架的布置。井架属固定式垂直运输机械，它的稳定性好、运输量大，是施工中常用的，也是最为简便的垂直运输机械，采用附着式可搭设超过 100 m 的高度。

井架的布置，主要根据机械性能、建筑物的平面形状和尺寸、施工段划分情况、建筑物高低层分界位置、材料来向和已有运输道路情况而定。布置的原则是：充分发挥垂直运输的能力，并使地面和路面的水平运距最短。布置时应考虑以下几个方面的因素：

① 当建筑物呈长条形，层数、高度相同时，一般布置在施工段的分界处。

② 当建筑物各部位高度不同时，应布置在建筑物高低分界线较高部位一侧。

③ 井架的布置位置以窗口为宜，以避免砌墙留槎和减少井架拆除后的修补工作。

④ 井架应布置在现场较宽的一面，以便于堆放材料和构件，达到缩短运距的要求。

⑤ 井架设置的数量根据垂直运输量的大小、工程进度、台班工作效率及组织流水施工要求等因素计算决定，其台班吊装次数一般为 80～100 次。

⑥ 卷扬机应设置安全作业棚，其位置不应距起重机械过近，以便操作人员的视线能看到整个升降过程，一般要求此距离大于建筑物高度、水平层外脚手架 3 m 以上。

⑦ 井架应立在外脚手架之外的一定距离处，一般为 5～6 m。

⑧ 缆风设置，高度在 15 m 以下时设一道，15 m 以上每增高 10 m 增设一道，宜用钢丝绳，并与地面的夹角成 45°，当附着于建筑物时可不设缆风。

（3）建筑施工电梯的布置。建筑施工电梯是高层建筑施工中运输施工人员及建筑器材的主要垂直运输设施，它附着在建筑物外墙或其他结构部位上。确定建筑施工电梯的位置时，应考虑便于施工人员上下和物料集散；由电梯口至各施工处的平均距离应最短；便于安装附墙装置；接近电源，有良好的夜间照明。

2）搅拌站、材料构件的堆场或仓库、加工厂的布置

搅拌站、材料构件的堆场和仓库、加工厂的位置应尽量靠近使用地点或在塔吊的服务范围内，并考虑运输和装卸料的方便。

（1）搅拌站的布置。搅拌站主要指混凝土及砂浆搅拌机，需要的型号、规格及数量在施工方案选择时确定，其布置要求可按下述因素考虑。

① 为减少混凝土及砂浆运距，应尽可能布置在起重及垂直运输机械附近。当选择为塔吊方案时，其出料斗（车）应在塔吊的服务半径内，以直接挂钩起吊为最佳。

② 搅拌机的布置位置应考虑运输方便，所以附近应布置道路（或布置在道路附近为好），以便砂石进场及拌合物的运输。

③ 搅拌机布置位置应考虑后台有上料的场地，搅拌站所用材料——水泥、砂、石以及水泥库（罐）等都应布置在搅拌机后台附近。

④ 有特大体积混凝土施工时，其搅拌机尽可能靠近使用地点。如浇注大型混凝土基础时，可将混凝土搅拌站直接设在基础边缘，待基础混凝土浇完后再转移，以减少混凝土的运输距离。

⑤ 混凝土搅拌机每台所需面积约 25 m²；冬季施工时，考虑保温与供热设施等后面积为 50 m² 左右。砂浆搅拌机每台所需面积为 15 m² 左右，冬季施工时面积为 30 m² 左右。

⑥ 搅拌站四周应有排水沟，以便清洗机械的污水排走，避免现场积水。

（2）加工厂的布置。

① 木材、钢筋、水电卫安装等加工棚宜设置在建筑物四周稍远处，并有相应的材料及成品堆场。

② 石灰及淋灰池可根据情况布置在砂浆搅拌机附近。

③ 沥青灶应选择较空的场地，远离易燃易爆品仓库和堆场，并布置在施工现场的下风向。

（3）材料、构件的堆场或仓库的布置。各种材料、构件的堆场及仓库应先计算所需的面积，然后根据其施工进度、材料供应情况等，确定分批分期进场。同一场地可供多种材料或构件堆放，如先堆主体施工阶段的模板、后堆装饰装修施工阶段的各种面砖，先堆砖、后堆门窗等。其布置要求可按下述因素考虑。

① 仓库的布置。水泥仓库应选择地势较高、排水方便、靠近搅拌机的地方。

各种易燃、易爆物品或有毒物品的仓库，如各种油漆、油料、亚硝酸钠、装饰材料等，应与其他物品隔开存放，室内应有良好的通风条件，存储量不宜太多，应根据施工进度有计划的进出。仓库内禁止火种进入并配有灭火设备。

木材、钢筋、水电卫器材等仓库，应与加工棚结合布置，以便就近取材加工。

② 预制构件的布置。预制构件的堆放位置应根据吊装方案，考虑吊装顺序。先吊的放在上面，后吊的放在下面。预制构件应布置在起重机械服务范围之内，堆放数量应根据施工进度、运输能力和条件等因素而定，实行分期分批配套进场，以节省堆放面积。预制构件的进场时间应与吊装就位密切结合，力求直接卸到就位位置，避免二次搬运。

　③ 材料堆场的布置。各种材料堆场的面积应根据其用量的大小、使用时间的长短、供应与运输情况等计算确定。材料堆放应尽量靠近使用地点，减少或避免二次搬运，并考虑运输及卸料方便。如砂、石尽可能布置在搅拌机后台附近，砂、石不同粒径规格应分别堆放。

　基础施工时所用的各种材料可堆放在基础四周，但不宜距基坑边缘太近，材料与基坑边的安全距离一般不小于 0.5 m，并做基坑稳定性验算，防止塌方事故；围墙边堆放砂、石、石灰等散装材料时，应做高度限制，防止挤倒围墙造成意外伤害；楼层堆物，应规定其数量、位置，防止压断楼板造成坠落事故。

　3）运输道路的布置

　运输道路的布置主要解决运输和消防两个问题。现场运输道路应按材料和构件运输的要求，沿着仓库和堆场进行布置。道路应尽可能利用永久性道路，或先建好永久性道路的路基，在土建工程结束之前再铺路面，以节约费用。现场道路布置时要注意保证行驶畅通，使运输工具有回转的可能性。因此，运输路线最好围绕建筑物布置成一条环行道路。道路两侧一般应结合地形设置排水沟，沟深不小于 0.4 m，底宽不小于 0.3 m。道路宽度要符合规定，一般不小于 3.5 m。道路的主要技术标准和最小允许曲线半径如表 4-23 和表 4-24 所示，道路路面种类和厚度如表 4-25 所示。

表 4-23　临时道路主要技术标准

| 指标名称 | 单　位 | 技术标准 |
|---|---|---|
| 设计车速 | km/h | ≤20 |
| 路基宽度 | m | 双车道 6～6.5；单车道 4～4.5；困难地段 3.5 |
| 路面宽度 | m | 双车道 5～5.5；单车道 3～3.5 |
| 平面曲线最小半径 | m | 平原、丘陵地区 20；山区 15；回头弯道 12 |
| 最大纵坡 | % | 平原地区 6；丘陵地区 8；山区 11 |
| 纵坡最短长度 | m | 平原地区 100；山区 50 |
| 桥面宽度 | m | 木桥 4～4.5 |
| 桥涵载重等级 | t | 木桥涵 7.8～10.4（汽 6～8 t） |

表 4-24　最小允许曲线半径

| 车辆类型 | 路面内侧最小曲线半径（m） | | |
|---|---|---|---|
| | 无拖车 | 有一辆拖车 | 有两量拖车 |
| 三轮汽车 | 6 | | |
| 一般二轴载重汽车：单车道 | 9 | 12 | 15 |
| 一般二轴载重汽车：双车道 | 7 | | |
| 三轴载重汽车、重型载重汽车 | 12 | 15 | 18 |
| 超重型载重汽车 | 15 | 18 | 21 |

表4-25 临时道路路面种类和厚度

| 路面种类 | 特点及其使用条件 | 路基土 | 路面厚度（cm） | 材料配合比 |
|---|---|---|---|---|
| 级配砾石路面 | 雨天照常通车，可通行较多车辆，但材料级配要求较严 | 沙质土 | 10～15 | 体积比：<br>黏土：砂：石子＝1：0.7：3.5<br>重量比：<br>1. 面层：黏土13%～15%，沙石料85%～87%<br>2. 底层：黏土10%，沙石混合料90% |
| | | 黏土质或黄土 | 14～18 | |
| 碎（砾）石路面 | 雨天照常通车，碎（砾）石本身含土较多，不加沙 | 沙质土 | 10～18 | 碎（砾）石＞65%，当地土含量≤35% |
| | | 黏质土或黄土 | 15～20 | |
| 碎砖路面 | 可维持雨天通车，通行车辆较少 | 沙质土 | 13～15 | 垫层：沙或炉渣4～5 cm<br>底层：7～10 cm碎砖<br>面层：2～5 cm碎砖 |
| | | 黏质土或黄土 | 15～18 | |
| 炉渣或矿渣路面 | 雨天可通车，通行车少，附近有此材料 | 一般土 | 10～15 | 炉渣或矿渣75%，当地土25% |
| | | 土较松软 | 15～30 | |
| 沙路面 | 雨天停车，通行车少，附近只有沙 | 沙质土 | 15～20 | 粗沙50%，细沙、粉沙和黏质土50% |
| | | 黏质土 | 15～30 | |
| 风化石屑路面 | 雨天停车，通行车少，附近有石料 | 一般土 | 10～15 | 石屑90%，黏土10% |
| 石灰土路面 | 雨天停车，通行车少，附近有石灰 | 一般土 | 10～13 | 石灰10%，当地土90% |

4）行政管理、文化生活、福利用临时设施的布置

这些临时设施一般是工地办公室、宿舍、工人休息室、门卫室、食堂、开水房、浴室、厕所等临时建筑物。确定它们的位置时，应考虑使用方便，不妨碍施工，并符合防火、安全的要求。要尽量利用已有设施和已建工程，必须修建时要进行计算，合理确定面积，努力节约临时设施费用。应尽可能采用活动式结构和就地取材设置。通常，办公室应靠近施工现场，且宜设在工地出入口处；工人休息室应设在工人作业区；宿舍应布置在安全的上风向；门卫及收发室应布置在工地入口处。

行政管理、临时宿舍、生活福利用临时房屋面积参考表4-26所示。

表4-26 行政管理、临时宿舍、生活福利用临时房屋面积参考

| 序号 | 临时房屋名称 | 单 位 | 参考面积（m²） |
|---|---|---|---|
| 1 | 办公室 | m²/人 | 3.5 |
| 2 | 单层宿舍（双层床） | m²/人 | 2.6～2.8 |
| 3 | 食堂兼礼堂 | m²/人 | 0.9 |
| 4 | 医务室 | m²/人 | 0.06（≥30 m²） |
| 5 | 浴室 | m²/人 | 0.10 |
| 6 | 俱乐部 | m²/人 | 0.10 |
| 7 | 门卫、收发室 | m²/人 | 6～8 |

5）水、电管网的布置

（1）施工给水管网的布置。施工给水管网首先要经过设计计算，然后进行布置，包括水

源选择、用水量计算（包括生产用水、生活用水、消防用水）、取水设施、储水设施、配水布置、管径确定等。

施工用的临时给水源一般由建设单位负责申请办理，由专业公司进行施工，施工现场范围内的施工用水由施工单位负责，布置时力求管网总长度最短。管径的大小和水龙头数目的设置需视工程规模大小通过计算确定。管道可埋于地下，也可铺设在地面上，视当地的气候条件和使用期限的长短而定。其布置形式有环形、支形、混合式三种。

给水管网应按防火要求设置消防栓，消防栓应沿道路布置，距离路边不大于2 m，距离建筑物5～25 m，消防栓的间距不应超过120 m，且应设有明显的标志，周围3 m以内不应堆放建筑材料。条件允许时，可利用城市或建设单位的永久消防设施。

高层建筑施工给水系统应设置蓄水池和加压泵，以满足高空用水的要求。

（2）施工排水管网的布置。为便于排除地面水和地下水，要及时修通永久性下水道，并结合现场地形在建筑物四周设置排泄地面水和地下水的沟渠，如排入城市污水系统，还应设置沉淀池。

在山坡地施工时，应设置拦截山水下泄的沟渠和排泄通道，防止冲毁在建工程和各种设施。

（3）用水量的计算。生产用水包括工程施工用水、施工机械用水。生活用水包括施工现场生活用水和生活区生活用水。

① 工程施工用水量：

$$q_1 = K_1 \sum \frac{Q_1 N_1}{T_1 b} \times \frac{K_2}{8 \times 3\,600}$$

式中，$q_1$为工程施工用水量（L/s）；$K_1$为未预见的施工用水系数（1.05～1.15）；$Q_1$为年（季）度工程量（以实物计量单位表示）；$N_1$为施工用水定额，见表4-27；$T_1$为年（季）度有效工作日（天）；$B$为每天工作班次（班）；$K_2$为用水不均衡系数，见表4-28。

表4-27　施工用水（$N_1$）参考定额

| 序号 | 用水对象 | 单位 | 施工用水定额 $N_1$（L） | 备注 |
|---|---|---|---|---|
| 1 | 浇注混凝土全部用水 | m³ | 1 700～2 400 | |
| 2 | 搅拌普通混凝土 | m³ | 250 | 实测数据 |
| 3 | 搅拌轻质混凝土 | m³ | 300～350 | |
| 4 | 搅拌泡沫混凝土 | m³ | 300～400 | |
| 5 | 搅拌热混凝土 | m³ | 300～350 | |
| 6 | 混凝土养护（自然养护） | m³ | 200～400 | |
| 7 | 混凝土养护（蒸汽养护） | m³ | 500～700 | |
| 8 | 冲洗模板 | m³ | 5 | |
| 9 | 搅拌机清洗 | 台班 | 600 | 实测数据 |
| 10 | 人工冲洗石子 | m³ | 1 000 | |
| 11 | 机械冲洗石子 | m³ | 600 | |
| 12 | 洗砂 | m³ | 1 000 | |
| 13 | 砌砖工程全部用水 | m³ | 150～250 | |

续表

| 序号 | 用 水 对 象 | 单位 | 施工用水定额 $N_1$（L） | 备 注 |
|---|---|---|---|---|
| 14 | 砌石工程全部用水 | m³ | 50～80 | |
| 15 | 粉刷工程全部用水 | m³ | 30 | |
| 16 | 砌耐火砖砌体 | m³ | 100～150 | 包括砂浆搅拌 |
| 17 | 洗砖 | 千块 | 200～250 | |
| 18 | 洗硅酸盐砌块 | m³ | 300～350 | |
| 19 | 抹面 | m³ | 4～6 | 不包括调制用找水平层 |
| 20 | 楼地面 | m³ | 190 | |
| 21 | 搅拌砂浆 | m³ | 300 | |
| 22 | 石灰消化 | m³ | 3 000 | |

② 施工机械用水量：

$$q_2 = K_1 \sum Q_2 N_2 \times \frac{K_3}{8 \times 3\,600}$$

式中，$q_2$ 为施工机械用水量（L/s）；$K_1$ 为未预见的施工用水系数（1.05～1.15）；$Q_2$ 为同种机械台数（台）；$N_2$ 为施工机械用水定额，见表 4-29；$K_3$ 为施工机械用水不均衡系数，见表 4-28。

表 4-28  施工用水不均衡系数

| 项目 | 用 水 名 称 | 系 数 |
|---|---|---|
| $K_2$ | 施工工程用水 | 1.5 |
| | 生产企业用水 | 1.25 |
| $K_3$ | 施工机械、运输机械 | 2.00 |
| | 动力设备 | 1.05～1.10 |
| $K_4$ | 施工现场生活用水 | 1.30～1.50 |
| $K_5$ | 居民生活用水 | 2.00～2.50 |

③ 施工现场生活用水量：

$$q_3 = \frac{P_1 N_3 K_4}{b \times 8 \times 3\,600}$$

式中，$q_3$ 为施工现场生活用水量（L/s）；$P_1$ 为施工现场高峰期生活人数（人）；$N_3$ 为施工现场生活用水定额，见表 4-30；$K_4$ 为施工现场生活用水不均衡系数，见表 4-28。$b$ 为每天工作班次（班）。

表 4-29  施工机械（$N_2$）用水参考定额

| 序号 | 用 水 对 象 | 单 位 | 耗水量 $N_2$ | 备 注 |
|---|---|---|---|---|
| 1 | 内燃挖土机 | L/台·m³ | 200～300 | 以斗容量 m³ 计 |
| 2 | 内燃起重机 | L/台班·t | 15～18 | 以起重吨数计 |
| 3 | 蒸汽起重机 | L/台班·t | 300～400 | 以起重吨数计 |
| 4 | 蒸汽打桩机 | L/台班·t | 1 000～1 200 | 以锤重吨数计 |
| 5 | 蒸汽轧路机 | L/台班·t | 100～150 | 以轧路机吨数计 |

| 序号 | 用水对象 | 单位 | 耗水量 $N_2$ | 备注 |
|---|---|---|---|---|
| 6 | 内燃轧路机 | L/台班·t | 12～15 | 以轧路机吨数计 |
| 7 | 拖拉机 | L/昼夜·台 | 200～300 | |
| 8 | 汽车 | L/昼夜·台 | 400～700 | |
| 9 | 标准轨蒸汽机车 | L/昼夜·台 | 10 000～20 000 | |
| 10 | 窄轨蒸汽机车 | L/昼夜·台 | 4 000～7 000 | |
| 11 | 空气压缩机 | L/台班·（m³/min） | 40～80 | 以压缩空气排气量 m³/min 计 |
| 12 | 内燃机动力装置（直流水） | L/台班·马力 | 120～300 | |
| 13 | 内燃机动力装置（循环水） | L/台班·马力 | 25～40 | |
| 14 | 锅炉 | L/h·t | 1 000 | 以小时蒸发量计 |
| 15 | 锅炉 | L/h·m² | 15～30 | 以受热面积计 |
| 16 | 点焊机 25 型 | L/h | 100 | 实测数据 |
| | 点焊机 50 型 | L/h | 150～200 | 实测数据 |
| | 点焊机 75 型 | L/h | 250～350 | |
| 17 | 冷拔机 | L/h | 300 | |
| 18 | 对焊机 | L/h | 300 | |
| 19 | 凿岩机车 01－30（CM－56） | L/min | 3 | |
| | 凿岩机车 01－45（TN－4） | L/min | 5 | |
| | 凿岩机车 01－38（KⅡM－4） | L/min | 8 | |
| | 凿岩机车 YQ－100 | L/min | 8～12 | |

表 4-30　生活用水量 $N_3$（$N_4$）用水参考定额

| 序号 | 用水对象 | 单位 | 耗水量 $N_3$（$N_4$） | 备注 |
|---|---|---|---|---|
| 1 | 工地全部生活用水 | L/人·日 | 100～120 | |
| 2 | 盥洗生活用水 | L/人·日 | 25～30 | |
| 3 | 食堂 | L/人·日 | 15～20 | |
| 4 | 浴室（淋浴） | L/人·次 | 50 | |
| 5 | 洗衣 | L/人·次 | 30～35 | |
| 6 | 理发室 | L/人 | 15 | |
| 7 | 小学校 | L/人·日 | 12～15 | |
| 8 | 幼儿园、托儿所 | L/人·日 | 75～90 | |
| 9 | 医院 | L/病床·日 | 100～150 | |

④ 生活区生活用水量：

$$q_4=\frac{P_2 N_4 K_5}{24\times 3\,600}$$

式中，$q_4$ 为生活区生活用水量（L/s）；$P_2$ 为生活区居民人数（人）；$N_4$ 为生活区昼夜全部用水定额，见表 4-30。$K_5$ 为生活区用水不均衡系数，见表 4-28。

⑤ 消防用水量：

消防用水量（$q_5$），见表 4-31。

表 4-31　消防用水量

| 序号 | 用水名称 | 火灾同时发生次数 | 单位 | 用水量 |
|------|----------|------------------|------|--------|
| 1 | 居民区消防用水：<br>5 000 人以内<br>10 000 人以内<br>25 000 人以内 | 一次<br>二次<br>三次 | L/s<br>L/s<br>L/s | 10<br>10～15<br>15～20 |
| 2 | 施工现场消防用水：<br>施工现场在 25 公顷以内<br>每增加 25 公顷递增 | 一次<br>一次 | L/s<br>L/s | 10～15<br>5 |

注：浙江省以 10 L/s 考虑，即两股水流每股 5 L/s。

⑥ 总用水量 $Q_{理论}$：

当 $(q_1+q_2+q_3+q_4) \leqslant q_5$ 时，则 $Q_{理论}=q_5+(q_1+q_2+q_3+q_4)/2$；

当 $(q_1+q_2+q_3+q_4) > q_5$ 时，则 $Q_{理论}=q_1+q_2+q_3+q_4$。

当工地面积小于 $5 \times 10^4 \text{ m}^2$，并且 $(q_1+q_2+q_3+q_4) < q_5$ 时，则 $Q_{理论}=q_5$。

最后计算的总用水量，还应增加 10%，即 $Q_{实际}=1.1Q_{理论}$，以补偿不可避免的水管渗漏损失。

（4）确定供水直径。在计算出工地的总需水量后，可计算出管径，公式如下：

$$D=\sqrt{\frac{4Q \times 1\,000}{\pi \times v}}$$

式中，$D$ 为配水管内径（mm）；$Q$ 为用水量（L/s）；$v$ 为管网中水的流速（m/s），见表 4-32。

表 4-32　临时水管经济流速表

| 管径 | 流速（m/s） | |
|------|------|------|
| | 正常时间 | 消防时间 |
| 支管 $D<0.10$ m | 2 | |
| 生产消防管道 $D=0.1\sim0.3$ m | 1.3 | >3.0 |
| 生产消防管道 $D>0.3$ m | 1.5～1.7 | 2.5 |
| 生产用水管道 $D>0.3$ m | 1.5～2.5 | 3.0 |

（5）施工供电的布置。施工用电的设计应包括用电量计算、电源选择、电力系统选择和配置。用电量包括动力用电和照明电量。如果是独立的工程施工，要先计算出施工用电总量，并选择相应变压器，然后计算导线截面积并确定供电网形式；如果是扩建工程，可计算出施工用电总量供建设单位解决，不另设变压器。

现场线路应尽量架设在道路的一侧，并尽量保持线路水平。低压线路中，电杆间距应为 25～40 m，分支线及引入线均应由电杆处接出，不得在两杆之间接出。

线路应布置在起重机的回转半径之外，否则应搭设防护栏，其高度要超过线路 2 m。机械运转时还应采取相应措施，以确保安全。现场机械较多时，可采用埋地电缆，以减少互相干扰。

（6）工地总用电的计算。施工现场用电量大体上可分为动力用电量和照明用电量两类。在计算用电量时，应考虑以下几点：

① 全工地使用的电力机械设备、工具和照明的用电功率。

② 施工总进度计划中，施工高峰期同时用电数量。

③ 各种电力机械的利用情况。

总用电量可按下式计算：

$$P = (1.05 \sim 1.10)\left( K_1 \frac{\sum P_1}{\cos\varphi} + K_2 \sum P_2 + K_3 \sum P_3 + K_4 \sum P_4 \right)$$

式中，$P$ 为供电设备总需要容量（kW）；$P_1$ 为电动机额定功率（kW）；$P_2$ 为电焊机额定容量（kW）；$P_3$ 为室内照明容量（kW）；$P_4$ 为室外照明容量（kW）；$\cos\varphi$ 为电动机的平均功率因数（施工现场最高为 0.75～0.78，一般为 0.65～0.75）；$K_1$、$K_2$、$K_3$、$K_4$——需要系数参见施工手册。

单班施工时，最大用电负荷量以动力用电量为准，不考虑照明用电。各种机械设备及室外照明用电可参考有关定额。

由于照明用电量所占的比重较动力用电量要少得多，所以在估算总用电量时可以简化，只要在动力用电量（即上式括号中的第一、二两项）之外再加 10%作为照明用电量即可。

建筑施工是一个复杂多变的生产过程，各种施工机械、材料、构件等是随着工程的进展而逐渐进场的，而且又随着工程的进展而逐渐变动、消耗。因此，在整个施工过程中，它们在工地上的实际布置情况是随时在改变着的。为此，对于大型建筑工程、施工期限较长或施工场地较为狭小的工程，就需要按不同施工阶段分别设计，如基础阶段、主体结构阶段和装饰阶段，以便能把不同施工阶段工地上的合理布置具体地反映出来。在布置各阶段的施工平面图时，对整个施工期间使用的主要道路、水电管线和临时房屋等，不要轻易变动，以节省费用。对较小的建筑物，一般按主要施工阶段的要求来布置施工平面图，同时考虑其他施工阶段如何周转使用施工场地。布置重型工业厂房的施工平面图，还应该考虑到一般土建工程同其他设备安装等专业工程的配合问题，一般以土建施工单位为主会同各专业施工单位共同编制综合施工平面图。在综合施工平面图中，根据各专业工程在各施工阶段的要求将现场平面合理划分，使专业工程各得其所，更方便地组织施工。

### 4.5.6 施工技术组织措施的制定

 扫一扫看常用建筑材料图例

 扫一扫看常用建筑构造图例

任何一个施工项目的施工，都必须严格执行现行的《中华人民共和国建筑法》、《中华人民共和国安全生产法》、《建设工程质量管理条例》、《建设工程安全生产管理条例》、《建筑安装工程施工及验收规范》、《建筑安装工程质量检验评定标准》、《建筑安装工程技术操作规程》、《工程建设标准强制性条文》、《建设工程施工现场管理规定》等法律、法规和部门规章，并根据施工项目的工程特点、施工技术难点和重点、施工现场实际情况，制定相应的技术组织措施，以达到保证和提高施工质量、确保施工安全、降低施工成本、加快施工进度、加强环境保护和实现文明施工的目的。

#### 1. 技术措施

对采用新材料、新结构、新工艺、新技术的施工项目，以及高耸、大跨度、重型构件、深基础等特殊施工项目，施工中应编制相应的技术措施。其内容一般包括：

（1）需表明的平面、剖面示意图以及工程量一览表。

（2）施工方法的特殊要求和工艺流程。

（3）水下混凝土及冬雨期施工措施。

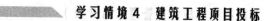
扫一扫看常
用电气设备
文字符号

（4）施工技术、施工质量和安全施工要求。

（5）材料、构件和施工机具的特点、使用方法及需用量。

### 2．保证施工质量措施

保证施工质量措施，可以按照各主要分部分项工程施工质量要求提出，也可以按照工种工程施工质量要求提出，主要从以下几方面考虑：

（1）确保定位、放线、轴线尺寸、标高测量、楼层轴线引测等准确无误的措施。

（2）确保地基承载力符合工程设计规定要求而采取的措施。

（3）确保基础、地下结构及防水工程施工质量的措施。

（4）确保主体结构中关键部位施工质量的措施。

（5）确保屋面、装饰工程施工质量的措施。

（6）对采用新材料、新结构、新工艺、新技术的施工项目，提出确保施工质量的措施。

（7）冬雨季施工的施工质量措施。

（8）保证施工质量的组织措施，如现场管理机构的设置、人员培训、执行施工质量的检查验收制度等。

### 3．保证安全施工措施

加强劳动保护、保证安全生产是党和国家保护劳动人民的一项重要政策，是对生产工人身心健康的关怀和体现。为此，应提出有针对性的保证安全施工的措施，以杜绝施工中安全事故的发生。定出的安全施工措施要认真执行、严格检查、共同遵守。保证安全施工措施，主要从以下几方面考虑：

（1）提出安全施工的宣传、教育、交底、检查的具体措施。

（2）保证土石方边坡稳定措施。

（3）脚手架、吊篮、安全网的设置及各类洞口防止人员坠落措施。

（4）人货电梯、井架及塔吊等起重垂直运输机械的拉结要求和防倒塌措施。

（5）安全用电和机电设备防短路、防触电措施。

（6）对易燃、易爆、有毒作业场所的防火、防爆、防毒措施。

（7）季节性安全措施，如雨期的防洪、防雨，夏季的防暑降温，冬季的防滑、防火等措施。

（8）施工现场周围通行道路及居民保护隔离措施。

（9）防雷击及防机械伤害措施。

扫一扫看
安全施工
案例

（10）防疫及防物体打击措施。

### 4．降低施工成本措施

进行施工成本控制的目的就在于降低施工成本，提高经济效益，主要从以下几方面考虑。

1）确定先进、经济、安全的施工方案

施工方案选择的科学与否，将直接影响施工项目的施工效率、施工质量、施工安全、施工工期、施工成本，因此，必须确定出一个施工上可行、技术上先进、经济上合理、安全上可靠的施工方案，这是降低施工成本、进行施工成本控制的关键和基础。

2）加强技术管理，提高施工质量

加强施工技术管理工作，建立健全技术管理制度，从而提高施工质量，避免因返工而造成的经济损失，提高施工项目经济效益。

3）加强劳动管理，提高劳动生产率，控制人工费支出

在施工项目施工中，施工成本在很大程度上取决于劳动生产率的高低，而劳动生产率的高低又取决于劳动组织、技术装备和劳动者的素质。因此，一方面要学习先进施工项目管理理论和方法，提高技术装备水平和提高劳动者的素质，另一方面要改善劳动组织，加强劳动管理，按照"量价分离"原则对人工费进行控制，并充分调动施工项目经理部每个职工的积极性、主动性、创造性，挖掘潜力，达到降低施工成本的目的。

4）加强材料管理，控制材料费支出

在施工成本中，材料费约占70%，有的甚至更多，材料的控制是施工成本控制的重点，也是施工成本控制的难点。因此，必须加强材料管理，按照"量价分离"原则对材料进行控制。

5）加强机械设备管理，控制机械设备使用费支出

加强机械设备管理，控制机械设备使用费支出，以降低施工成本，主要从三个方面进行考虑：一是提高机械设备的利用率和完好率；二是选择机械设备的获取方式，即购买和租赁，考虑哪种获取方式更经济、对降低施工成本更有利；三是加强机械设备日常管理和维修管理。

6）控制施工现场管理费支出

施工现场管理费在施工成本中占有一定的比例，包括的范围广、项目多、内容繁杂，其控制与核算都难把握，在使用和开支时弹性较大。因此，也是施工项目成本控制的重要方面。

**5．施工进度控制措施**

施工项目进度控制措施主要包括组织措施、技术措施、经济措施、合同措施和信息管理措施等。

1）组织措施

施工项目进度控制的组织措施主要包括：

（1）建立进度控制的组织系统，落实各层次的进度控制人员及其工作责任。

（2）建立施工进度控制各项制度。施工进度控制制度主要有：施工进度计划的审核制度、施工进度报告制度、施工进度控制检查制度、施工进度控制分析制度、施工进度协调会议制度等。

2）技术措施

施工项目进度控制的技术措施主要包括：

（1）采用流水施工方法和网络技术安排施工进度计划，保证施工生产能连续、均衡、有节奏地进行。

（2）缩短作业及技术组织间歇时间，以缩短施工工期。

3）经济措施

施工项目进度控制的经济措施主要包括：

（1）提供资金保证措施。

（2）对工期缩短给予奖励，对拖延工期给予处罚。

（3）及时办理工程进度款支付手续。

（4）对应急赶工给予赶工补偿。

4）合同措施

施工项目进度控制的合同措施主要包括：

（1）加强合同管理，以保证合同进度目标的实现。

（2）严格控制合同变更，对于已经确认的工程变更，及时补进合同文件中。

（3）加强风险管理，在合同中充分考虑各种风险因素及其对施工进度的影响及处理办法等。

5）信息管理措施

施工项目进度控制的信息措施是指不断收集施工实际进度的有关资料进行整理统计与计划进度进行比较，对出现的偏差分析原因和对整个工期的影响程度，采取必要的补救措施或调整、修改原计划后再付诸实施，以加强施工项目进度控制。

**6. 施工现场环境保护措施**

施工现场环境保护是指保护和改善施工现场的环境。施工现场环境保护是施工项目现场管理的重要内容之一，是消除外部干扰保证施工生产正常顺利进行的需要；是现代化大生产的客观要求；是保证人们身体健康和文明施工的需要；也是节约能源，保护人类生存环境，保证可持续发展的需要。搞好施工现场环境保护，主要采取以下措施。

1）建立环境保护工作责任制

施工现场环境保护工作范围广、内容繁杂，必须建立严格的环境保护工作责任制。其中施工项目经理是施工现场环境保护工作的领导者、组织者、指挥者和第一责任人。

2）采取技术措施防止大气污染、水污染、光污染、噪声污染

（1）施工现场防止大气污染的主要措施有：施工现场的建筑垃圾应及时清理出场，清理楼层建筑垃圾时严禁凌空随意抛撒；施工现场地面应做硬化处理，指定专人负责清扫，防止扬尘；对细颗粒散体材料的运输要密封，防止遗洒、飞扬；防止车辆将泥沙带出现场；禁止在施工现场焚烧会产生有毒、有害烟尘和恶臭气体的物质；施工现场使用的茶炉应尽量使用热水器；施工现场尽量使用商品混凝土，拆除旧建筑物时应洒水，防止扬尘。

（2）施工现场水污染的主要防止措施有：禁止将有毒、有害废弃物作为回填土；施工现场废水须经沉淀合格后排放；施工现场存放的油料，必须对库房地面进行防渗处理；施工现场的临时食堂，污水排放时可设置隔油池，定期清理，防止污染；施工现场的厕所、化粪池应采取防渗漏措施；化学品、外加剂等应妥善保管，库内存放，防止污染环境。

（3）施工现场光污染的主要防止措施有：尽量减少施工现场晚间施工照明；对必要的施工现场晚间施工照明应尽量不照向居民。

（4）施工现场噪声污染的主要防止措施有：严格控制人为噪声；从声源降低噪声；严格

施工作业时间，一般晚10点到次日早6点之间停止施工作业。

3）建立环境保护工作检查和监控制度

在施工项目施工过程中，应加强施工现场环境保护工作的检查，督促环境保护工作的有序开展，发现薄弱环节，不断改进工作，还应加强对施工现场的粉尘、噪声、光、废气等的监控工作。

4）对施工现场环境保护进行综合治理

一方面要采取措施防止大气污染、水污染、光污染、噪声污染，另一方面，应协调外部关系，同当地居委会、居民、建设单位、派出所和环保部门、主管部门加强联系。要办理有关手续，做好宣传教育工作，认真对待居民来信来访，立即或限期解决有关问题。

5）严格执行国家的法律、法规

在施工项目施工过程中，施工现场环境保护工作必须严格执行国家的法律、法规。

## 工程案例1　智能型建筑建设工程施工组织设计

下面通过实际工程案例，来学习如何做工程项目的施工组织设计，了解一个工程项目在整个施工过程中的整体计划及各个阶段计划中的人力、物料、机具等安排，以及施工工艺、过程及各配套专业的施工配合等。

### 施工概况

本工程是集现代管理和先进技术装备于一体的智能型建筑，位于省府所在地。东临将军路，西对市府大院，南接科协办公楼，北连中医院。

#### 1．工程设计情况

本工程由主楼和辅房两部分组成，建筑面积13 779 m²，投资约5 000多万元。主楼为九层、十一层、局部十二层。坐北朝南，三层以下有部分商服用房、轿车库和收发门卫用房；主楼地下室是人防、消防设备和辅助设备机房等；北侧广场设有通向地下车库和消防的通道；南侧广场7 m宽的规划道路及主要出入口。室内±0.00，现场地面平均高约0.7 m。

主楼是8度抗震设防的框架剪力墙结构，柱网分7.2 m×5.4 m、7.2 m×5.7 m两种；$\phi$800大孔径钻孔灌注桩基础，混凝土强度等级C30；地下室底板厚600 mm，外围墙厚400 mm，层高有3.5 m和4.05 m；一层层高有4.50 m。标准层层高3.30 m，十一层层高5.00 m；外围框架墙用混凝土小型砌块填充，内框架墙用轻质泰柏板分隔；楼、屋面板除现浇混凝土外，其余均采用预应力薄板上现浇厚度不同的钢筋混凝土的叠合板。辅房采用$\phi$500水泥搅拌桩复合地基，于主楼衔接处，设宽150 mm沉降缝。

设备情况：给排水、消防、电气均按一类高层建筑设计，水源采用了市政周边两路供水，两个消防给水系统，大楼采用顶喷、侧喷和地下室满堂喷方式的自动喷淋系统；双向电源供电，配变电所设在主楼底层；冷暖两用中央空调；接地、防雷利用基础主筋并与大楼接地系统融为一体。

室外管线：水源从东北和西南角，分别从市政给水管和高谊街供水管接入，同雨水管一样绕建筑四周埋设。污水管经化粪池沿北侧东西向铺设。雨水、污水均在东北角引入市政管道网。

### 2．工程特点

（1）本工程选用了大量轻质高强度、性能好的新型材料，装饰上结合时代发展的特点，手法恰到好处，表现了不同的质感和风韵。

（2）由于该工程地处江边，地基处于含水量大、力学性能差的淤泥质黏土层，且下卧持力层较深；基坑的支护处于淤泥质黏土层中，这将使基坑支护的难度和费用增加，加上地下室的占地面积大、范围广，导致施工场地狭窄，难以展开施工。

（3）主要实物量：钻孔灌注桩 2 630 m³，水泥搅拌桩 210 m³，围护设施 300 延米，防水混凝土 1 507 m³，现浇混凝土 3 785 m³，屋面 1 809 m²，叠合板 12 864 m²，门窗 1 478 m²，填充墙 10 369 m²，吊顶 3 067 m²，楼地面 17 370 m²。

### 3．施工条件分析

1）施工工期目标

合同工期 45 天，比国家定额工期（75 天），提前 40.0%。

2）施工质量目标

工程质量合格，确保市级优质工程，争创省级优质工程。

3）施工力量及施工机械配置

本工程属省重点工程，它的外形及内部结构复杂，技术要求高，工期紧。因此如何使人、材、机在时间空间上得到合理安排，以达到保质、保量、安全、如期地完成施工任务，是这个工程施工的难点，为此采取以下措施。

（1）公司成立重点工程领导小组，由分公司经理任组长，每星期开一次生产调度会，及时解决进度、资金、质量、技术、安全等问题。

（2）实行项目法施工，从工区抽调强有力的技术骨干组成项目管理班子和施工班组。

① 项目管理班子主要成员名单见表 4-33。

**表 4-33　项目管理班子主要成员名单**

| 岗　　位 | 姓　　名 | 职　　称 |
|---|---|---|
| 项目经理 | 王志强 | 工程师 |
| 技术负责人 | 李峰 | 高级工程师 |
| 土建施工员 | 张向林 | 工程师 |
| 水电施工员 | 赵钢 | 高级工程师 |
| 质安员 | 徐伟益 | 工程师 |
| 材料员 | 周永志 | 助理工程师 |
| 暖通施工员 | 许忠平 | 工程师 |

② 劳动力配置详见劳动力计划表（略）。

分公司保证基本人员 120 人，各个技术岗位关键班组均派本公司人员负责，其余劳动力缺口，从湖北和四川调集，劳务合同已经签订。

③ 做好施工准备以便早日开工。

## 施工方案

### 1. 总体安排

本工程是一项综合性强、功能多，建筑装饰和设备安装要求较高，按一类建筑设计的项目。因此承担此项任务时，我们调配了一批年富力强、经验丰富的施工管理人员组成现场管理班子，周密计划、科学安排、严格管理、精心组织施工，安排好各专业工种的配合和交叉流水作业；同时组织一大批操作技能熟练、素质高的专业技术工人，发扬求实、创新、团结、拼搏的企业精神；公司优先调配施工机械器具，积极引进新技术、新装备和新工艺，以满足施工需要。

### 2. 施工顺序

本工程施工场地狭窄，地基上还残留着老基础及其他障碍物，因此应及时清除，并插入基坑支护及塔吊基础处理的加固措施，积极拓宽工作面，以减少窝工和返工损失，从而加快工程进度缩短工期。

1）施工阶段的划分

工程分为基础、主体、装修、设备安装和调试工程四个阶段。

2）施工段的划分

基础、主体主楼工程分两段施工，辅房单列不分段。

工程主要项目包括钻孔灌注桩、土方开挖、地下室防水混凝土、结构混凝土、主体施工阶段施工测量、珍珠岩隔热保温层和 SBS 层面、装修。

3）钻孔灌注桩的施工

本工程地下水位高，在地表以下 0.15～1.19 m 之间，大都在 0.60 m 左右。地表以下除 2 m 左右的填土和 1～2 m 的粉质黏土外，以下均为淤泥质土壤，天然含水量大，持力层设在风化的凝灰岩上。选用 GZQ—800GC 潜水电钻成孔机，泥浆护壁，其顺序从左至右进行。

（1）工艺流程。定桩位→埋设护筒→钻机就位→钻头对准桩心地面→空转→钻入土中泥浆护壁成孔→清孔→钢筋笼→下导管→二次清孔→灌注水下混凝土→水中养护成桩。

现场机械搅拌混凝土，骨料最大粒径 4 cm，强度等级 C25，掺用减水剂，坍落度控制在 180 mm 左右，钢筋笼用液压式吊机从组装台分段吊运至桩位，先将下段挂在孔内，吊高第二段进行焊接、逐段焊接逐段放下，混凝土用机动翻斗车或吊机吊运至灌注桩位，以加快施工速度。浇筑高度控制在－3.4 m 左右，保证凿除浮浆后，满足桩顶标高和质量要求，同时减少凿桩量和混凝土耗用。

（2）主要技术措施。

① 笼式钻头进入凝灰岩持力层深度不小于 500 mm，对于淤泥质土层最大钻进速度不超过 1 m/min。

② 严格控制桩孔、钢筋笼的垂直度和混凝土浇筑高度。

③ 混凝土连续浇灌，严禁导管底端提出混凝土面。浇注完毕后封闭桩孔。

④ 成孔过程中泥浆相对密度保持在 1.15 左右。

⑤ 当发现缩颈、坍孔或钻孔倾斜时，采用相应的有效纠偏措施。

⑥ 按规定或按建设、设计单位意见进行静载和动测试验。

4）土方开挖

（1）基坑支护。基坑支护采用水泥搅拌桩，深 7.5 m，两桩搭接 10 cm，沿基坑外围封闭布置。

（2）挖土方法。地下室土方开挖，采用 W1—100 型反铲挖土机与人工整修相结合的方法进行。根据弃土场的距离，组织相应数量的自卸式汽车外运。

（3）排水措施。基底集水坑，挖至开挖标高以下 1.2 m，四周用水泥砂浆、砖砌筑，潜水泵排水，用橡胶水管引入市政雨水井内，疏通四周地面水沟，排水入雨水井内，避免地表水顺着围护流入基坑。

（4）其他事项。机械挖土容易损坏桩体和外露钢筋，开挖时事先做好桩位标志，采用小斗开挖，并留 40 cm 的土，用人工整修至开挖深度。汽车在松土上行驶时，应事先铺 30 cm 以上塘渣。

5）地下室防水混凝土施工

（1）地基土壤。地下室筏式板基下卧在淤泥质黏土层上，天然含水量为 23.7%，承载力 140 kPa，地下水位高。

（2）设计概况。筏式板基分为两大块，一块车库部分，面积 1 234 m²，另一块 1 358 m²，为水池、泵房、进风、排烟机房，板厚 600 mm。两块之间设沉降缝彼此隔开。地下室外墙厚 350～400 mm，内墙 300～350 mm，兼有承重、围护抵御土主动压力和防渗的功能。

（3）防水混凝土的施工。

① 施工顺序及施工缝位置的确定。

按平面布置特点分为两个施工段，每一施工段的筏式板基连续施工，不留施工缝，在板与外墙交界线以上 200 mm 高度，设置水平施工缝，采用钢板止水带、S6 抗渗混凝土并掺 UEA 浇捣。

② 采用商品混凝土，提高混凝土密实度。

◆ 增加混凝土的密实度，是提高混凝土抗渗的关键所在，除采取必需的技术措施以外，施工前还应对振捣工进行技术交底，提高质量意识。

◆ 保证防水混凝土组成材料的质量：水泥——使用质量稳定的生产厂商提供的水泥；石子——采用粒径小于 40 mm，强度高且具有连续级配，含泥量少于 1% 的石子；砂——采用中粗砂。

◆ 掺入水泥用量 5%～7% 的粉煤灰，0.15%～0.3% 的减水剂，5% 的 UEA。

◆ 根据施工需要，采用的特殊防水措施：预埋套管支撑；止水环对拉螺栓；钢板止水带；预埋件防水装置；适宜的沉降缝。

6）结构混凝土施工

（1）模板。本工程主楼现浇混凝土主要有地下室、水池防水混凝土、现浇混凝土框架、

电梯井剪力墙及部分楼地面，工程量大、工期紧、模板周转快，拟定选用早拆型钢木竹结构体系模板为主、组合钢模和木模板为辅的模板体系。

（2）细部结构模板。为了提高细部工程（梁板之间、梁柱之间、梁墙之间）的质量，达到顺直、方正、平滑连接的要求。在以上部位，采用附加特殊加工的铁皮，同时改进预埋件的预埋工艺。

（3）抗震拉筋。本工程为8度一级抗震设防，根据抗震设计规范，选用拉筋预埋件专用模板。

（4）垂直运输。垂直运输选用 QTZ40C 自升式塔吊，塔身截面 1.4 m×1.4 m，底座 3.8 m×3.8 m，节距2.5 m，附着式架设于电梯井北侧，最大起升高度120 m，最大起重量4 t，最大幅度42 m，最大幅度时起重量0.965 t，本工程在8 m、17 m、24 m、31 m标高处附着在主楼结构部位。

同时搭设 SCD120 施工升降机一台、八立柱扣件式钢管井架两台于主楼南侧，作为小型工具、材料的垂直运输，其位置见施工现场布置平面图。

（5）钢筋。

① 材料——选用正规厂家生产的钢材。钢材进场时有出厂合格证或试验报告单，检验其外观质量和标牌，进场后根据检验标准进行复试，合格后加工成型。

② 加工方法——采用机械调直切断，机械和人工弯曲成型相结合。

③ 钢筋接头——采用 UN100、100kVA 对焊机、电渣压力焊、局部采用交流电弧焊。

（6）施工缝及沉降缝。

① 地下室筏式底板——施工缝设在距底板上表面200 mm 高度处。每个施工段内的底板及板上200 mm 高度以内的围护墙和内隔墙（约700 m³），均一次性纵向推进，连续分层浇筑。

② 地下围护墙——一次浇筑高度为 3.0～3.30 m，外墙实物量约 1 321 m³，内墙实物量24～30 m³，分4个作业面分层连续浇筑。水池壁一次成型。

③ 框架柱——在楼面和梁底设水平施工缝。为保证柱的正确位置，减少偏移，在各柱的楼板面标高处，用预埋钢筋方法，固定柱子模板。

④ 现浇楼板——叠合板的现浇部分混凝土，单向平行推进。

⑤ 剪力墙——水平施工缝按结构层留置，一般不设垂直施工缝，遇特殊情况，在门窗洞口的1/3处，或纵横墙交接处设垂直施工缝。

⑥ 施工缝的处理——在施工缝处继续浇筑混凝土时，已浇筑的混凝土抗压强度不应小于 1.2 N/mm²，同时需经以下方法处理：

◆ 清除垃圾、表面松动砂石和软弱混凝土，并加以凿毛，用压力水冲洗干净并充分湿润，清除表面积水。

◆ 在浇筑前，水平施工缝先铺上 15～20 mm 厚的水泥砂浆，其配合比与混凝土内的砂浆成分相同。

◆ 受动力作用的设备基础和防水混凝土结构的施工缝应采取相适应的附加措施。

（7）混凝土浇筑、拆模、养护。

① 浇筑——浇筑前应清除杂物、游离水。防水混凝土倾落高度不超过 1.5 m，普通混凝土倾落高度不超过 2 m。分层浇筑厚度控制在 300～400 mm 之间，后层混凝土应在前层

混凝土浇筑后 2 h 以内进行。根据结构截面尺寸、钢筋密集程度，分别采用不同直径的插入式振动棒，平板式、附着式振动机械，地下室、楼面混凝土采用混凝土抹光机（HM—69）HZJ—40 真空吸水技术，降低水灰比，增加密实度，提高早期强度。

② 拆模——防水混凝土模板的拆除应在防水混凝土强度超过设计强度等级的 70% 以后进行。混凝土表面与环境温差不超过 15 ℃，以防止混凝土表面产生裂缝。

③ 养护——根据季节环境和混凝土特性，采用薄膜覆盖、草包覆盖、浇水养护等多种方法。养护时间：防水混凝土在混凝土浇筑后 4～6 h 进行正常养护，持续时间不小于 14 天，普通混凝土养护时间不小于 7 天。

（8）小型砌块填充墙。本工程砌体分细石混凝土小型砌块外墙与泰柏板内墙（由厂家安装）两种。

细石混凝土小型砌块，砌体施工按《砌块工程施工规程》进行，其工艺流程如图 4-13 所示。

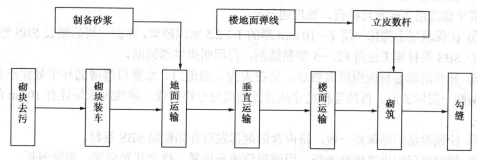

图 4-13　工艺流程

施工要点：

① 砌块排列——必须根据砌块尺寸和垂直灰缝宽度、水平灰缝厚度，计算砌块砌筑皮数和排数，框架梁下和错缝不足一个砌块时，应用砖块或实心辅助砌块楔紧。

② 上下皮砌块，应孔对孔、肋对肋，错缝搭砌。

③ 对设计规定或施工所需要的孔洞口、管道、沟槽和预埋件或脚手眼等应在砌筑时预留、预埋或将砌块孔洞朝内侧砌。不得在砌筑好后的砌体上打洞、凿槽。

④ 砌块一般不需浇水，砌体顶部要覆盖防雨，每天砌筑高度不超过 1.8 m。

⑤ 框架柱的 2$\phi$6 拉筋，应埋入砌体内不小于 60 cm。

⑥ 砌筑时应底面朝上砌筑，灰缝宽（厚）度 8～12 mm，水平灰缝的砂浆饱满度不小于 90%，垂直灰缝的砂浆饱满度不小于 60%。

⑦ 砂浆稠度控制在 50～70 mm 之间，加入减水剂，在 4 h 以内使用完毕。

⑧ 其他措施。砌块到场后应按有关规定做质量、外观检验，并附有 28 d 强度试验报告，并按规定抽样。

7）主体施工阶段施工测量

使用 S3 水准仪进行高程传递，实行闭合测设路线进行水准测量，埋设施工用水准基点，供工程沉降观测，楼房高程传递，使用进口的 GTS—301 全站电子速测仪进行主轴线检测。

（1）水准基点，主轴线控制的埋设。水准基点，在建筑物的四角埋设四点；沉降观测点埋设于有特性意义的框架柱±0.00～0.200 mm 处；平面控制点拟定在 1、15 轴和 A、J 轴的南侧、西侧延长线上布设，形成测量控制网。沉降点构造按规范设置。

（2）楼层高程传递。楼层施工用高程控制点分别设于三道楼梯平台上，上下楼层的六个水准控制点，测设时采用闭合双路线。

8）珍珠岩隔热保温层、SBS 屋面施工

（1）珍珠岩保温层，待屋面承重层具备施工强度后，按水泥：膨胀珍珠岩 1∶2 左右的比例加适当的水配制而成，稠度以外观松散、手捏成团不散、只能挤出少量水泥浆为宜，本工程以人工抹灰法进行。

（2）施工要点。

① 基层表面事先应洒水湿润。

② 保温层平面铺设，分仓进行，铺设厚度为设计厚度的 1.3 倍，刮平后轻度拍实、抹平，其平整度用 2 m 直尺检查，预埋通气孔。

③ 在保温层上先抹一层 7～10 mm 厚的 1∶2.5 水泥砂浆，养护一周后铺设 SBS 卷材。

④ SBS 卷材施工选用 FL—5 型黏结剂，再用明火烘烤铺贴。

⑤ 开卷清除卷材表面隔离物后，先在天沟、烟道口、水落口等薄弱环节处涂刷黏结剂，铺贴一层附加层。再按卷材尺寸从底处向高处分块弹线，弹线时应保证有 10 cm 的重叠尺寸。

⑥ 涂刷黏结剂厚薄要一致，待内含溶剂挥发后开始铺贴 SBS 卷材。

⑦ 铺贴采用明火烘烤推滚法，用圆辊筒滚平压紧，排除其间空气，消除皱折。

9）装修施工

当楼面采用叠合式现浇板时，内装修可视天气情况与主体结构交替插入，以便提前竣工。当提前插入装修时，施工层以上必须达到防水要求和足够的强度。

（1）施工顺序，总体上应遵循先屋面，后楼层，自上而下的原则。

① 按使用功能——自然间→走道→楼梯间。

② 按自然间——顶棚→墙面→楼地面。

③ 按装修分类——一级抹灰→装饰抹灰→油漆、涂料、裱糊、玻璃→专业装修。

④ 按操作工艺——在基层符合要求后，阴阳角找方→设置标筋→分层赶平→面层→修整→表面压光。要求表面光滑、洁净、色泽均匀，线角平直、清晰，美观无抹纹。

（2）施工准备及基层处理要求。

① 除了对机具、材料做出进出场计划外，还要根据设计和现场特点，编制具体的分项工程施工方案，制定具体的操作工艺和施工方法，进行技术交底，搞好样板房的施工。

② 对结构工程以及配合工种进行检查，对门窗洞口尺寸、标高、位置、顶棚、墙面、预埋件、现浇构件的平整度着重检查核对，及时做好相应的弥补或整修。

③ 检查水管、电线、配电设施是否安装齐全，对水暖管道做好压力试验。

④ 对已安装的门窗框，采取成品保护措施。

⑤ 砌体和混凝土表面凹凸大的部位应凿平或用 1∶3 水泥砂浆补齐；太光的要凿毛或用界面剂涂刷；表面有砂浆、油渍污垢等应清除干净（油、污严重时，用 10%碱水洗

刷），并浇水湿润。

⑥ 门窗框与立墙接触处用水泥砂浆或混合砂浆（加少量麻刀）嵌填密实，外墙部位打发泡剂。

⑦ 水、暖、通风管道口通过的墙孔和楼板洞，必须用混凝土或 1∶3 水泥砂浆堵严。

⑧ 不同基层材料（如砌块与混凝土）交接处应铺金属网，搭接宽度不得小于 10 cm。

⑨ 预制板顶棚抹灰前用 1∶0.3∶3 水泥石灰砂浆将板缝勾实。

## 施工进度

### 1. 施工进度计划

根据各阶段进度绘制施工进度计划，见图 4-14。

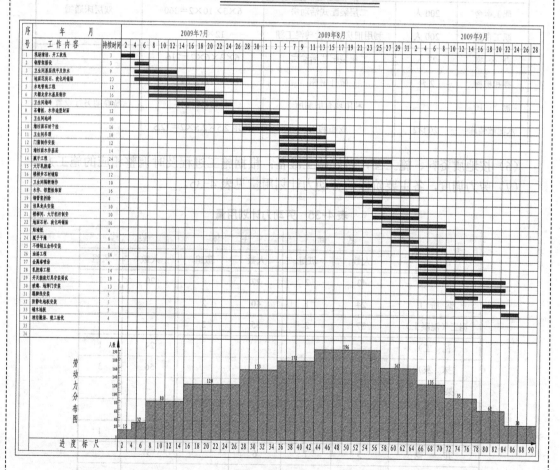

图 4-14　工程施工进度计划

### 2. 施工准备

（1）调查研究有关的工程、水文地质资料和地下障碍物，清除地下障碍物。

（2）定位放样，设置必要的测量标志，建立测量控制网。

（3）钻孔灌注桩施工的同时，插入基坑支护、塔吊基础加固，做好施工现场道路及明沟排水工作。

（4）根据建设单位已经接通的水、电源，按桩基、地下室和主体结构阶段的施工要求延伸水、电管线。

（5）临时设施，见表4-34。主体施工阶段的施工高峰期，可暂缓拆除的旧房作临设外，还可利用建好的地下室作职工临时宿舍。

表4-34 临时设施一览表

| 名　　称 | 算　　量 | 形　　式 | 面积 m² | 备　　注 |
|---|---|---|---|---|
| 钢筋加工棚 | 40人 | 敞开式竹（钢）结构 | 24×5＝120 | 3m²/人在旧房加宽 |
| 木工加工棚 | 60人 | 敞开式竹（钢）结构 | 24×5＝120 | 2m²/人 |
| 职工宿舍 | 200人 | 二层装配式活动房 | 6×3×10×2＝360 | 双层床通铺 |
| 职工食堂 | 200人 | 利用旧房屋加设砖混工棚 | 12×5＝60 | |
| 办公室 | 23人 | 二层装配式活动房 | 6×3×6×2＝216 | |
| 拌和机棚 | 2台 | 敞开钢棚 | 12×7＝84 | |
| 厕所 | | 利用现有旧厕所 | 4×5×2＝40 | 高峰期另行设置 |
| 水泥散装库 | 20 t×2 | 成品购入 | 用地 2.5×2.5×2＝12.5 | |

（6）按地质资料、施工图，做好施工准备；根据施工进程及时调整相应的施工方案。

（7）劳力调度，各主要阶段的劳动力计划用量见表4-35。

表4-35 劳动力计划用量

| 专业工种 | 基　础 | | 主　体 | | 装　修 | |
|---|---|---|---|---|---|---|
| | 人数 | 班组 | 人数 | 班组 | 人数 | 班组 |
| 木　工 | 43 | 2 | 77 | 4 | 20 | 1 |
| 钢筋工 | 24 | 1 | 40 | 2 | | |
| 泥工（混凝土） | 37 | 2 | 55 | 2 | | |
| （瓦　工） | | | | | 24 | 1 |
| （抹　灰） | | | | | 56 | 3 |
| 架子工 | 4 | 1 | 12 | 1 | | |
| 土建电工 | 2 | 1 | 4 | 1 | 2 | 1 |
| 油漆工 | | | | | 18 | 1 |
| 其　他 | 3 | 1 | 6 | 1 | 3 | |
| 小　计 | 113 | | 194 | | 123 | |

注：表中砌体工程列入装修。

（8）主要施工机具见表4-36。

表4-36　主要施工机具一览表

| 序号 | 机具名称 | 规格型号 | 单位 | 数量 | 备注 |
|---|---|---|---|---|---|
| 1 | 潜水钻孔打桩机 | 电动式 30×2 kW | 台 | 1 | 备ϕ800、100、1 100钻头 |
| 2 | 泥浆泵（灰浆泵） | 直接作用式 HB6—3 | 台 | 1 | |
| 3 | 污水泵 | | 台 | 1 | 备用 |
| 4 | 砂石泵 | 与钻机配套 | 台 | 1 | 泵举反循环排渣时 |
| 5 | 单斗挖掘机 | W1—60、W2—100 | 台 | 1 | 地下室掘土 |
| 6 | 自卸汽车 | QD351或352 | 辆 | 另行组合 | 根据弃土运距实际组合 |
| 7 | 水泥搅拌机 | JZC350 | 台 | 2 | |
| 8 | 履带吊或汽车吊 | W1—50型或QL3—16 | 台 | 2 | 吊钢筋笼 |
| 9 | 附着式塔吊 | QTZ40C | 台 | 1 | |
| 10 | 钢筋对焊机 | UN100（100KVA） | 台 | 1 | |
| 11 | 钢筋调直机 | GT4—1A | 台 | 1 | |
| 12 | 钢筋切割机 | GQ40 | 台 | 1 | |
| 13 | 单头水泥搅拌桩机 | | 台 | 2 | 用于围护桩 |
| 14 | 钢筋弯曲机 | GW32 | 台 | 1 | |
| 15 | 剪板机 | Q1—2 020×2 000 | 台 | 1 | |
| 16 | 交流电焊机 | BS1—330 21KVA | 台 | 1 | |
| 17 | 交流电焊机 | 轻型 | 台 | 2 | |
| 18 | 插入式振动机 | V—30、V—38、V—48、V—60 | 台 | 7 | 其中V—48四台 |
| 19 | 平板式振动机 | | 台 | 2 | |
| 20 | 真空吸水机 | ZF15 | 台 | 1 | |
| 21 | 混凝土抹光机 | HZJ—40 | 台 | 1 | |
| 22 | 潜水泵 | 扬20 m³/h | 台 | 3 | 备用1台 |
| 23 | 蛙式打夯机 | HW60 | 台 | 2 | |
| 24 | 压刨 | MB403　B300 mm | 台 | 1 | |
| 25 | 木工平刨 | M506　B600 mm | 台 | 2 | |
| 26 | 圆盘锯 | MJ225 ϕ500.ϕ300 | 台 | 2 | |
| 27 | 多用木工车床 | | 台 | 1 | |
| 28 | 弯管机 | W27—60 | 台 | 1 | |
| 29 | 手提式冲击钻 | BCSZ、SB4502 | 台 | 5 | |
| 30 | 钢管 | ϕ48 | 吨 | 110 | 挑脚手50t，安全网10 t，支撑100 t |
| 31 | 井架（含卷扬机） | 3.5×27.5 kW | 台 | 1 | |
| 32 | 人力车 | 100 kg | 辆 | 20 | |
| 33 | 安全网 | 10 cm×10 cm目，宽3 m | m² | 2 000 | |
| 34 | 钢木竹楼板模板体系 | 早拆型 | m² | 2 400 | |
| 35 | 安全围护 | 宽幅编织布 | m | 2 000 | |
| 36 | 竹脚手片 | 800×1 200 | 片 | 2 500 | |
| 37 | 电渣压力焊 | 14 kW | 台 | 1 | |
| 38 | 灰浆搅拌机 | UJZ，2 003 m²/h | 台 | 2 | |
| 39 | 混凝土搅拌机 | 350 L | 台 | 1 | |

（9）材料供应计划见表4-37。

表4-37　材料供应计划表

| 材 料 名 称 | 数量（吨） | 其中：桩基工程 | 基础、地下室、主体及装修 |
|---|---|---|---|
| 42·5硅酸盐水泥 | 6 100 | 710 | 5 390 |
| 钢筋 | 1 006 | 78 | 928 |
| 其中：$\phi6$ | 105 | 20 | 85 |
| $\phi8$ | 33 | 15 | 18 |
| $\phi10$ | 123 | | 123 |
| $\phi12$ | 84 | | 84 |
| $\phi14$ | 22 | 15.8 | 6.2 |
| $\phi16$ | 225 | | 225 |
| $\phi18$ | 129 | 13.1 | 115.9 |
| $\phi20$ | 132 | 29 | 103 |
| $\phi22$ | 98 | | 98 |
| $\phi24$ | 55 | | 55 |

注：① 表列二材不包括支护及其他施工技术措施耗用量。
　　② 桩基工程二材，水泥在开工前一个月提供样品20 t，开工前5天陆续进场，钢筋在开工前10天进场。
　　③ 基础地下室工程二材，水泥开工后第40天陆续进场，钢筋在开工后陆续进场。
　　④ 主体、装修工程二材，开工后按提前编制的供应计划组织进场。

## 施工平面布置图

### 1．施工用电

施工机械及照明用电的测算，建设单位应向施工单位提供315 kVA的配电变压器，用电量规格为380/220 V，导线布置见施工平面布置图4-15。

### 2．施工用水

根据用水量的计算，施工用水和生活用水之和小于消防用水（10 L/s），由于占地面积小于5公顷，供水管流速$v$为1.5 m/s。

故总管管径：$D=\sqrt{\dfrac{4\,000Q}{\pi v}}=\sqrt{\dfrac{4\,000\times1.1\times10}{\pi\times1.5}}=97$（mm）。

选取100 mm的铸铁管，分管采用1英寸管，管线布置见施工平面布置图4-15。

### 3．临时设施

有关班组提前进入现场严格按平面布置要求搭设临时设施。

### 4．施工平面布置

因所需材料量大、品种多，所需劳动力数量大、技术力量要求高，为此需有相应的临时堆场及临时设施，由于施工场地比较小，这就要求整个施工平面布置紧凑、合理，做到互不干扰，力求节约用地、方便施工，且分施工阶段布置平面。办公室、工人临时生活用房采用双层活动房，待地下室及一层建好后逐步移入室内（改变平面布置以腾出裙房施工用地），从而也增加回转场地。具体的施工平面布置如图 4-15 所示。

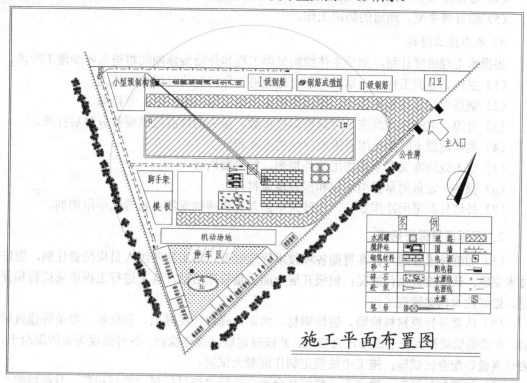

图 4-15　工程施工现场平面布置图

### 5．交通运输情况

本工程位于将军路，属市内主要交通要道，经常发生交通堵塞，故白天尽可能运输一些小型构件，一些长、大、重的构件宜放在晚上运输，并与交警联系派一警员维持进场入口处的交通秩序。特别是在打桩阶段，废泥浆的外运必须在晚上进行，泥浆车密封性一定要好，以防止泥浆外漏污染路面，如有污染应做好道路的冲洗工作，确保全国卫生城市和环保模范城市的形象。场内运输采用永久性道路。

## 工程技术、质量、安全、文明施工和降低成本措施

### 1．雨季冬季施工措施

工程所在地年降水总量达 1 223.9 mm，日最大暴雨量达 189.3 mm，时最大暴雨量达 59.2 mm，冬季平均温度≤＋5 ℃，延续时间达 55 天。为此设气象预报人员一名，与气象台站建立正常联系，做好季节性施工的参谋。

1）雨季施工措施

（1）施工现场按规划做好排水管沟工程，及时排除地面雨水。

（2）地下室土方开挖时按规划做好地下集水设施，配备排水机械和管道，引水入市政排水井，保证地下室土方开挖和地下室防水混凝土正常施工。

（3）备置一定数量的覆盖物品，防止尚未终凝的混凝土被雨水冲淋。

（4）做好塔吊、井架、电动机等的接地接零及防雷工作。

（5）做好脚手架、通道的防滑工作。

2）冬季施工措施

根据本工程进度计划，部分主体结构屋面工程和外墙装修期间将进入冬季施工阶段。

（1）主体、屋面工程——掌握气象变化趋势抓住有利的时机进行施工。

（2）钢筋焊接应在室内进行，焊后的接头严禁立即与水、冰、雪接触。

（3）对焊、电渣压力焊应及时调整焊接参数，接头的焊渣应延缓数分钟后打渣。

（4）搅拌混凝土时禁止用有雪或冰块的水拌和。

（5）掺入既防冻又有早强作用的外加剂，如硝酸钙等。

（6）预备一定量的早强型水泥和保温覆盖材料。

（7）外墙抹灰采用冷作业法，在砂浆中掺入亚硝酸钠或漂白粉等化学附加剂。

## 2. 工程质量保证措施

（1）加强技术管理，认真贯彻各项技术管理制度；落实好各级人员岗位责任制，做好技术交底，认真检查执行情况；积极开展全面质量管理活动，认真进行工程质量检验和评定，做好技术档案管理工作。

（2）认真进行原材料检验。进场钢材、水泥、砌块、混凝土、预制板、焊条等建筑材料，必须提供质量保证书或出厂合格证，并按规定做好抽样检验；各种强度等级的混凝土，要认真做好配合比试验；施工中按规定制作混凝土试块。

（3）加强材料管理。建立工、料消耗台账，实行"当日领料、当日记载、月底结账"制度；对高级装饰材料，实行"专人检验、专人保管、限额领料、按时结算"制度；未经检验，不得用于工程。

（4）对外加工材料、外分包工程，认真贯彻质量检验制度，进行质量监督，发现问题及时整改，实行质量奖罚措施。

（5）严格控制主楼的标高和垂直度，控制各分部分项工程的操作工艺，结束后必须经班组长和质量检验人员验收达到预定质量目标签字后，方可进行下道工序施工，并计算工作量，实行分部分项工程质量等级与经济分配挂钩制度。

（6）加强工种间配合与衔接。在土建工程施工时，水、卫、电、暖等工程应与其密切配合，设专人检查预留孔、预埋件等位置尺寸，逐层跟上，不得遗漏。

（7）高级装修面料或进口材料应按施工进度提前两个月进场，以便分类挑选和材质检验。

（8）采用混凝土真空吸水设备、混凝土楼面抹光机、新型模板支撑体系及预埋管道预留孔堵灌新技术、新工艺。

## 3. 保证安全施工措施

严格执行各项安全管理制度和安全操作规程，并采取以下措施。

（1）沿将军路的附房，距规划红线外 7 m 处（不占人行道）设置 2.5 m 高的通长封闭式围护隔离带，通道口设置红色信号灯、警告电铃，由专人看守。

（2）在三层悬挑脚手架上，满铺脚手片，用铅丝与小横杆扎牢，外扎 80 cm×100 cm

竹脚手片，设钢管扶手、钢管踢脚杆，并用塑料编织布封闭。附房部分，设双排钢管脚手架，与主楼悬挑架同样围护，主楼在三层楼面标高处，支撑挑出 3 m 的安全网。井字架四周用安全网全封闭围护。

（3）固定的塔吊、金属井字架等设置避雷装置，其接地电阻不大于 4 Ω，所有机电设备，均应实行专人专机负责。

（4）严禁由高处向下抛扔垃圾、料具物品；各层电梯口、楼梯口、通道口、预留洞口设置安全护栏。

（5）加强防火、防盗工作，指定专人巡监。每层要设防火装置，每逢三、六、九层设一临时消防栓。在施工期间严禁非施工人员进入工地，外单位来人要专人陪同。

（6）外装饰用的施工吊篮，每次使用前检查安全装置的可靠性。

（7）塔式起重机基座、升降机基础井字架地基必须坚实，雨季要做好排水导流工作，防止塔、架倾斜事故，悬挑的脚手架作业前必须仔细检查其牢固程度，限制施工荷载。

（8）由专人负责与气象台站联系，及时了解天气变化情况，以便采取相应技术措施，防止发生事故。

（9）以班组为单位，作业前举行安全例会，工地召开由班组长参加的安全例会，分项工程施工时由安全员向班组长进行安全技术书面交底，提高职工的安全意识和自我防护能力。

**4．现场文明施工措施**

（1）以后勤组为主，组成施工现场平面布置管理小组。加强材料、半成品、机械堆放、管线布置、排水沟、场内运输通道和环境卫生等工作的协调与控制，发现问题及时处理。

（2）以政工组为主，制定切实可行、行之有效的门卫制度和职工道德准则，对违纪违法和败坏企业形象的行为进行教育，并做出相应的处罚。

（3）在基础工程施工时，结合工程排污设施，插入地面化粪池工程，主楼进入三层时，隔二层设置临时厕所，用 $\phi$150 铸铁管引入地面化粪池，接市政排污井。

（4）合理安排作业时间，限制晚间施工时间，避免因施工机械产生的噪声影响四周市民的休息，必要时采取一定的消声措施。白天工作时环境噪声控制在 55 dB 以下。

（5）沿街围护隔离带（砖墙）用白灰粉刷，改变建筑工地外表面貌。

**5．降低工程成本措施**

（1）对分部分项工程进行技术交底，规定操作工序，执行质量管理制度，减少返工以降低工程成本。

（2）加强施工期间定额管理，实行限额领料制度，减少材料损耗。在定额损耗限额内，实行少耗有奖、多耗要罚的措施。

（3）采用框架柱预埋拉筋、预留管道堵孔新技术，采用早拆型钢木竹结构模板体系，采用悬挑钢管扣件脚手技术，提高周转材料的周转次数，节约施工投入。

（4）在混凝土中应加入外加剂，以节约水泥，降低成本。

（5）钢筋水平接头采用对焊，竖向接头采用电渣压力焊。

（6）利用原有旧房作部分临时宿舍，采用双层床架以减少临时占用，从而减少临时设施费用。

## 知识梳理与总结

本情境主要介绍了建设项目投标、投标的决策、投标文件的编制、施工组织设计的编制等的基本理论和具体操作方法。通过本情境的学习，读者应掌握投标文件的编制、商务标与技术标编制的基本技能。

（1）了解建设项目投标、投标的决策、施工组织设计，商务标、技术标的编制。

（2）掌握项目投标、决策，商务标、技术标的编制基本理论和方法。

（3）关于投标报价的编制。

（4）辨识企业营业执照、资质证书、岗位证书、认证证书、财务报表、业绩证明的有效性。

（5）熟练应用计算机软件（AutoCAD、Office、Photoshop、神机妙算等）和办公设备（计算机、打印机、复印件、扫描仪等）。

## 思考题3

1. 工程项目投标报价的费用由哪几部分组成？

2.《建设工程工程量清单计价规范》附录中规定的四统一包括哪些内容？

3.《建设工程工程量清单计价规范》中规定的清单项目工程量的计算原则是什么？（注意与预算定额规定的工程量计算规则加以区别）

4. 实行工程量清单计价招标投标的建设工程，投标文件中的"综合单价"包括哪些费用内容？

5. 投标报价决策阶段，"预期利润"与"直接利润"之间的关系如何？

6. 综合单价法编制投标报价的步骤是什么？

7. 施工前的准备工作主要有哪些？

8. 什么是施工组织设计？

9. 施工组织设计包括哪些内容？

10. 工程概况和施工特点分析包括哪些内容？

11. 如何确定多层砌体结构民用房屋各阶段的施工顺序？

12. 选择施工方法和施工机械的基本要求有哪些？

13. 影响施工进度的主要因素有哪些？

14. 施工进度计划常用的表达形式有哪两种？

15. 施工进度计划的编制依据有哪些？

16. 工程量的计算依据有哪些？计算时应注意哪些问题？

17. 施工平面图设计应遵循哪些原则？

18. 施工平面图设计的步骤是什么？

19. 施工技术组织措施主要有哪些？

扫一扫看本思考题答案

## 技能训练 1

1．根据施工图识读模拟教材或指导教师提供的施工图（工程要求为有地下室的小高层或高层建筑），按照项目管理规划大纲的内容，编制项目管理规划大纲。

2．根据施工图识读模拟教材或指导教师提供的施工图（工程要求为有地下室的小高层或高层建筑），按施工准备工作计划内容，编制施工准备工作计划（包括相应的计算）。

3．根据施工图识读模拟教材或指导教师提供的施工图（工程要求为有地下室的小高层或高层建筑），根据实施性单位工程施工组织设计内容和要求，编制单位工程施工组织设计。

## 项目实训 3　编制投标文件

### 1．项目描述

将每班学生分成 5～6 组，每组发放一份不同建设项目的招标文件或资格预审文件，由小组长按照前面所学招标投标的程序，请在此实训项目中，按照规定学时，自行分工，编制投标文件，模拟答疑，编制商务标、技术标，模拟开标会，模拟评标会，在各个环节中，由教师指导并提供必要的材料，为学生设计一个真实的、有效的解决方案，完成投标工作的全过程。

在此期间，教师应积极寻找企业投标信息，配合企业投标工作，在各个阶段组织学生分组参加企业真实的项目投标活动、开标会议等，保证每人至少参加一次。教师要培养学生自己上网、图书馆查资料、找到学好专业课的最佳方法，从而培养学生主动获取信息的能力。

结合本地季节因素制订灵活可调的优化的工学结合教学计划，非施工季节进行理论知识的学习，施工季节让学生深入施工企业实践，把过去的校园实习扩大化，通过现场操作学会操作技能，通过现场操作学习和巩固知识。

聘请行业评标专家在校内授课，参与模拟开标会及指导投标文件的编制，讲授最新的法律法规，随时反馈技术的发展变化，及时调整和更新内容。

### 2．项目要求

（1）设计投标方案。

（2）根据招标文件所给的内容，实施商务标、技术标的制作。

（3）完成投标文件的编制及验收。

（4）模拟开标现场，按组分别进行开标、评标，各组之间轮换角色。

（5）把学生引入到教学实践中去，并帮助组建学习小组，在制订计划和做出决定阶段中为学生提供帮助，监督学生操作过程，必要时进行干预。

（6）把各个项目实践的小组进行轮换，让学生尽量熟悉多个类型的不同的实践操作。

（7）采用过程考核，实行等级制，考核形式的改变促进教学方式的转变。

### 3．项目提示

（1）在编制投标文件前，要详细分析招标文件的各项要求，做到完全响应。

（2）注意招标文件给出的评分办法及评分标准，做到最大限度争取分值。

（3）注意招标文件对投标文件关键内容、装订、签章、包封、递交时间的严格要求，以免导致废标。

（4）经过模拟及实践操作后，各个实践小组成员根据实践过的内容可以独立完成招标投标工作，熟练项目投标、计算机及相关办公设备的应用。同时，学生通过参加企业的真实投标工作，在企业严格的管理环境中，让学生的意志力、团队意识、社会责任感等都得到提升，增强学生的社会适应能力。让学生接触实际工作，并明白工作的重要性质，与相关单位进行联络，融入企业并承担起相应的工作任务。

**4．教师活动**

通过以上教与学的互动，用以加深和检验小组学习对实践工作的掌握程度。

**5．项目评价**

**项目实训评价表**

| 内容 | | | 评价 | | |
|---|---|---|---|---|---|
| | 学习目标 | 评价项目 | 1 | 2 | 3 |
| 职业能力 | 能熟练掌握编制投标文件所涉及的软件 | 能熟练掌握编制投标文件所涉及的软件 | | | |
| | 能独立完成投标文件的编制工作 | 投标文件最大限度地响应招标文件的要求 | | | |
| | 对完成的投标文件能够自我评价 | 能够按照招标文件对各个投标文件进行评定打分 | | | |
| | 提高解决实际问题的能力 | | | | |
| 综合评价 | | | | | |

# 学习情境 5

## 建筑工程的开标、评标和中标

扫一扫看
本情境教
学课件

### 教学导航

| 项目任务 | 任务1 建筑工程开标的组织与程序；<br>任务2 建筑工程的评标、中标 | 学 时 | 6 |
|---|---|---|---|
| 教学目标 | 通过学习基本评标理论，掌握评标方法，提高投标文件编制的专业能力，会独立编写评标报告 | | |
| 教学载体 | 实训中心、教学课件及书中相关内容 | | |
| 课程训练 | 知识方面 | 了解开标的程序，掌握评标的原则和方法 | |
| | 能力方面 | 能够编写报告、收集资料，具备对投标书的价格商务标和技术标进行评标的能力 | |
| | 其他方面 | 具有文字编辑、作图、装订的能力 | |
| 过程设计 | 任务布置及知识引导→分组学习讨论（采集工作底稿）→独立编制投标书→集中汇报（每小组做PPT）→教师点评总结 | | |
| 教学方法 | 参与型项目教学法 | | |

每个企业在投标时，目标都是想中标，理想的标价是：既中标又赢利。这就需要对投标文件进行审核、优化调整，用招标文件规定的评标方法进行模拟打分。看是否入围、是否中标、是否赢利，要熟悉评标和开标的程序、评标机构、评标依据、标准和方法等才能在竞争中扬长避短，以优胜劣。

# 任务5.1  建筑工程开标的组织与程序

## 5.1.1  开标的组织、时间和地点

开标由招标人主持，邀请所有的投标人和评标委员会的全体人员参加，招投标管理机构负责监督，大中型项目也可以请公证机构进行公证。为了体现平等竞争的原则，使开标做到公平、公正、公开的原则，邀请所有投标人或其代表出席开标，可以使投标人了解开标是否依法进行。使投标人了解其他投标人的投标情况，做到知己知彼，衡量一下自己中标的可能性，这对投标人对招标人起到一定的监督作用。同时投标人可以收集资料，了解竞争对手，为以后的投标工作提供资料，增加企业管理储备。

### 1．开标的时间和地点

开标时间应当为招标文件规定的投标截止时间，地点由招标文件规定，建设工程招标的开标地点通常为（有形的建筑市场）工程所在地的建设工程交易中心。

### 2．开标的形式

开标的形式主要有公开开标、有限开标和秘密开标三种。

（1）公开开标：邀请所有投标人参加开标仪式，其他愿意参加者也不受限制，当众公开开标。

（2）有限开标：只邀请投标人和有关人员参加开标仪式，其他无关人员不得参加，当众公开开标。

（3）秘密开标：开标只有负责招标的成员参加，不允许投标人参加开标，一般做法是指定时间交投标文件。递交投标文件后招标人将开标的名次结果通知投标人，不公开报价，其目的是不暴露投标人的准确报价数字。这种方式多用于设备招标、非政府投资项目。

采用何种方式开标应由招标机构和评标小组决定。目前我国主要采用公开招标。

## 5.1.2  开标的一般程序

### 1．投标人签到

签到记录是投标人是否出席开标会议的证明。

### 2．招标人主持开标会议

主持人介绍参加开标会议的单位、人员及工程项目的有关情况；宣布开标人员名单、招标文件规定的评标定标办法和标底。开标主持人检查各投标单位法定代表人或其他指定代理人的证件、委托书，确认无误。

### 3. 开标

**1）检验各标书的密封情况**

由投标人或其推选的代表检查各标书的密封情况，也可以由公证人员检查并公证。

**2）唱标**

经检验确认各标书密封无异常情况后，按投递标书的先后或逆顺序，当众拆封投标文件，宣读投标人名称、投标价格和标书的其他主要内容。投标截止时间前收到的所有投标文件都应该当众予以拆封和宣读。

**3）开标过程记录**

开标过程应当做好记录，包括声光影像记录并存档备查。投标人也应做好记录，以收集竞争对手的信息资料。

**4）宣布无效的投标文件**

开标时，发现有下列情形之一的投标文件时，其为无效投标文件，不得进入评标。如发现无效标书，必须经有关人员当场确认，当场宣布，所有被宣布为废标的投标文件，招标机构应退回投标人。

（1）投标文件未按照招标文件的要求予以密封或逾期送达的。

（2）投标函未加盖投标人的公章及法定代表人印章或委托代理人印章的，或者法定代表人的委托代理人没有合法有效的委托书（原件）。

（3）投标文件的关键内容字迹模糊、无法辨认的。

（4）投标人递交两份或多份内容不同的投标文件，或在一份投标文件中对同一招标项目有两个或多个报价，而未声明哪一个有效（招标文件规定提交备选方案的除外）。

（5）投标人未按照招标文件的要求提供投标保证金或没有参加开标会议的。

（6）组成联合体投标，但投标文件未附联合体各方共同投标协议的。

（7）投标人名称或组织机构与资格预审时不一致的（无资格预审的除外）。

**5）开标记录记载事项**

开标记录一般应记载下列事项，由主持人和专家签字确认（详见表 5-1）。

（1）有案号的记录其案号，如 09008。

（2）招标项目的名称及数量摘要。

（3）投标人的名称。

（4）投标报价。

（5）开标日期。

（6）其他必要的事项。

## 任务 5.2　建筑工程的评标、中标

扫一扫看
招标评标
报告范本

所谓评标，就是依据招标文件和规律法规的规定和要求，对投标文件所进行的审查、评审和比较。评标是审查确定中标人的必经程序，是保证招标成功的重要环节。根据评标内容的繁简程度、标段的多少等，可在开标后立即进行，也可以在随后进行，对各投标人进行综合评价，为择优确定中标人提供依据。评标和中标的实施过程要根据《招投标法》的要求进行。

表 5-1　招标工程开标汇总表

| 建设项目名称 | | | | | | 建筑面积 | | m² |
|---|---|---|---|---|---|---|---|---|
| 投标单位 | 报价（万元） | | | 工期 | | | | 法定代表人签名 |
| | 总计 | 土建 | 安装 | 施工日历天 | 开工日期 | 竣工日期 | | |
| | | | | | | | | |
| | | | | | | | | |
| | | | | | | | | |
| | | | | | | | | |
| | | | | | | | | |
| | | | | | | | | |

开标日期：　　　年　　月　　　日

招标单位：　　　　　　　　　开标主持人：　　　　　　记录：

评标小组代表：

### 5.2.1　组建评标委员会

评标工作由招标人依法组建的评标委员会负责。

（1）评标委员会的组成。评标委员会由招标人代表和有关技术、经济等方面的专家组成。成员数为五人以上的单数，其中招标人或招标代理机构以外的技术、经济等方面的专家不得少于成员总数的三分之二。

（2）组成评标委员会的专家成员，由招标人从建设行政主管部门的专家名册或各省市招标局的专家库内的相关专家名单中随机抽取确定。技术特别复杂、专业性要求特别高或国家有特殊要求的招标项目，上述方式确定的专家成员难以胜任的，可以由招标人直接确定。

（3）与投标人有利害关系的专家不得进入相关工程的评标委员会。

（4）评标委员会的名单一般在开标前确定，定标前应当保密。

### 5.2.2　评标的原则

#### 1. 公平原则

评标委员会应当根据招标文件规定的评标标准和评标办法进行评标，对投标文件进行系统的评审和比较。没有在招标文件中规定的评标标准和办法，不得作为评标的依据。招标文件规定的评标标准和办法应当合理，不得含有倾向或者排斥潜在投标人的内容，不得妨碍或者限制投标人之间的竞争。对所有投标人应一视同仁，保证投标人在平等的基础上公平竞争。

#### 2. 公正原则

所谓"公正"，就是指评标成员具有公正之心，评价要客观、公正、全面。不倾向或排斥某一投标人。这就要求评标人不为私利，坚持实事求是，不唯上是从。做到评标客观公正，必须做到以下几点：

（1）要培养良好的职业道德，不为私利而违心地处理问题。

（2）要坚持实事求是的原则，不唯上级或某些方面的意见是从。

（3）要提高综合分析的能力，不断提高自己的专业技能，熟练运用招标文件和投标文件中有关条款的能力，以招标文件和投标文件为依据，客观公正地综合评价标书。

（4）评标过程应当保密。有关标书的审查、澄清、评比和比较的有关资料、授予合同的信息等均不得向无关人员泄露。对于投标人的任何施加影响的行为，都应给予取消其投标资格的处罚。

### 3．评标活动应当遵循科学、合理的原则

所谓"科学"，是指评标工作要依据科学的方案，要运用科学的手段，要采取科学的方法。对于每个项目的评价要有可靠依据，一切用数据说话，做出科学合理的综合评价。

（1）科学的计划。就一个招标工程项目的评标而言，科学的方案主要是指评标细则。包括：评标机构的组织计划、评标工作的程序、评标标准和方法。在实施评标工作前，要尽量地把各种问题都列出来，并拟定解决办法，使评标工作中的每一项活动都纳入计划管理的轨道。集思广益，制定出切实可行、行之有效的评标细则，指导评标工作顺利地进行。

（2）科学的手段。必须用先进的科学仪器，才能快捷、准确地做好评标工作，如计算机、摇号机等。

（3）科学的方法。评标工作的科学方法体现评标标准的设立以及评价指标的设置；体现在综合评价时，要以数据说话；利用计算机软件，建立起先进的软件库。

### 4．评标活动应当遵循竞争和择优的原则

所谓择优，即就是用科学的方法、科学的手段，从众多投标文件中选择最优的方案。评标时，评标委员会应全面分析、审查、澄清、评价和比较投标文件，防止重价格轻技术、重技术轻价格的现象发生，对商务标和技术标不可偏一。

## 5.2.3　评标的准备工作

1）认真研究招标文件

通过认真研究，熟悉招标文件中的以下内容：

（1）招标的目标。

（2）招标项目的范围和性质。

（3）招标文件中规定的主要技术要求、标准和商务条款。

（4）投标文件规定的评标标准、评标方法和在评标过程中考虑的相关因素。

2）招标人向评标委员会提供评标所需的重要信息和数据

3）编制评标需用的表格

需要编制的表格有：标价比较表或综合评估比较表。

4）初步评审

初步评审，又称投标文件的符合性鉴定。通过初评，将投标文件分为响应性投标和非响应性投标两大类。响应性投标是指投标文件的内容与招标文件所规定的要求、条件、合同协议条款和规范等相符，无显著差别或保留，并且按照招标文件的规定提交了投标担保的投标；非响应性投标是指投标文件的内容与招标文件的规定有重大偏差，或者是未按招标文件的规定提交担保的投标。通过初步评审，响应性投标可以进入详细评标，而非响应性投标则淘汰出局。初步评审的主要内容如下。

（1）投标文件排序。评标委员会应当按照投标报价的高低或者招标文件规定的其他方法对投标文件进行排序。

（2）废标。下列情况作废标处理：

① 投标人以他人的名义投标、串通投标、以行贿手段谋取中标或者以其他弄虚作假方式的投标。

② 投标人以低于成本报价竞标的。投标人的报价明显低于其他投标报价或标底，使其报价有可能低于成本，应当要求该投标人做出书面说明并提供相关证明的材料。投标人未能提供相关证明的材料或不能做出合理解释的，按废标处理。

③ 投标人资格条件不符合国家规定或招标文件要求的。

④ 拒不按照国家要求对投标文件进行澄清、说明或补正的。

⑤ 未在实质上响应招标文件的投标。非响应性投标将被拒绝，并且不允许修改或补充。评标委员会应当审查每一投标文件，是否对招标文件提出的所有实质性要求做出了响应。

### 5.2.4 评标的依据、标准和方法

简单地讲，评标是对投标文件的评审和比较。根据什么样的标准和方法进行评审，是一个关键问题，也是评标的原则性问题。在招标文件中，招标人列明了评标的标准和方法，目的就是让各潜在投标人知道这些标准和方法，以便考虑如何进行投标，才能获得成功。那么，这些事先列明的标准和方法在评标时能否真正得到采用，是衡量评标是否公正、公平的标尺。为了保证评标的公正和公平性，评标必须按照招标文件规定的评标标准和方法。这一点，也是世界各国的通常做法。所以，作为评标委员在评标时，必须弄清评标的依据和标准，熟悉并掌握评标的方法。

#### 1．评标的依据

评标委员会成员评标的依据主要有下列几项：

（1）招标文件。

（2）开标前会议纪要。

（3）评标定标办法及细则。

（4）标底。

（5）投标文件。

（6）其他有关资料。

#### 2．评标的标准

评标的标准，一般包括价格标准和价格标准以外的其他有关标准（又称"非价格标准"）。

价格标准比较直观具体，都是以货币额表示的报价。非价格标准内容多而复杂，在评标时应可能使非价格标准客观和定量化，并用货币额表示，或规定相对的权重，使定性化的标准尽量定量化，这样才能使评标具有可比性。

#### 3．评标的方法

1）接近标底综合评议法

接近标底综合评议法，即投标报价与评标标底价格相比较，以最接近评标标底的报价为

最高分。投标价得分与其他指标的得分合计最高分者中标。如果出现并列最高分时，则由评委无记名在并列最高分者之间投票表决，得票多者为中标单位。这种方法比较简单，但要以标底详尽、正确为前提。下面以某地区规定为例说明该方法的操作过程。

（1）评价指标和单项分值。评价指标及单项分值一般设置如下：

① 报价 50 分；

② 施工组织设计 30 分；

③ 投标人综合业绩 20 分。

以上各单项分值，均以满分为限。

（2）投标报价打分。投标报价与评标标底价相等者得分。在有效浮动范围内，高于评标标底者按每高于一定范围扣若干分，扣完为止；低于评标标底者，按每低于一定范围扣若干分，扣完为止。为了体现公正合理的原则，扣分方法还可以细化。如在合理标价范围内，合理标价范围一般为标底的±5%，报价比标底每增减 1%扣 2 分；超过合理标价范围的，不论上、下浮动，每增加或减少 1%都扣 3 分。

例如，某工程标底价为 400 万元，现有 A、B、C 三个投标人，投标价分别为 370 万元、415 万元、430 万元。根据上述规定对投标报价打分如下：

① 确定合理标价范围为 380～420 万元。

② 分别确定各方案的分值：

A 标：370 万元比标底价低 7.5%，超出 5%合理标价范围，在合理标价范围−5%内扣 2×5＝10 分，在−7.5%～−5%内扣 3×2.5＝7.5 分，合计扣分 17.5 分，报价得分为 50−17.5＝32.5 分。

B 标：415 万元比标底价高 3.75%，在 5%合理标价范围内，扣分为 2×3.75＝7.5 分，报价得分为 50−7.5＝42.5 分。

C 标：430 万元比标底价高 7.5%，合计扣分为 2×5＋3×2.5＝17.5 分，报价得分为 32.5 分。

（3）施工组织设计。施工组织设计包括下列内容，最高得分为 30 分。

① 全面性。施工组织设计内容要全面，包括：施工方法、采用的施工设备、劳动力计划安排，确定工程质量、工期、安全和文明施工的措施，施工总进度计划，施工平面布置，采用经专家鉴定的新技术、新工艺，施工管理和专业技术人员配备。

② 可行性。各项主要内容的措施、计划，流水段的划分，流水步距、节拍，各项交叉作业等是否切合实际，合理可行。

③ 针对性。创优的质量保证体系是否健全有效，创优的硬性措施是否切实可行；工程的赶工措施和施工方法是否有效；闹市区内工程的安全、文明施工和防止扰民的措施是否可靠。

（4）投标单位综合业绩。投标单位综合业绩最高得分 20 分。具体评分规定如下：

① 投标人在投标的上两年度内获国家、省建设行政主管部门颁发的荣誉证书，最高得分 15 分。证书范围仅限工程质量、文明工地及新技术推广示范工程荣誉证书等三种。

◆ 工程质量获国家级"鲁班奖"得 5 分，获省级奖得 3 分；

◆ 文明工地获"省文明工地样板"得 5 分，获"省文明工地"得 3 分；

◆ 新技术推广示范工程获"国家级示范工程"得 5 分，获"省级示范工程"得 3 分。

以上三种证书每一种均按获得的最高荣誉证书计分，计分时不重复、不累计。

② 投标人拟承担招标工程的项目经理，上两年度内承担过的工程（已竣工）情况核评，最高得分 5 分。

◆ 承担过与招标工程类似的工程。

◆ 工程履约情况。

◆ 工程质量优良水平及有关工程的获奖情况。

◆ 出现质量安全事故的应减分。

以上证明材料应当真实、有效，遇有弄虚作假者，将被拒绝参加评标。开标时，投标人携带原件备查。

在使用此方法时应注意，若某标书的总分不低，但某一项得分低于该项预定及格分时，也应充分考虑授标给该投标人后工程实施过程中可能的风险。

2）专家综合评议法

专家综合评议法是指将评审内容分类后分别赋予不同权重，评标委员依据评分标准对各类内容各项进行相应的打分，最后计算总分以最高得分的投标文件为最优。由于需要评分的涉及面广，每一项目都要经过评委打分，这样可以全面地衡量投标人实施招标工程的综合能力。建设部发布的施工招标文件范本中规定的评标方法，能最大限度地满足招标文件中规定的各项综合评价标准的投标人为中标人，可参照下列方式：

（1）得分最高者为中标候选人：

$$N = A_1 \times J + A_2 \times S + A_3 \times X$$

式中，$N$ 为评标总得分；$J$ 为施工组织设计（技术标）评审得分；$S$ 为投标报价（商务标）评审得分，以最低报价（但低于成本的除外）得满分，其余报价按比例折减计算得分；$X$ 为投标人的质量、综合实力、工期得分；$A_1$、$A_2$、$A_3$ 为分别为各项指标所占的权重。

（2）得分最低者为中标候选人：

$$N' = A_1 \times J' + A_2 \times S' + A_3 \times X'$$

式中，$N'$ 为评标总得分；$J'$ 为施工组织设计（技术标）评审得分排序，从高至低排序，$J' = 1，2，3，\cdots$；$S'$ 为投标报价（商务标）评审得分排序，按报价从低至高排序（报价低于成本的除外），$S' = 1，2，3，\cdots$；$X'$ 为投标人的质量、综合实力、工期得分排序，按得分从高至低排序，$X' = 1，2，3，\cdots$；$A_1$，$A_2$，$A_3$，为分别为各项指标所占的权重。

建议：一般 $A_1$ 取 20%～70%，$A_2$ 取 70%～30%，$A_3$ 取 0～20%，且 $A_1 + A_2 + A_3 = 100\%$。

上面两种方法的主要区别在于 $J$、$S$ 和 $X$ 记分的取值方法不同。第一种方法按与标准值的偏差取值，而第二种方法仅按投标文件此项的排序取值。第二种方法计算相对简单些，但当偏差较大时，最终得分值的计算不能反映具体的偏差度，可能导致报价最低但综合实力不够强或施工方案不是最优的投标人中标。

3）最佳评标价法

最佳评标价法是指仅以货币价格作为评审比较的标准，以投标报价为基数，将可以用一定的方法折算为价格的评审要素加减到投标价上去，而形成评审价格（或称评标价），以评标价最低的标书为最优。具体步骤如下：

（1）首先按招标文件中的评审内容对各投标文件进行审查，淘汰不满足要求的标书。

（2）按预定的方法将某些要素折算为评审价格。内容一般包括以下几个方面：

① 对实施过程中必然发生的，而投标书中又属于明显漏项部分，给予相应的补项增加

到报价上去。

② 工期的提前给项目带来的超前收益，以月为单位按预定的比例数乘以报价后，在投标价内扣减该值。

③ 技术建议可能带来的实际经济效益，也按预定的比例折算后在投标价内减去该值。

④ 投标文件内所提出的优惠可能给项目法人带来好处，以开标日为准，按一定的换算方法贴现折算后在投标价内减去该值。

⑤ 对于其他可折算为价格的要素，按对项目法人有利或不利的原则，减少或增加到投标报价上去。

4）经评审的最低投标价法

经评审的最低投标价法是指能够满足招标文件的实质性要求，并且经评审的投标价最低，但低于成本价格的除外，按照投标价格最低确定中标人。该方法适用于工程技术要求不高无特殊要求，承包人采用通用技术施工即可达到性能要术标准的工程项目。

一般评审程序如下：

（1）投标文件做出实质性响应，满足招标文件规定的技术要求和标准。

（2）根据招标文件中规定的评标价格调整方法，对所有投标人的投标报价以及投标文件的商务部分做必要的价格调查。

（3）不再对投标文件的技术标部分进行价格折算，仅以商务标的价格折算的调整值作为比较基础。

（4）经评审确定的最低报价的投标人，应当推荐为中标候选人。

5）合理低投标价法

合理低投标价法是在通过严格的资格预审和其他评标内容的要求都合格的条件下，评标只按投合理标报价来定标的一种方法。世行贷款项目多采用此种评标方法。合理低投标价法主要有以下两种方式：

（1）将所有投标人的报价依次排列，从中取出 3~4 个最低报价，然后对这 3~4 个最低报价的投标人进行其他方面的综合比较，择优定标。实质上就是低中取优。

（2）"A＋B 值"评标法，即以低于标底一定百分数以内的报价的算术平均值为 A，以标底或评标小组确定的更合理的标价为 B，然后以 "A＋B" 的平均值为评标标准价，选出低于或高于这个标准价的某个百分数的报价的投标者进行综合分析，择优定标。

6）费率、费用评标法

费率、费用评标法适用于施工图未出齐或者仅有扩大初步设计图纸，工程量难以确定又急于开工的工程或技术复杂的工程。投标单位的费率、费用报价，作为投标报价部分得分，经过对投标标书的技术部分评标计分后，两部分得分合计最高者为中标单位。

此法中费率是指国家费用定额规定费率的利润、现场经费和间接费。费用是指国家费用定额规定的 "有关费用" 及由于施工方案不同产生造价差异较大、定额项目无法确定、受市场价格影响变化较大的项目费用等。

费率、费用标底应当经招标投标管理机构审定，并在招标文件中明确费率、费用的计算原则和范围。

## 4．评标程序

### 1）评标准备与初步评审

（1）评标委员会成员应当编制供评标使用的相应表格，认真研究招标文件，至少应了解和熟悉招标项目的范围和性质、招标文件中规定的主要技术要求、标准和实际的商务条款、评标方法等。

（2）招标人或者其委托的招标代理机构应当向评标委员会提供评标所需的重要信息和数据。招标人设有标底的，标底应当保密，并在评标时作为参考。

（3）评标委员会应当根据招标文件规定的评标标准和方法，对投标文件进行系统的评审和比较。招标文件中没有规定的标准和方法不得作为评标的依据。

招标文件中规定的评标标准和评标方法应当合理，不得含有倾向或者排斥潜在投标人的内容，不得妨碍或者限制投标人之间的竞争。

（4）评标委员会应当按照投标报价的高低或者招标文件规定的其他方法对投标文件排序。以多种货币报价的，应当按照中国银行在开标日公布的汇率中间价换算成人民币。

招标文件应当对汇率标准和汇率风险做出规定。未做规定的，汇率风险由招标人承担。

（5）评标委员会可以以书面方式要求投标人对投标文件中含义不明确、对同类问题表述不一致或者有明显文字和计算错误的内容做必要的澄清、说明或者补正。澄清、说明或者补正应以书面方式进行，并不得超出投标文件的范围或者改变投标文件的实质性内容。

投标文件中的大写金额和小写金额不一致的，以大写金额为准；总价金额与单价金额不一致的，以单价金额为准，但单价金额小数点有明显错误的除外；对不同文字文本投标文件的解释发生异议的，以主导语言文本为准。

（6）投标人资格条件不符合国家有关规定和招标文件要求的，或者拒不按照要求对投标文件进行澄清、说明或者补正的，评标委员会可以否决其投标。

（7）评标委员会应当审查每一投标文件是否对招标文件提出的所有实质性要求和条件做出响应。未能对实质性要求和条件响应的投标，应作为废标处理。

（8）评标委员会应当根据招标文件，审查并逐项列出投标文件的全部投标偏差。投标偏差分为重大偏差和细微偏差。

下列几种情况属于重大偏差：

① 没有按照招标文件要求提供投标担保或者所提供的投标担保有瑕疵。

② 投标文件没有投标人授权代表签字和加盖公章。

③ 投标文件载明的招标项目完成期限超过招标文件规定的期限。

④ 明显不符合技术规格、技术标准的要求。

⑤ 投标文件载明的货物包装方式、检验标准和方法等不符合招标文件的要求。

⑥ 投标文件附有招标人不能接受的条件。

⑦ 不符合招标文件中规定的其他实质性要求。

投标文件有上述情形之一的，为未能对招标文件做出实质性响应，作废标处理。招标文件对重大偏差另有规定的，从其规定。

细微偏差是指投标文件在实质上响应招标文件要求，但在个别地方存在漏项或者提供了不完整的技术信息和数据等情况，并且补正这些遗漏或者不完整不会对其他投标人造成不公平的结果。细微偏差不影响投标文件的有效性。评标委员会应当书面要求存在细微偏差的投

标人在评标结束前予以补正。拒不补正的，评标委员会在详细评审时可以对细微偏差做不利于该投标人的量化，量化标准应当在招标文件中规定。

2）投标的否决

评标委员会根据规定否决不合格投标或者界定为废标后，因有效投标不足三个使得投标明显缺乏竞争的，评标委员会可以否决全部投标。投标人少于三个或者所有投标被否决的，招标人应当依法重新招标。

5. 评标报告

评标委员会完成评标后，应当向招标人提出书面评标报告。

（1）评标报告的内容。评标报告应如实记载以下内容：基本情况和数据表、评标委员会成员名单、开标记录、符合要求的投标一览表、废标情况说明、评标标准、评标方法或者评标因素一览表、经评审的价格或者评分比较一览表、经评审的投标人排序、推荐的中标候选人名单与签订合同前要处理的事宜，以及澄清、说明、补正事项纪要。

（2）中标候选人人数。评标委员会推荐的中标候选人应当限定在1～3人，并标明排列顺序。

（3）评标报告由评标委员会全体成员签字。评标委员会应当对下列情况做出书面说明并记录在案。

① 对评标结论有异议的评标委员会成员，可以以书面方式阐述其不同意见和理由。

② 评标委员会成员拒绝在评标报告上签字且不陈述其不同意见和理由的，视为同意评标结论。

向招标人提交书面评标报告后，评标委员会即解散。评标中使用的文件、表格以及其他资料应及时归还招投标人。评标报告一般格式如表5-2。

表5-2  XX工程评标报告

| 建设单位 | | | | 建设地址 | | | | | |
|---|---|---|---|---|---|---|---|---|---|
| 建设面积 | | | | 开标日期 | | 年　月　日 | | | |
| 主要数据 | | | | | | | | | |
| 序号 | 投标单位 | 总造价(元) | 总工期(日历天) | 计划开工日期 | 计划竣工日期 | 工程质量标准 | 三材用量及单价 | | |
| | | | | | | | 钢材 t-(元/t) | 水泥 t-(元/t) | 木材 t-(元/t) |
| 1 | | | | | | | — | — | — |
| 2 | | | | | | | — | — | — |
| 3 | | | | | | | — | — | — |
| 4 | | | | | | | — | — | — |
| ... | | | | | | | | | |
| 7 | | | | | | | — | — | — |
| 8 | | | | | | | — | — | — |
| 9 | | | | | | | — | — | — |
| 评定中标单位 | | | | 评标日期 | | 年　月　日 | | | |
| 评标情况及评标中标理由 | | | | | | | | | |
| 评标小组代表（签字） | | | | | | | | | |
| 评标单位（印） | 法定代表人（签字） | | | 上级主管部门（印） | | | 招投标管理部门（印） | | |

### 5.2.5 中标的条件与过程

所谓中标也称定标，是指招标人根据评标委员会的评标报告，在推荐的中标候选人（一般为 1～3 个）中，最后确定中标人；在某些情况下，招标人也可以直接授权评标委员会直接确定中标人。

#### 1．评标中标的期限

评标中标期限也称投标有效期，是指从投标截止日起到公布中标日为止的一段时间。有效期的长短根据工程的大小、繁简而定。按照国际惯例，一般为 90～120 天。

我国在《工程建设项目施工招标投标办法》中规定最迟在投标有效期截止日起 30 个工作日内确定中标人。投标有效期应当在招标文件中载明。投标有效期是要保证评标委员会和招标人有足够的时间对全部投标进行比较和评价。如世界银行贷款项目需考虑报送世界银行审查和报送上级部门批准的时间。

投标有效期一般不应该延长，但在某些特殊情况下，招标人要求延长投标有效期是可以的，但必须经招标投标管理机构批准和征得全体投标人的同意。投标人有权拒绝延长有效期，业主不能因此而没收其投标保证金。同意延长投标有效期的投标人不得要求在此期间修改其投标文件，而且招标人必须同时相应延长投标保证金的有效期，对于投标保证金的各有关规定在延长期内同样有效。

#### 2．中标的条件

##### 1）最佳综合评价的投标人为中标人

所谓综合评价，就是指按照价格标准和非价格标准对投标文件进行总体评估和比较。采用综合评标法时，一般将价格以外的有关因素折成货币或给予相应的加权重以确定最低评标价或最佳的投标。被评为最低评标或最佳投标，即可认定为该投标获得最佳综合评价。所以，投标价最低的不一定中标。采用综合评标方法时，应尽量避免在招标文件中只笼统地列出价格以外的其他有关标准。例如，对如何折成货币或给予相应的加权计算没有规定下来，而在评标时才制定出具体的评标计算的因素及其量化计算方法，这样做会使评标带有明显有利于某一投标人的倾向性，违背了公平、公正的原则。

##### 2）最低投标价者为中标人

所谓最低投标价中标，即投标价最低的中标，但前提条件是该投标符合招标文件的实质性要求。如果投标文件不符合招标文件的要求而被招标人拒绝，则投标价再低，也不在考虑范围内。

采用最低投标价选择中标人时，必须注意，投标价不得低于工程成本。这里指的成本，是招标人和投标人自己的个别成本，而不是社会平均成本。由于投标人技术和管理等方面的原因，其个别成本有可能会低于社会平均成本。投标人以低于社会平均成本，但不低于其个别成本的投标价格，应该受到保护和鼓励。如果投标人的标价低于招标人的标底或个别成本，则意味着投标人取得合同后，可能为了获利节省开支想方设法偷工减料，以次充好，粗制滥造，给招标人造成不可挽回的损失。如果投标人以排斥其他竞争对手为目的，而低于个别成本的价格投标，则构成低价倾销的不正当竞争行为，违反我国《价格法》和《反不正当竞争法》的有关规定。因此，投标人投标价格低于个别成本的，不得中标。最低价为中标人常用于采购简单商品、半成品、设备，如电梯、锅炉、预制构件等的价格。

### 3．中标的过程

#### 1）确定中标人

评标委员会按评标办法进行评审后，提出评标投告，从而推荐中标候选人通常为三个，并标明排列顺序。招标人应当接受评标委员会推荐的候选人，从中选择中标人。评标委员会提出书面评标报告，招标人一般应当在 15 个工作日内确定中标人。但最迟应在投标有效期结束日后的 30 个工作日前确定。中标人确定后，由招标人向中标人发出中标通知书，并公布所有未中标人。要求中标人在规定期限内，中标书发出 30 天内签订合同。招标人应在 5 个工作日内，向未中标人退还保证金。另外招标人在 15 日内向招投标机构提交书面报告备案，至此招标即告成功。中标通知书如表 5-3 所示。

表 5-3　中标通知书

| 中标单位 | | | | | |
|---|---|---|---|---|---|
| 中标工程内容 | | | | | |
| 中标条件 | ◆ 承包范围及承包方式：<br>◆ 中标总造价：<br>◆ 总工期：　　　　　　日历天<br>　开工时间：　　　　　竣工时间： | | | | |
| | ◆ 工程质量标准：<br>◆ 主要材料用量及单价：<br>　钢材　　　t/元<br>　水泥　　　t/元<br>　木材　　　m³/元 | | | | |
| 签订合同期限 | | 年　　月　　日以前 | | | |
| 决标单位（印） | 法定代表人（签名） | | | 年　　月　　日 | |

#### 2）投标人提出异议

招标人全部或部分使用非中标单位投标文件中的技术成果和技术方案时，需征得其书面同意，并给予一定的经济补偿。如果投标人在中标结果确定后对中标结果有异议，甚至认为自己的权益受到了招标人的侵害，有权向招标人提出异议，如果异议不被接受，还可以向有关行政监督部门提出申诉、或者直接向法院提起诉讼。

#### 3）招投标结果的备案制度

招投标结果的备案制度，指的是依法必须进行招标的项目，招标人应当自确定中标人之日起 15 日内，向有关行政监督部门提交招标投标情况的书面报告。书面报告至少包含以下内容：

（1）招标范围。

（2）招标方式和发布招标公告。

（3）招标文件中的投标人须知、技术条款、评标标准和方法、合同主要条款等内容。

（4）评标委员会的组成和评标报告。

（5）中标结果。

#### 4）中标通知书

（1）中标通知书的性质。中标人确定后，招标人应迅速将中标结果通知中标人及所有未

中标的投标人。我国《招标投标法》规定为 7 日内发出中标通知书，中标通知书就是向中标的投标人发出的告知其中标的书面通知文件。

（2）中标通知书的法律效力。中标通知书是作为《招标投标法》规定的承诺行为，即中标通知书发出时生效，对于中标人和招标人都产生约束力。即按照"到达主义"的要求，即使中标通知书及时发出，也可能在传递过程中并非因招标人的过错而出现延误、丢失或错投，致使中标人未能在有效期内收到该通知，招标人则丧失了对中标人的约束权。按照"发信主义"的要求，招标人的上述权利可以得到保护。《招标投标法》规定，中标通知书发出后，招标人改变中标结果的，或者中标人放弃中标项目的，都应当依法承担法律责任。据《合同法》规定，承诺生效时合同成立。因此，中标通知书发出时即就发生承诺生效，招标人改变中标结果，变更中标人，实质上是一种单方撕毁合同的行为；投标人放弃中标项目的，则是一种违约行为，所以应当承担违约责任。

### 5.2.6 中标无效

所谓的中标无效，指的是招标人确定的中标失去了法律效力。即获得中标的投标人丧失了与招标人签订合同的资格，招标人不再有与之签定合同的义务。在已签订了合同的情况下，所签订合同无效。

#### 1．导致中标无效的情况

《招标投标法》规定中标无效有以下六种情况：

（1）招标代理机构违反本法规定，泄露保密的情况和资料，或者与招标人、投标人串通损害国家利益、社会公共利益或者他人合法权益的行为影响中标结果的，中标无效。

（2）招标人向他方透露已获得招标文件的潜在投标人的名称、数量或者可能影响公平竞争的有关招标投标的其他情况，或者泄露标底的行为影响中标结果的，中标无效。

（3）投标人相互串通围标，投标人与招标人串通投标，投标人以向招标人或者评标委员会行贿的手段取得中标的，中标无效。

《工程建设项目施工招标投标办法》规定，下列行为均属于投标人串通投标：

① 投标人之间相互约定抬高或压低投标投价。

② 投标人之间相互约定，在招标项目中分别以高、中、低价位投标。

③ 投标人之间先进行内部竞价，内定中标人，然后再参加投标。

④ 投标人之间其他的串通投标报价的行为。

下列行为均属招标人与投标人串通投标：

① 招标人在开标前开启招标文件，并将招标情况告知其他投标人，或者协助投标人撤换投标文件，更改报价。

② 招标人向投标人泄露标底。

③ 招标人与投标人商定，投标时压低或抬高标价，中标后再给投标人或招标人额外补助。

④ 招标人预先内定中标人。

⑤ 其他的串通投标行为。

（4）投标人以他人名义投标或者以其他方式弄虚作假，骗取中标的，中标无效。以他人名义投标，指投标人挂靠其他施工单位，或从其他单位通过转让或租借的方式获取资格资质

证书，或者由其他单位及法定代表人在自己编制的投标文件上加盖印章和签字等行为。

（5）依法必须进行招标的项目，招标人违反本法规定，与投标人就投标价格、投标方案等实质性内容进行谈判的行为影响中标结果的，中标无效。

（6）招标人在评标委员会依法推荐的中标后候选人以外确定中标人的，依法必须进行招标的项目在所有被推荐中标候选人以外确定中标人的，中标无效。从以上六种情况看，导致中标无效的情况可分为两类：

一类为违法行为直接导致中标无效，如（3）、（4）、（6）的规定；

另一类为只有在违法行为影响了中标结果时，中标才无效。如（1）、（2）、（5）的规定。

**2. 中标无效的法律后果**

中标无效的法律后果主要分为两种后果，即尚未签订合同时中标无效的法律后果和签订合同后中标无效的法律后果。

1）尚未签订合同时中标无效的法律后果

在招标人尚未与中标人签订书面合同的情况下，招标人发出的中标通知书失去了法律约束力，招标人没有与中标人签订书面合同的义务，中标人失去了与招标人签订合同的权利。其中标无效的法律后果有以下两种：

（1）招标人依照法律规定的中标条件从其他投标人中重新确定中标人。

（2）没有符合规定条件的中标人，招标人应依法重新进行招标。

2）签订合同后中标无效的法律后果

招标人与投标人之间已经签订书面合同的，所签订合同无效。根据《民法通则》和《合同法》的规定，合同无效产生以下后果：

（1）恢复原状。根据《合同法》的规定，无效的合同自始没有法律约束力。因该合同取得的财产，应当予以返还；不能返还或者没有必要返还的，应当折价补偿。

（2）赔偿损失。有过错的一方应当赔偿对方因此所受的损失。如果招标人、投标人双方都有过错的，应当各自承担相应责任。另外，根据《民法通则》的规定，招标人知道招标代理机构从事违法行为而不做反对表示的，招标人应当与招标代理机构一起对第三人负连带责任。

（3）重新确定中标人或重新进行招标。

## 知识梳理与总结

本情境主要介绍了建设工程的开标、评标和中标的基本理论和方法，通过本情境的学习，读者应掌握开标、评标、中标的原则和方法，编写评标报告和收集资料的基本技能。

（1）能够掌握评标的原则和方法。

（2）掌握开标、评标、中标的基本理论和方法，运用理论和方法进行评标，编写评标报告。

## 技能训练 2

（1）资料采集将选三份以上的投标文件作为评标的工作底稿（随机选其他班级的标书）。

（2）用本情境的评标方法对投标文件进行评标。

（3）选出中标人。

（4）根据资料编写一份评标报告。（每个同学做电子稿的报告，包括封面、正文、资料等）。

（5）小组汇报。

## 项目实训 4　根据投标文件编写评标报告

将每个班学生分成若干小组，根据工作底稿，随机抽取电子版底稿投标文件。以小组为单位进行评标，并依据评标的标准和规定的方法进行评标，对评标结果填写评标报告。每个学生都要参与评标过程。具体做法如下：

（1）资料采集将选三份以上的投标文件作为评标的工作底稿（随机选别班的标书）。每人写出一份评标报告，并对投标文件打分。并注明班级、学号、姓名。

（2）各小组对选定投标文件的基本情况、要求和结果等，要用文字在评标报告中详细描述，认真填写投标文件中的各项指标。评标报告一般格式和内容参见教材相关内容，可以扩展，但不得少于基本内容。（每个同学做电子稿的报告，包括封面、正文、资料等）

（3）根据评标办法及标准，对评标报告的结果进行比较，从中选出中标人。

（4）以小组为单位进行评标结果汇报。

（5）每人交电子稿，每个小组准备一份 PPT 进行汇报，各院校根据自身情况具体安排上机时间，交稿方式与以往相同。

# 学习情境 6
## 建筑工程合同管理

 扫一扫看
本情境教
学课件

**教学导航**

| 项目任务 | 任务1　工程建设与施工合同；<br>任务2　建筑工程施工合同的种类与管理；<br>任务3　建筑工程施工合同的谈判；<br>任务4　施工合同的订立；<br>任务5　施工合同的违约责任与争议解决 | 学　时 | 6+2 |
|---|---|---|---|
| 教学目标 | 了解和掌握建筑安装工程施工合同的基本内容，能够运用基本理论知识了解合同要素，进行合同签订、合同案例分析，具备分析问题、解决问题能力 | | |
| 教学载体 | 实训中心、教学课件及书中相关内容 | | |
| 课程训练 | 知识方面 | 掌握合同的基本理论和分析方法，能够运用案例分析"三步曲"对合同案例进行分析 | |
| | 能力方面 | 具有合同谈判和签订，以及解决施工合同争议的能力 | |
| | 其他方面 | 具有应用法律法规基本理论分析问题、解决问题的能力 | |
| 过程设计 | 任务布置及知识引导→分组学习讨论→学生集中汇报→教师点评或总结 | | |
| 教学方法 | 参与型项目教学法 | | |

## 任务 6.1 工程建设与施工合同

施工合同也称为建筑安装施工合同，是建设单位（发包人）和施工企业（承包人）为完成某项工程，明确相互权利、义务关系的协议。依照协议，承包人应完成某项建筑安装工程，发包人应提供必要的施工条件并付工程价款。工程施工合同是整个工程建设中的主要合同，是工程建设质量控制、投资控制的依据。因此，在建筑领域加强对工程施工合同的管理具有十分重要的意义。

工程施工合同的当事人是发包人和承包人，双方是平等的民事主体。承发包双方签订施工合同，必须具备相应资质条件和履行施工合同的能力。施工合同一经依法签订，即具有法律约束力。

### 1. 工程建设与施工合同的关系

在工程建设中的主要合同关系，如图 6-1 所示。

扫一扫看扶梯设备安装合同示例

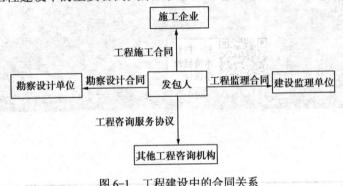

图 6-1　工程建设中的合同关系

扫一扫看电梯安装合同样本

### 2. 建筑工程施工合同的基本特征

1）合同主体的严格性

建设工程施工合同主体必须满足法定的条件。发包人一般只能是经过批准进行工程项目建设的法人、其他组织或自然人，必须有国家批准的建设项目，落实投资计划，并且具备相应的协调能力；承包人则必须具备法人资格，而且应当具备相应的从事勘察设计、施工、监理等资质条件。无营业执照或无承包资质的单位不能作为建设工程合同的主体，有资质的单位若到法人注册地点以外投标施工，还需要当地建筑市场准入证等证明文件。承包人只能按其资质等级承揽相应的建设项目，不得越级承包建设工程。

2）工程施工合同标的的特殊性

建设工程施工合同的标的是各类建筑产品，建筑产品体积庞大、形态各异，具有固定性、单件性等特点。在生产过程中由于生产的流动性，现场施工组织、材料供应、气候变化等细节不尽相同，使得任何一个建筑产品都具有不可替代的特殊性。

3）工程施工合同履行过程的长期性

建设工程由于结构复杂、体积庞大、耗资巨大，且施工大多为露天作业，受气候变化的影响很大，因此建设工程与一般的工业产品相比，合同履行过程的期限较长。而且由于投资巨大，建设工程合同的订立、履行一般都需要较长的准备期。在合同的履行过程中，还可能因为不可抗力、工程变更、材料供应不及时等原因而导致合同期限的顺延，因此决定了建设工程合同履行过程的长期性。

**4）工程施工合同形式的法定性**

我国《合同法》在对合同形式是采用书面还是口头或其他形式没有限制。但是，考虑到建设工程的重要性、长期性和复杂性，在建设过程中经常会发生影响合同正常履行的纠纷，因此我国《合同法》规定，建设工程合同应当采用书面形式。

# 任务 6.2 建筑工程施工合同的种类与管理

扫一扫看施工合同及质保书银行保函样本

## 1. 工程施工合同的种类

### 1）按承发包的工程范围分类

按承发包的工程范围进行划分，可以将建设工程合同分为建设工程总承包合同、建设工程承包合同和分包合同。发包人将工程建设的全过程发包给一个承包人的合同即为建设工程总承包合同。发包人将工程建设中的勘察、设计、施工等内容分别发包给不同承包人的合同，即为建筑工程承包合同。经合同约定和发包人的同意，从工程承包人承包的工程中承包部分工程而订立的合同，即为建设工程分包合同。

### 2）按承发包的内容分类

按完成承发包的内容进行划分，可以将建设工程合同分为：

（1）建设工程勘察合同。建设工程勘察合同是指建设工程的发包人与勘察单位为完成商定的勘察任务，明确相互权利、义务关系的协议。

（2）建设工程设计合同。建设工程设计合同是指建设工程的发包人与设计单位为完成商定的设计任务，明确相互权利、义务关系的协议。

（3）建设工程施工合同。建设工程施工合同是指发包人和承包人为完成商定的建筑安装工程施工任务，为明确双方的权利、义务关系而订立的协议。发包人提供必要的施工条件，并支付价款，承包人必须按合同履行其义务。

建设工程施工合同是工程建设中的主要合同，国家立法机关、国务院、建设行政管理部门都十分重视施工合同的规范工作，专门制定了一系列的示范文本、法律、法规等，用以规范建设工程施工合同的签订、履行。

订立建设工程施工合同应具备下列条件：

① 初步设计已经批准。

② 工程项目已经列入年度建设计划。

③ 有能够满足施工需要的设计文件和技术资料。

④ 资金和建材、设备的来源已经落实。

⑤ 中标通知书已经下达。

### 3）按合同价款确定方式分类

按确定合同价款的不同方式进行分类，可以将建设工程合同分为：

（1）总价合同。在合同中确定了承包商完成全部合同义务后发包人应当支付的总价款。具体形式有固定总价合同和可调价格合同等。

（2）单价合同。承包商按发包人提供的工程量清单所开列的每一工程项目报单价，然后按实际完成的工程量结算工程款。采用单价合同时，除实际工程量同预计的工程量有大幅度的变更外，合同单价一般不做调整。

（3）成本加酬金合同。采用这类合同时，工程成本原则上实报实销，承包商的报酬双方协商议定。根据承包商报酬计取办法的不同，分为成本加固定百分比酬金合同、成本加固定酬金合同、成本加浮动酬金合同和目标成本加奖罚合同等多种形式。总的来说，成本加酬金合同不利于调动承包商降低成本的积极性，主要用于需立即开展工作的项目（如震后的救灾工作），新型的项目或对项目内容及技术经济指标未确定、风险很大的项目等。

### 2．工程施工合同的管理

工程施工合同的管理是指各级工商行政管理机关、建设行政主管机关，以及工程发包单位、社会监理单位、承包企业依照法律和行政法规、规章制度，采取法律的、行政的手段，对施工合同关系进行组织、指导、协调及监督，保护施工合同当事人的合法权益，处理施工合同纠纷，防止和制裁违法行为，保护施工合同法规的贯彻实施等一系列活动。

从管理主体的角度分类，施工合同的管理可分为工商行政管理部门和建设行政管理部门等行政机关进行的管理，以及发包单位、社会监理单位、承包企业对施工合同的管理。

1）政府行政管理部门对施工合同的管理

施工合同的政府行政管理部门主要是各级建设行政主管部门和工商行政管理部门。工程造价审核、工程质量监督等部门对合同履行拥有监督权。各级行政管理部门一般通过如下形式对施工合同进行管理：

（1）宣传贯彻与施工合同方面有关的法律法规和方针政策。

（2）贯彻国家制定的施工合同示范文本，并组织推行和指导使用。

（3）组织培训合同管理人员，指导合同管理工作，总结交流工作经验。

（4）对施工合同的履行进行监督检查，对承发包双方在履行合同过程中存在的问题在职权范围内进行处理。

（5）在职权范围内，依照法律、行政法规的规定，对利用合同危害国家利益、社会公共利益的违法行为，负责监督处理。

（6）制定签订和履行合同的考核指标，并组织考核，表彰先进的合同管理单位。

（7）确定损失的责任和赔偿的范围。

（8）调解合同纠纷。

2）发包人和监理单位对施工合同的管理

（1）施工合同的签订管理。在发包人具备与承包人签订施工合同的情况下，发包人或者监理单位，可以对承包人的资格、资信和履约能力进行预审。对承包人的预审，招标工程可以通过招标预审进行，非招标工程可以通过社会调查进行。

（2）施工合同的履行管理。发包人和监理工程师在合同履行中，应当严格依照施工合同

的规定，履行应尽的义务。施工合同内规定应由发包人负责的工作都是合同履行的基础，是为承包人开工、施工创造的先决条件，发包人必须严格履行。

在履行管理中，发包人、监理工程师也应实施自己的权利、履行自己的职责，对承包人的施工活动监督、检查。发包人对施工合同的履行管理主要是通过总监理工程师进行的。

（3）施工合同的档案管理。发包人和监理工程师应做好施工合同的档案管理工作。在合同的履行过程中，对合同文件，包括有关的协议、补充合同条款、记录、备忘录、函件、电报、电传等都应做好系统分类，认真管理。工程项目全部竣工后，应将全部合同文件加以系统整理，建档保管，建设单位应当及时向建设行政主管部门或者其他有关部门移交建设项目档案。

3）承包人对施工合同的管理

（1）施工合同的签订管理。在施工合同签订前，应对发包人和工程项目进行了解和分析，包括工程项目是否列入国家投资计划、施工所需资金是否落实、施工条件是否已经具备等，以免遭致重大损失。承包人投标中标后，发包人和中标人应自中标通知书发出之日起 30 日内，按照招标文件订立书面合同。双方不得另行订立背离合同实质性内容的其他协议。

（2）施工合同的履行管理。在合同履行过程中，为确保合同各项指标的顺利实现，承包人需建立一套完整的施工合同管理制度。其内容主要有：

① 工作岗位责任制度。这是承包人的基本管理制度。它具体规定承包人内部具有施工合同管理任务的部门和有关管理人员的工作范围，履行合同中应负的责任，以及拥有的职权。只有建立工作岗位责任制度，才能使分工明确、责任落实，促进承包人施工合同管理工作正常开展，保证合同指标的顺利实现。

② 检查制度。承包人应建立施工合同履行的监督检查制度，通过检查发现问题，督促有关部门和人员改进工作。

③ 奖惩制度。奖优罚劣是奖惩制度的基本内容。建立奖惩制度有利于增强有关部门和人员在履行施工合同中的责任。

④ 统计考核制度。这是运用科学的方法，利用统计数字，反馈施工合同的履行情况。通过对统计数据的分析，为经营决策提供重要依据。

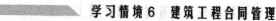

扫一扫看土建合同示例及学生评价表

# 任务 6.3　建筑工程施工合同的谈判

开标以后，业主经过研究，往往选择二、三家投标者就工程有关问题进行谈判，然后选择中标者。这一过程习惯上称为商务谈判。

业主参加谈判的目的有以下几方面。

（1）通过谈判，了解和审查投标者的施工规划和各项技术措施是否合理，以及负责项目实施的班子力量是否雄厚，能否保证工程质量和进度。

（2）根据参加谈判的投标者的建议和要求，也可吸收其他投标者的建议，对设计方案、图纸、技术规范进行某些修改，估计可能对工程报价和工程质量产生的影响。

（3）了解投标者的报价构成，进一步审核和压低报价。

投标者参加谈判的目的有以下几方面。

（1）争取中标，即通过谈判宣传自己的优势，包括建议方案的特点等，以争取中标。

（2）争取合理的价格，既要准备应付业主的压价，又要准备当业主拟增加项目、修改设计或提高标准时适当增加报价。

（3）争取改善合同条款，包括争取修改过于苛刻的不合理条款，澄清模糊的条款和增加有利于保护承包商利益的条款。

### 6.3.1　谈判的过程

在开始谈判前，一定要做好各方面的谈判准备工作。对于一个工程建设施工合同而言，一般都具有投资数额大、实施时间长的特点，而合同内容涉及技术、经济、管理、法律等领域。因此在开始谈判前，必须细致地做好以下几方面的工作。

**1. 谈判的组织准备**

谈判的组织准备包括谈判组的成员组成和谈判组长的人选。

（1）谈判组的成员组成。选择谈判组成员要考虑的问题有：充分发挥每个成员的作用，避免由于人员过多而有些人不能发挥作用或意见不易集中；组长便于在组内协调；每个成员的专业知识面组合在一起能满足谈判要求；国际工程谈判时还要配备业务能力强，特别是外语写作能力强的翻译。

谈判组成员以 3～5 人为宜，在谈判的各个阶段所需人员的知识结构不同。如承包合同前期谈判时技术问题和经济问题较多，需要有工程师和经济师，后期谈判涉及合同条款、准备合同和备忘录文稿，则需要律师和合同专家参加。要根据谈判需要调换谈判组成人员。

（2）谈判组长的人选。选择谈判组长最主要的条件是具有较强的业务能力和应变能力，既需要精通专业知识和具有工程经验，最好还具有合同经验，对于合同谈判中出现的问题能够及时做出判断，主动找出对策。根据这些要求，谈判组长不一定都要由职位高的人员担任，而可由 35～50 岁的人员担任。

**2. 谈判的方案准备和思想准备**

谈判前要对谈判时自己一方想解决的问题和解决问题的方案做好准备，同时要确定对谈判组长的授权范围。要整理出谈判大纲，将希望解决的问题按轻重缓急排队，对要解决的主要问题和次要问题拟定要达到的目标。

对谈判组的成员要进行训练，一方面要分析我方和对方的有利、不利条件，制定谈判策略等，另一方面要确定主谈人员、组内成员分工和明确注意事项。

如果是国际工程项目，有翻译参加，则应让翻译参加全部准备工作，了解谈判意图和方案，特别是有关技术问题和合同条款问题，以便做好准备。

**3. 谈判的资料准备**

谈判前要准备好自己一方谈判使用的各种参考资料，准备提交给对方的文件资料以及计划向对方索取的各种文件资料清单。准备提供给对方的资料一定要经谈判组长审查，以防与谈判时的口径不一致，造成被动。如有可能，可以在谈判前向对方索取有关文件和资料，以便分析和准备。

**4．谈判的议程安排**

谈判的议程安排一般由业主一方提出，征求对方意见后再确定。根据拟讨论的问题来安排议程，可以避免遗漏要谈判的重要问题。

议程要松紧适宜，既不能拖得太久，也不宜过于紧张。一般在谈判中后期安排一定的调节性活动，以便缓和气氛，进行必要的请示以及修改合同文稿等。

### 6.3.2　谈判的内容

 扫一扫看电梯订作合同示例　　扫一扫看电梯全包合同示例

**1．关于工程范围**

承包商所承担的工作范围，包括施工、设备采购、安装和调试等。在签订合同时要做到明确具体、范围清楚、责任明确，否则将导致报价漏项。

（1）有的合同条件规定，除另有规定外的一切工程或承包商可以合理推知需要提供的为本工程服务所需的一切辅助工程等。其中不确定的内容，可作无限制的解释的，应该在合同中加以明确，或争取写明"未列入本合同中的工程量表和价格清单的工程内容，不包括在合同总价内"。

（2）对于"可供选择的项目"，应力争在签订合同前予以明确，究竟选择与否。确定在签订合同时难以澄清的，则应当确定一个具体的期限来选定这些项目是否需要施工。应当注意，如果这些项目的确定时间太晚，可能影响材料设备的订货，承包商可能会受到不应有的损失。

（3）对于现场管理工程师的办公建筑、家具设备、车辆和各项服务，如果已包括在投标价格中，而且招标文件规定得比较明确和具体，则应当在签订合同时予以审定和确认。

**2．关于合同文件**

（1）应使业主同意将双方一致同意的修改和补充意见整理为正式的"补遗"或"附录"，并由双方签字作为合同的组成部分。

（2）应当由双方同意将投标前业主对各投标人质疑的书面答复或通知，作为合同的组成部分，因为这些答复或通知，既是标价计算的依据，也可能是今后索赔的依据。

（3）不能只认为"业主提交的图纸属于合同文件"。应该表明"与合同协议同时由双方签字确认的图纸属于合同文件"。以防业主借补图纸的机会增加工程内容。

（4）对于作为付款和结算工程价款的工程价款的工程量及价格清单，应该根据议标阶段做出的修正重新整理和审定，并经双方签字。

（5）尽管采用的是标准合同文本，在签字前都必须全面检查，对于关键词语和数字更应该反复核对，不得有任何差错。

**3．关于双方的一般义务**

（1）关于"工作必须使监理工程师满意"的条款。这是在合同条件中常常见到的。应该载明："使监理工程师满意"只能是施工技术规范和合同条件范围内的满意，而不是其他。合同条件中还常常规定："应该遵守并执行监理工程师的指示"。对此，承包商通常是书面记录下他对该指示的不同意见和理由，以作为日后付诸索赔的依据。

（2）关于履约保证。应该争取业主接受由中国银行直接开出的履约保证函。有些国家的业主一般不接受外国银行开出的履约担保，因此在合同签订前，应与业主商选一家既与中国银行有往来关系，又能被对方接受的当地银行开具保证函，并事先与当地银行、中国银行协商同意。

（3）关于工程保险。应争取业主接受由中国人民保险公司出具的工程保险单；如业主不同意接受，可由一家当地有信誉的保险公司与中国人民保险公司联合出具保险单。

（4）关于工人的伤亡事故保险和其他社会保险。应力争向承包商本国的保险公司投保。有些国家往往有强制性社会保险的规定，对于外籍工人，由于是短期居留性质，应争取免除在当地进行社会保险。否则，这笔保险金应计入在合同价格之内。

（5）关于不可预见的自然条件和人为障碍问题。一般合同条件中虽有"可取得合理费用"的条款，但由于其措词含糊，容易在实施中引起争执。必须在合同中明确界定"不可预见的自然条件和人为障碍"的内容。对于招标文件中提供的气象、地质、水文资料与实际情况有出入的，则应争取列为"非正常气象和水文情况"，此时由业主提供额外补偿费用的条款。

### 4．关于劳务

有些合同条件规定："不管什么原因，业主发现施工进度缓慢，不能按期完成本工程时，有权自行增加必要的劳力以加快工程进度，而支付这些劳力的费用应当在支付给承包商的工程价款中扣除。"这一条在对外工程中需要承包商注意两点：其一，如当地有限制外籍劳务的规定，则须同业主商定取得入境、临时居住和工作的许可手续，并在合同中明确业主协助取得各种许可手续的责任的规定；其二，因劳力短缺而延误工期，如果是由于业主未能取得劳务入境、居留和工作许可，当地又不能招聘到价格合适和技术较好的劳力，则应归咎为业主的延误，而非承包商造成的延误。因此，在工程施工合同谈判中，应该争取修改这种不分析原因的惩罚性条款。

### 5．关于材料和操作工艺

（1）对于报送材料样品给监理工程师或业主审批和认可，应规定答复期限。业主或监理工程师在规定答复期限不予答复，即视做"默许"。经"默许"后再提出更换，应该由业主承担因工程延误施工期和原报批的材料已订货而造成的损失。

（2）对于应向监理工程师提供的现场测量和试验的仪器设备，应在合同中列出清单，写明型号、规格、数量等。如果超出清单内容，则应由业主承担超出的费用。

（3）争取在合同或"补遗"中写明材料化验和试验的权威机构，以防止对化验结果的权威性产生争执。

（4）如果发生材料代用、更换型号及其标准问题时，承包商应注意两点：其一，将这些问题载入合同"补遗"中去；其二，如有可能，可趁业主在议标时压价而提出材料代用的意见，更换那些原招标文件中规定的高价而难以采购的材料，用承包商熟悉并可获得优惠价格的材料代替。

（5）关于工序质量检查问题。如果监理工程师延误了上道工序的检查时间，往往使承包商无法按期进行下一道工序，而使工程进度受到严重影响。因此，应对工序检验制度做出具体规定，不得简单地规定"不得无理拖延"了事。特别是对及时安排检验要有时间限制。超出限制时，监理工程师未予检查，则承包商可认为该工序已被接受，可进行下一道工序施工。

### 6．关于工程的开工和工期

（1）区别工期与合同（终止）期的概念。合同期，表明一份合同的有效期，即从合同生效之日至合同终止之日的一段时间。而工期是对承包商完成其工作所规定的时间。在工程承包合同中，通常是施工期虽已结束，但合同期并未结束。

（2）应明确规定保证开工的措施。要保证工程按期竣工，首先要保证按时开工，对于业主影响开工的因素应列入合同条件中。如果由于业主的原因导致承包商不能如期开工，则工期应顺延。

（3）施工中，如因变更设计造成工程量增加或修改原设计方案，或工程师不能按时验收工程，承包商有权要求延长工期。

（4）必须要求业主按时验收工程，以免拖延付款，影响承包人的资金周转和工期。

（5）考虑到我国公司一般动员准备时间较长，应争取适当延长工程准备时间，并规定工期应由正式开工之日算起。

（6）业主向承包商提交的现场应包括施工临时用地，并写明其占用土地的一切补偿费用均由业主承担。

（7）如果工程项目付款中，规定有初期工程付款，其中包括临时工程占用土地的各项费用开支。则承包商应在投标前做出周密调查，尽可能减少日后额外占用的土地数量，并将所有费用列入报价之中。

（8）应规定现场移交的时间和移交的内容。所谓移交现场应包括场地测量图纸、文件和各种测量标志的移交。

（9）单项工程较多的工程，应争取分批竣工，并提交工程师验收，发给竣工证明。工程全部具备验收条件而业主无故拖延检验时，应规定业主向承包商支付工程费用。

（10）承包商应有由于工程变更、恶劣气候影响，或其他由于业主的原因要求延长竣工时间的正当权利。

### 7．关于工程维修

（1）应当明确维修工程的范围、维修期限和维修责任。

（2）一般工程维修期届满应退还维修保证金。承包商应争取以维修保函替代工程价款的保留金。因为维修保函具有保函有效期的规定，可以保障承包商在维修期满时自行撤销其维修责任。

### 8．关于工程的变更和增减

（1）工程变更应有一个合适的限额。超过限额，承包商有权修改单价。

（2）对于单项工程的大幅度变更，应在工程施工初期提出，并争取规定限期。超过限期大幅度增加单项工程，由业主承担材料、工资费用上涨而引起的额外费用；大幅度减少单项工程，业主应承担因材料业已订货而造成的损失。

### 9．关于施工机具、设备和材料的进口

（1）承包商应争取用本国的机具、设备和材料去承包涉外工程。许多国家允许承包商从国外运入施工机具、设备和材料为该工程专用，工程结束后再将施工机具和设备运出国境。如有此规定，应列入合同"补遗"中。

（2）应要求业主协助承包商取得施工机具、设备和材料的进口许可。

### 10. 关于不可抗力的特殊风险

关于不可抗力的特殊风险。在 FIDIC 条款中有规定，具体可参照该内容。

### 11. 关于争端、法律依据及其他

（1）应争取用协商和调解的方法解决双方争端。因为协商解决，灵活性比较大，有利于双方经济关系的进一步发展。如果协商不成，需调解解决则争取由中国的涉外调解机构调解；如果调解不成，需仲裁解决则争取由"中国国际经济贸易仲裁委员会"仲裁。

（2）合同规定管辖的法律通常是当地法律。因此，应对当地有关法律有相当的了解。

（3）应注意税收条款。在投标前应对当地税收进行调查，将可能发生的各种税收计入报价中，并应在合同中规定，对合同价格确定以后由于当地法令变更而导致税收或其他费用的增加，应由业主按票据进行补偿。

### 12. 关于付款

承包商最为关心的问题就是付款问题。业主和承包商发生的争议，多数集中在付款问题上。付款问题可归纳为三个方面，即价格问题、货币问题、支付方式问题。

（1）价格问题。国际承包工程的合同计价方式有三类。如果是固定总价合同，承包商应争取订立"增价条款"，保证在特殊情况下，允许对合同价格进行自动调整。这样，就将全部或部分成本增高的风险转移由业主承担。如果是单价合同，合同总价格的风险将由业主和承包商共同承担。其中，由于工程数量方面的变更而引起的预算价格的超出，将由业主负担，而单位工程价格中的成本增加，则由承包商承担。对单价合同，也可带有"增加条款"。如果是成本加酬金合同，成本提高的全部风险由业主承担。但是承包商一定要在合同中明确哪些费用列为成本，哪些费用列为酬金。

（2）货币问题。主要是货币兑换限制、货币汇率浮动、货币支付问题。货币支付条款主要有：固定货币支付条款，即合同中规定支付货币的种类和各种货币的数额，今后按此付款，而不受货币价格浮动的影响；选择性货币条款，即可在几种不同的货币中选择支付，并在合同中用不同的货币标明价格。这种方式也不受货币价格浮动的影响，但关键在于选择权的归属问题，承包商应争取主动权。

（3）支付问题。主要有支付时间、支付方式和支付保证等问题。在支付时间上，承包商越早得到付款越好。支付的方法有：预付款、工程进度付款、最终付款和退还保证金。对于承包商来说，一定要争取到预付款，而且，预付款的偿还按预付款与合同总价的同一比例每次在工程进度款中扣除为好。对于工程进度付款，应争取它不仅包括当月已完成的工程价款，还包括运到现场的合格材料与设备费用。最终付款，意味着工程的竣工，承包商有权取得全部工程的合同价款中尚未付清的款项。承包商应争取将工程竣工结算和维修责任予以区分，可以用一份维修工程的银行担保函来担保自己的维修责任，并争取早日得到全部工程价款。关于退还保证金问题，承包商争取降低扣留金额的数额，使之不超过合同总价的 5%；并争取工程竣工验收合格后全部退还，或者用维修保函代替扣留的应付工程款。

总之，需要谈判的内容非常多，而且双方均以维护自身利益为核心进行谈判，使得谈判更加复杂化、艰难化。因而，需要精明强干的投标班子或者谈判班子提前进行仔细、具体的谋划。

### 6.3.3　谈判的规则

在谈判过程中，为使谈判富有成效，要注意以下谈判规则：

（1）谈判前应做好充分准备。如备齐文件和资料，拟好谈判的内容和方案，对谈判对方的性格、年龄、嗜好、资历、职务均应有所了解，以便派出合适人选参加谈判。在谈判中，要统一口径，不得将内部矛盾暴露在对方面前。

（2）谈判的重要负责人不宜急于表态，应先让副手主谈，主要负责人在旁视听，从中找出问题的症结，以备进攻。

（3）谈判中要抓住实质性问题，不要在枝节问题上争论不休。实质性问题不轻易让步，枝节问题要表现宽宏大量的风度。

（4）谈判要有礼貌，态度要诚恳、友好，平易近人；发言要稳重，当意见不一致时不能急躁，更不能感情冲动，甚至使用侮辱性语言。一旦出现僵局时，可暂时休会。

（5）少说空话、大话，但偶尔赞扬自己在国内、甚至国外的业绩是必不可少的。

（6）对等让步的原则。当对方已做出一定让步时，自己也应考虑做出相应的让步。

（7）谈判时必须记录。

## 任务 6.4　施工合同的订立

扫一扫看
电梯安装
合同样本

### 6.4.1　施工合同订立的条件和原则

#### 1．订立施工合同应具备的条件

（1）初步设计和总概算已经批准。

（2）国家投资的工程项目已经列入国家或地方年度建设计划。

扫一扫看
电梯维保
合同示例

（3）有能够满足施工需要的设计文件和有关技术资料。

（4）建设资金和重要建筑材料设备来源已经落实。

扫一扫看液压
家用梯合同技
术规格示例

（5）建设场地、水源、电源、道路已具备或在开工前完成。

（6）工程发包人和承包人具有签订合同的相应资格。

（7）工程发包人和承包人具有履行合同的能力。

（8）中标通知书已经下达。

#### 2．订立施工合同的原则

订立施工合同的原则是指贯穿于订立施工合同的整个过程，对承发包双方签订合同起指导和规范作用、双方应当遵守的准则。

（1）合法的原则。这是订立任何合同都必须遵守的首要原则。根据该项原则，订立施工合同的主体、内容、形式、程序都要符合法律规定。唯有遵守法律法规，施工合同才受国家法律的保护，当事人预期的经济利益目的才有保障。

（2）平等、自愿的原则。贯彻平等、自愿的原则，必须体现发包人与承包人在法律地位上的完全平等。合同的当事人都是具有独立地位的法人，他们之间的地位平等，只有在充分协商取得一致的前提下，合同才有可能成立并生效。施工合同当事人一方不得将自己的意志强加给另一方，当事人依法享有自愿订立施工合同的权利，任何单位和个人不得非法干预。

（3）公平、诚实信用的原则。贯彻公平原则的最基本要求即发包人与承包人的合同权利、义务要对等而不能显失公平，要合理分担责任。施工合同是双务合同，双方都享有合同权利，同时承担相应的义务，一方在享有权利的同时，不能不承担义务或者只承担与权利不相应的义务。在订立施工合同中贯彻诚实信用的原则，要求当事人要诚实、实事求是地向对方介绍自己订立合同的条件、要求和履约能力，充分表达自己的真实意愿，不得有隐瞒、欺诈的成分；在拟定合同条款时，要充分考虑对方的合法利益和实际困难，以善意的方式设定合同权利和义务。

### 6.4.2 施工合同的订立程序和内容

#### 1. 订立程序

施工合同作为建设工程合同的一种，其订立也应经过要约和承诺两个阶段。除某些特殊工程外，工程建设项目的施工都应通过招标投标的方式选择承包人及签订施工合同。招标投标实质上就是要约与承诺的特殊表现形式。

#### 2. 施工合同的内容

施工合同的内容包括工程范围、建设工期、中间交工工程的开工和竣工时间、工程质量、工程造价、技术资料交付时间、材料和设备的供应责任、拨款和结算、竣工验收、质量保修范围和质量保证期、双方相互协作等条款。

（1）工程范围是指施工的界区，是承包人进行施工的工作范围。工程范围实际上界定施工合同的标的，是施工合同的必备条款。

（2）建设工期是指承包人完成施工任务的期限。每个工程根据性质的不同，所需要的建设工期也各不相同。建设工期是否合理往往会影响到工程质量的好坏。因此为了保证工程质量，双方当事人应当在施工合同中确定合理的建设工期。

（3）中间交工工程是指施工过程中的阶段性工程。为了保证工程各阶段的交接，顺利完成工程建设，当事人应当明确中间交工工程的开工和交工时间。

（4）工程质量是指工程的等级要求，是施工合同的核心内容。工程质量往往通过设计图纸和施工说明书、施工技术标准加以确定。工程质量条款是明确承包人施工要求，确定承包人责任的依据，是施工合同的必备条款。

（5）工程造价是指该工程施工所需的费用，包括材料费、施工成本（包括施工人员的报酬）等费用。当事人要根据工程质量要求、工程概预算，合理地确定工程造价。

（6）技术资料主要是指勘察、设计文件及其他承包人据以施工所必需的基础资料。技术资料的交付是否及时往往影响施工进度，因此当事人应当在施工合同中明确技术资料的交付时间。

（7）材料和设备的供应责任应当由双方当事人在合同中做出明确约定。如果在合同中约定由承包人负责采购建筑材料、构配件和设备的，发包人有权对承包人提供的材料和设备进行检验，发现材料不合格的，有权要求承包人调换或者补齐。但是发包人不得指定承包人购入用于工程的建筑材料、构配件和设备或者指定生产厂、供应商。

（8）拨款是指工程款的拨付。结算是指工程交工后，计算工程的实际造价以及与已拨付工程款之间的差额。拨付和结算条款是承包人请求发包人支付工程款和报酬的依据。

（9）竣工验收是工程交付使用前的必经程序，也是发包人支付价款的前提。竣工验收条款一般包括验收的范围和内容、验收的标准和依据、验收人员的组成、验收方式和日期等内容。

（10）质量保修范围是指对工程保证质量进行保修的范围。质量保证期是指各部分正常使用的期限，也称质量保修期。质量保修期不得低于国家规定的最低保修期限。

（11）双方相互协作条款一般包括双方当事人在施工前的准备工作。承包人及时向发包人提出开工通知书、施工进度报告书、对发包人的监督检查提供必要的协助等。双方当事人的协作是施工过程的重要组成部分，是工程顺利施工的重要保证。

### 6.4.3　施工合同的生效与无效认定

#### 1. 施工合同的生效条件

行为人具有相应的民事行为能力、意思表示真实、不违反法律或者社会公共利益是一般合同生效的条件和标准，也是衡量施工合同是否生效的基本依据。然而施工合同有其特殊性。

（1）当事人必须具有与签订施工合同相适应的缔约能力。施工合同的发包人，既可以是法人，也可是个人。目前我国的有关法律对业主的资格还没有规定，只是对其行为做出规范，但对承揽建筑工程的施工单位的资格则有明确的规定。这里所称的资格，是指经建筑行政主管部门审查所核定的具有从事相应建筑活动的资质等级。《建筑法》规定，承包建设工程的单位应当持有依法取得的资质证书，并在其资质等级许可的业务范围内承揽工程。因此，当事人必须具有与签订施工合同相适应的缔约能力。

（2）不违反工程项目建设程序。工程项目建设程序是工程项目建设的法定程序。工程项目建设程序是客观存在的，而不以人的意志为转移，所以在签订合同过程中必须要遵循基本建设程序。

#### 2. 无效施工合同的认定

无效施工合同是指虽由发包人与承包人订立，但因违反法律规定而没有法律约束，国家不予承认和保护，甚至要对订立违法施工合同的当事人进行制裁。施工合同属下列情况之一的，合同无效。

（1）没有经营资格而签订的合同。没有经营资格是指没有从事建设经营活动的资格。根据企业登记管理的有关规定，企业法人或者其他经济组织应当在经依法核准的经营范围内从事经营活动。凡承包人没有从事建筑经营活动资格而订立的合同应当认定无效。

（2）超越资质等级所订立的合同。从事建筑活动的施工企业，须经过建设行政主管部门对其拥有的注册资本、专业技术人员、技术装备和已完成的建筑工程业绩、管理水平等进行审查，以确定其承担任务的范围，并须在其资质等级许可的范围内从事建筑活动。《建筑法》和《建设工程质量管理条例》规定，禁止施工单位超越本单位资质等级许可的业务范围承揽工程。施工单位超越本单位资质等级承揽工程的，责令停止违法行为，对施工单位处工程合同价款百分之二以上百分之四以下的罚款，可以责令停止整顿，降低资质等级；情节严重的，吊销资质证书；有违法所得的，予以没收。

（3）违反国家、部门或地方基本建设计划的合同。施工合同的显著特点之一就是合同的标的具有计划性，即工程项目的建设多数必须经过国家、部门或者地方的批准。工程项目已经列入年度建设计划，方可签订合同。因此，凡依法应当报请国家和地方有关部门批准而未获批准，没有列入国家、部门和地方的基本建设计划而签订的合同，由于合同的订立没有合法依据，应当认定合同无效。

（4）未取得或违反《建设工程规划许可证》进行建设、严重影响城市规划的合同。《中华人民共和国城乡规划法》（下称《城乡规划法》）规定，在城乡规划区内新建、扩建和改建建筑物、构筑物、道路、管线和其他工程设施，必须持有关批准文件向城乡规划行政主管部门提出申请，由城乡规划行政主管部门根据城乡规划提出规划设计要求，核发《建设工程规划许可证》。建设单位或者个人在取得《建设工程规划许可证》和其他有关批准文件后，方可办理开工手续。没有该证或者违反该证的规定进行建设，影响城乡规划但经批准尚可采取改正措施的，可维持合同的效力；严重影响城乡规划的，因合同的标的是违法建筑而导致合同无效。

（5）未取得《建设用地规划许可证》而签订的合同。《城乡规划法》规定在城乡规划区内进行建设需要申请用地的，必须持国家批准建设项目的有关文件，向城乡规划行政主管部门申请定点，由城乡规划行政主管部门核定其用地位置和界限，提供规划设计条件，核发《建设用地规划许可证》。取得《建设用地规划许可证》是申请建设用地的法定条件。无证取得用地的，属非法用地，以此为基础进行的工程建设显然属于违法建设，合同因内容违法而无效。

（6）未依法取得土地使用权而签订的合同。进行工程建设，必须合法取得土地使用权，任何单位和个人没有依法取得土地使用权进行建设的，均属非法占用土地。《中华人民共和国土地管理法》（下称《土地管理法》）规定，未经批准或采取欺骗手段批准，非法占用土地的，由县级以上人民政府土地主管部门责令退还非法占用土地，对违反土地利用总体规划擅自将农用地改为建设用地的，限期拆除在非法占用土地上新建的建筑物和其他设施，恢复土地原状，对符合土地使用总体规划的，没收在非法占用的土地上新建的建筑物和其他设施，可以并处罚款。由于施工合同的标的——建设工程为违法建筑物，导致合同无效。

（7）应当办理而未办理招标投标手续而订立的合同。《建筑法》规定，建筑工程依法实行招标发包。《招标投标法》规定，建设单位应当依法对工程建设项目的勘察、设计、施工、监理以及工程建设有关的重要设备、材料等的采购进行招标。根据有关法律规定，法定强制招标投标的项目必须进行招标投标活动。对于应当实行招标投标确定施工单位而未实行即签订合同的，合同无效。

（8）非法转包的合同。所谓转包是指承包人承包建设工程后，不履行合同约定的责任和义务，将其承包全部建设工程转给他人或者将其承包的全部建设工程肢解以后以分包的名义分别转给其他单位承包的行为。转包行为有损发包人的合法权益，扰乱建筑市场管理秩序，为《建筑法》等法律、法规所禁止的行为。

（9）违法分包的合同。凡属违法分包的合同均属无效合同。所谓违法分包包括四种行为：

① 总承包单位将建设工程发包给不具备相应资质条件的单位的。

② 建设工程总承包合同中未有约定，又未经建设单位认可，承包人将其承包的部分建设工程交由其他单位完成的。

③ 施工总承包单位将建设工程主体结构的施工分包给其他单位的。

④ 分包单位将其承包的建设工程再分包的。

（10）采取欺诈、胁迫的手段所签订的合同。所谓欺诈，是指一方当事人故意编造某种

事实或实施某种欺骗行为，以诱使对方当事人相信并错误与其签订合同。所谓胁迫，是指一方当事人以将实施某种损害为要挟，致使对方惶恐、不安而与其订立合同。一些不法分子虚构、伪造工程项目情况，以骗取财物为目的，引诱施工单位签订所谓的施工合同。有的不法分子则强迫投资者将工程项目由其承包。凡此种种，不仅合同无效，而且极有可能触犯刑律。

（11）损害国家利益和社会公共利益的合同。例如，以搞封建迷信活动为目的，建造庙堂、宗祠的合同即为无效合同。

无效的施工合同自订立时起就没有法律约束力。《合同法》规定，合同无效或者被撤销后，因该合同取得的财务，应当予以返还；不能返还或者没有必要返还的，应当折价补偿。有过错的一方应当赔偿无过错一方因此所受到的损失，双方都有过错的，应当各自承担相应的责任。

## 任务 6.5　施工合同的违约责任与争议解决

扫一扫看合同案例分析

### 6.5.1　施工合同的违约责任

违约责任是指合同当事人违反合同约定所应当承担的民事责任。违约责任是法律规定的强制性责任。如果违反合同的当事人拒绝承担违约责任，合同对方可以通过司法途径强制其承担。违约责任制度是使合同得到履行的重要保障，有利于促进合同的履行和弥补违约造成的损失，对保护合同当事人的合法权益和社会的交易活动具有重要的意义。

#### 1．承担违反施工合同民事责任的方式

当事人违反施工合同的，根据其违约的性质和违约程度，以下列一种或多种方式承担民事责任。

1）支付违约金

违约金是指由当事人在合同中约定的，当一方违约时，应向对方支付一定数额的货币。当事人可以预先在合同中约定支付违约金的数额或者计算方法。但对于逾期付款的违约金，应执行法定违约金，即按欠款总额的万分之四/日的标准计算。

违约金具有补偿性，约定的违约金视为违约的损失赔偿，损失赔偿额应相当于违约造成的损失。但约定的违约金数额高于或者低于违约行为所造成的损失的，当事人可以请求人民法院或者仲裁机构予以适当减少或增加。

2）赔偿损失

赔偿损失是指合同当事人就其违约而给对方造成的损失给予补偿的一种方法。违约方支付的损失赔偿额应当相当于因违约所造成的损失，包括合同履行后可以获得的利益，但不得超过违反合同一方订立合同时预见到或者应当预见到的因违反合同可能造成的损失。

3）强制履行

《合同法》规定，"当事人一方不能履行非金钱债务或者履行非金钱债务不符合约定的，对方可以要求履行。"违反施工合同的当事人不能因为支付违约金或赔偿损失就可以免除继续履行合同的责任。对于发包人来讲，如果承包人不履行合同，其订立施工合同所期望的获得建筑产品的经济目的就无法实现。因此，非违约方有权选择请求违约方按照合同约定履行

义务，从而更好地弥补非违约方的损失，有利于保护受损害的一方，也更符合订立合同所追求的经济目的。

4）定金制裁

施工合同当事人一方在法律规定的范围内可以向对方给付定金。债务人履行债务后，定金应当抵作价款或者收回。给付定金的一方不履行约定的债务的，无权要求返还定金；收受定金的一方不履行约定的债务的，应当双倍返还定金。当事人可以预先在合同中约定定金的数额，但不得超过主合同标的金额的20%。当事人既约定违约金，又约定定金的，一方违约时，对方可以选择违约金或定金条款。

**2. 发包人违约**

1）发包人的违约行为

发包人应当完成合同约定应由己方完成的义务。如果发包人不履行合同义务或不按合同约定履行义务，则应承担相应的民事责任。发包人的违约行为包括：

（1）发包人不按时支付工程预付款。

（2）发包人不按合同约定支付工程款。

（3）发包人无正当理由不支付工程竣工结算价款。

（4）发包人其他不履行合同义务或者不按合同约定履行义务的情况。

发包人的违约行为可以分为两类。一类是不履行合同义务的，如发包人应当将施工所需的水、电、电信线路从施工场地外部接至约定地点，但发包人没有履行这项义务，即构成违约。另一类是不按合同约定履行义务，如发包人应当开通施工场地与城乡公共道路间的通道及现场内部的主要交通干道，并在合同条款中约定了开通的时间和质量要求，但实际开通的时间晚于约定时间或质量低于合同约定，也构成违约。合同约定应由工程师完成的工作，工程师没有完成或者没有按照约定完成，给承包人造成损失的，也应当由发包人承担违约责任。因为工程师是代表发包人进行工作的，其行为与合同约定不符时，视为发包人的违约。发包人承担违约责任后，可以根据监理委托合同或者单位的管理规定追究工程师的相应责任。

2）发包人承担违约责任的方式

（1）赔偿损失。赔偿损失是发包人承担违约责任的重要方式，其目的是补偿因违约给承包方造成的经济损失。承发包双方应当在专用条款内约定发包人赔偿承包人损失的计算方法。损失赔偿额应当相当于因违约造成的损失，包括合同履行后可以获得的利益，但不得超过发包人在订立合同时预见或者应当预见到的因违约可能造成的损失。

（2）支付违约金。支付违约金的目的是补偿承包人的损失，双方也可在专用条款中约定违约金的数额或计算方法。

（3）顺延工期。对于因为发包人违约而延误的工期，应当相应顺延。

（4）继续履行。承包人要求继续履行合同的，发包人应当在承担上述违约责任后继续履行施工合同。

**3. 承包人违约**

1）承包人的违约行为

（1）因承包人原因不能按协议书约定的竣工日期或工程师同意顺延的工期竣工。

（2）因承包人原因工程质量达不到协议约定的质量标准。

（3）其他承包人不履行合同义务或不按合同约定履行义务的情况。

2）承包人承担违约责任的方式

（1）赔偿损失。承发包双方应当在专用条款内约定承包人赔偿发包人损失的计算方法。损失赔偿额应当相当于违约所造成的损失，包括合同履行后发包人可以获得的利益，但不得超过承包人在订立合同时预见或者应当预见到的因违约可能造成的损失。

（2）支付违约金。双方可以在专用条款内约定承包人应当支付违约金的数额或计算方法。

（3）采取补救措施。对于施工质量不符合要求的违约，发包人有要求承包人采取返工、修理、更换等补救措施。《建设工程质量管理条例》第三十二条规定："施工单位对施工中出现质量问题的建设工程或者施工验收不合格的建设工程，应当负责返修。"

（4）继续履行。如果发包人要求继续履行合同的，承包人应当在承担上述违约责任后继续履行施工合同。

**4．担保方承担责任**

在施工合同中，一方违约后，另一方可按双方约定的担保条款，要求提供担保的第三方承担相应的责任。

### 6.5.2  施工合同争议的解决

**1．施工合同争议的解决方式**

合同当事人在履行施工合同时发生争议，可以和解或者要求合同管理及其他有关主管部门调解。和解或调解不成的，双方可以在专用条款内约定一种方式解决争议：第一种解决方式是双方达成仲裁协议，向约定的仲裁委员会申请仲裁；第二种解决方式是向有管辖权的人民法院起诉。

如果当事人选择仲裁的，应当在专用条款中明确的内容有：选择仲裁的意思表示，仲裁事项，选定的仲裁委员会。在施工合同中直接约定仲裁的，关键是要指明仲裁委员会，因为仲裁没有法定管辖，而是依据当事人的约定由哪一个仲裁委员会仲裁。而选择仲裁的意思表示和仲裁事项则可在专用条款中以隐含的方式实现。当事人选择仲裁的，仲裁机构做出的裁决是终局的，具有法律效力，当事人必须执行。如果一方不执行的，另一方可向有管辖权的人民法院申请强制执行。

如果当事人选择诉讼的，则施工合同的纠纷一般应由工程所在地的人民法院管辖。当事人只能向有管辖权的人民法院起诉作为解决争议的最终方式。

**2．争议发生后允许停止履行合同的情况**

发生争议后，在一般情况下，双方都应继续履行合同，保持施工连续，保护好已完工程，当出现下列情况时，当事人方可停止履行施工合同：

（1）单方违约导致合同确已无法履行，双方协议停止施工。

（2）调停要求停止施工，且为双方接受。

（3）仲裁机关要求停止施工。

（4）法院要求停止施工。

## 工程案例2　某住宅小区施工合同分析

**工程情况**　2013年6月，×××省××市龙达房地产开发公司与东方建筑公司签订了一份施工合同，修建某一住宅小区。小区建成后，经验收质量合格。验收后1个月，龙达房地产开发公司发现楼房屋顶漏水，遂要求东方建筑公司负责无偿修理，并赔偿损失，东方建筑公司则以施工合同中并未规定质量保证期限，且工程已经验收合格为由，拒绝无偿修理要求。龙达房产开发公司遂诉至法院。法院判决施工合同有效。认为合同中虽然并没有约定工程质量保证期限，但依国务院2000年1月30日发布实施的《建设工程质量管理条例》的规定，屋面防水工程保修期限为5年，因此本案工程交工后两个月内出现的质量问题应由施工单位承担无偿修理并赔偿损失的责任。判东方建筑公司应当承担无偿修理的责任。

**案例分析**　《合同法》第二百七十五条规定："施工合同的内容包括工程范围、建设工期、中间交工工程的开工和竣工时间、工程质量、工程造价、技术资料交付时间、材料和设备供应责任、拨款和结算、竣工验收、质量保修范围和质量保证期、双方相互协作等条款。"因此，质量保修范围和质量保证期是建设工程施工合同很重要的条款。

本案争议的施工合同虽欠缺质量保证期条款，但并不影响双方当事人对施工合同主要义务的履行，故该合同有效。由于合同中没有质量保证期的约定，故应当依照法律、法规的规定或者其他规章确定工程质量保证期。法院依照《建设工程质量管理条例》的有关规定对欠缺条款进行补充，依据该条例规定，出现的质量问题属保证期内，故认定东方建筑公司承担无偿修理和赔偿损失责任是正确的。《建设工程质量管理条例》规定，在正常使用条件下，屋面防水工程、有防水要求的卫生间、房间和外墙的防渗漏的最低保修期限为5年。该条例第41条规定，建设工程在保修范围和保修期限内发生质量问题的，施工单位应当履行保修义务，并对造成的损失承担赔偿责任。

## 工程案例3　某花园别墅施工合同分析

**工程情况**　某房地产开发公司欲建一豪华花园别墅，遂与某建筑工程承包公司签订建设工程施工合同。关于施工进度，双方在专用条件中约定：4月1日至4月20日，地基完工；4月21日至6月30日封顶，主体工程竣工；7月1日至10日，全部工程竣工。4月初工程开工，该房地产公司的楼花在房地产市场极为走俏，为尽早建成该项目，房地产开发公司便派专人检查监督施工进度。检查人员曾多次要求建筑公司缩短工期均被建筑公司以质量无法保证为由拒绝。为使工程尽早完工，房地产开发公司所派检查人员遂以承包公司名义要求材料供应商提前送货至目的地，造成材料堆积过多，管理困难，部分材料损坏。该承包公司遂起诉该企业，要求其承担损害赔偿责任。房地产开发公司以检查作业进度，督促完工为由抗辩，法院判决该房地产开发公司抗辩不成立，应依法承担赔偿责任。

**案例分析**　本案涉及发包方如何行使检查监督权问题。《合同法》第二百七十七条规定："发包人在不妨碍承包人正常作业的情况下，可以随时对作业进度、质量进行检查。"

发包人有权随时对承包人作业进度和质量进行检查，但这一权利的行使不得妨碍承包人的正常作业，这是其行使监督检查权利的前提。所谓正常作业，是指承包人依据建设工程合同的约定，按施工进度计划表、预先设计的施工图纸及说明书等完成建设工程任务的行为。在行使监督检查权利的时间方面，《合同法》第二百七十七条没有限制，规定发包人可随时行使。在行使权利的范围方面，包括作业进度和质量两方面发包人对承包人作业进度的检查，一般依承包方提供的施工进度计划表、月份施工作业计划为据。检查、监督为发包人的权利，接受检查、监督便成为承包人的义务。对于发包人不影响其工作的必要监督、检查，承包人应予以支持和协助，不得拒绝。

根据《合同法》第二百七十七条规定，如果发包人对作业进度质量进行检查，妨碍了承包人正常作业，那么，承包人有权要求发包人承担由此造成的一切后果和损失；如果发包人的检查工作虽未妨碍承包人正常作业，但却超出了进度和质量两方面的范围限制，则承包人亦可拒绝接受检查，或要求发包人承担由此造成的损失。

在本案中，房地产开发公司派专人检查工程施工进度的行为本身是行使检查权的表现。但是，检查人员的检查行为，已超出了施工进度和质量检查的范围，且以承包公司名义促使材料供应商提早供货，在客观上妨碍了承包公司的正常作业，因而构成权利滥用行为，理应承担损害赔偿责任。

## 工程案例4  某学生公寓建设工程合同分析

**工程情况**  2013 年 4 月，甲大学为建设学生公寓，与乙建筑公司签订了一份建设工程合同。合同约定：工程采用固定总价合同形式，主体工程和内外承重砖一律使用国家标准砌块，每层加水泥圈梁；甲大学可预付工程款（合同价款的 10%）；工程的全部费用于验收合格后一次付清；交付使用后，如果在 6 个月内发生严重质量问题，由承包人负责修复等。1 年后，学生公寓如期完工，在甲大学和乙建筑公司共同进行竣工验收时，甲大学发现工程 3~5 层内承重墙体裂缝较多，要求乙建筑公司修复后再验收。乙建筑公司认为不影响使用而拒绝修复。因为很多新生亟待入住，甲大学接收了宿舍楼。在使用了 8 个月后，公寓楼 5 层的内承重墙倒塌，致使 1 人死亡、3 人受伤，其中 1 个致残。受害者与甲大学要求乙建筑公司赔偿损失，并修复倒塌工程。乙建筑公司以使用不当且已过保修期为由拒绝赔偿。无奈之下，受害者与甲大学诉至法院，请法院主持公道。法院在审理期间对工程事故原因进行了鉴定，鉴定结论为乙建筑公司偷工减料致宿舍楼内承重墙倒塌。因此，法院对乙建筑公司以保修期已过拒绝赔偿的主张不予支持，判决乙建筑公司应当向受害者承担损害赔偿责任并负责修复倒塌的部分工程。

**案例分析**  《合同法》第二百八十八条规定："因承包人的原因致使建设工程在合理使用期限内造成人身和财产损害的，承包人应当承担损害赔偿责任。"

本条所规定的承包人的损害赔偿责任不是基于承包人与发包人之间的合同约定产生的，而是基于国家有关工程质量保修的强制性规定产生的。

《建筑法》第六十二条规定："建筑工程实行质量保修制度。建筑工程的保修范围应当包括地基基础工程、主体结构工程、层面防水工程和其他工程，以及电气管线、上下水管

线的安装工程，供热、供冷系统工程等项目；保修的期限应当按照保证建筑物合理寿命年限内正常使用，维护使用者合法权益的原则确定。具体的保修范围和最低保修年限由国务院规定。"

《建设工程质量管理条例》第四十条规定：在正常使用条件下，建设工程最低保修期限为：

（1）基础设施工程、房屋建筑的地基基础工程、主体结构工程，为设计文件规定的该工程的合理使用年限。

（2）屋面防水工程、有防水要求的卫生间、房间和外墙面的防渗漏，为5年。

（3）供热与供冷系统，为2个采暖期、供冷期。

（4）电气管线、给排水管道、设备安装和装修工程，为2年。

（5）其他项目的保修期限由发包方与承包方约定。

（6）建设工程的保修期，由竣工验收合格之日起计算。

根据上述法律规定，建设工程的保修期限不能低于国家规定的最低保修期限，其中，对于地基基础工程、主体结构工程实际规定为终身保修。

在本案中，甲大学与乙建筑公司虽然在合同中双方约定保修期限的为6个月，但这一期限远远低于国家规定的最低期限，尤其是承重墙属主体结构，其最低保修期限依法应终身保修。双方的质量期限条款违反了国家强制性法律规定，因此是无效的。乙建筑公司应当向受害者承担损害赔偿责任。承包人损害赔偿责任的内容应当包括：医疗费、因误工减少的收入、残废者生活补助费等。造成受害人死亡的，还应支付丧葬费、抚恤费、死者生前抚养的人必要的生活费用等。

此外，鉴于乙建筑公司已酿成重大工程质量事故，依法应当追究其刑事责任。

## 工程案例5 某土地平整工程合同分析

**工程情况** 发包人某公司与承包人某建筑承包公司于2013年9月签订了一份土地平整工程合同。合同约定：承包人为发包人平整土地工程，造价26.5万元，交工日期是2013年11月底。在合同履行中因发包人未解决征用土地问题，承包人施工时被当地居民阻拦，使承包人6台推土机无法进入施工场地，窝工260个台班。后经双方协商同意将原合同规定的交工日期延迟到2013年12月底。工程完工结算时，双方因停工、窝工问题发生争议，发包人拒付工程款。承包人向法院起诉要求支付工程款，赔偿窝工的实际损失。法院判决发包人依合同约定支付工程款，并且赔偿给承包人造成的停工、窝工的实际损失。

**案例分析** 《合同法》第二百八十三条规定："发包人未按照约定的时间和要求提供原材料、设备、场地、资金、技术资料的，承包人可以顺延工程日期，并有权要求赔偿停工、窝工等损失。"根据该条规定，不论是新建或改建工程，发包人都应当为承包人提供工程建设必要的条件。在通常情况下，发包人应按建设工程承包合同约定的时间和要求，一次或分阶段完成以下工作：

（1）按照合同规定的分工范围和要求，按期提供原材料和设备，双方一般应在合同中明确约定发包人供应材料和设备的名称、规格型号、数量、供应的时间和送达的地点。

（2）负责办理正式工程和临时设施范围内的土地征用、租用，申请施工许可证和占道、爆破以及临时铁道专用线接岔等许可证。

（3）确定建筑物、道路线路、上下水道的定位标桩、水准点和坐标准值点。

（4）开工前应接通施工现场水源、电源和运输道路、拆迁现场内民房和障碍物（也可委托承包人承担），做到"三通一平"。

（5）组织有关单位对施工图等技术资料进行审定，按照合同规定的时间和份数交给承包人。

（6）向承包人提供施工场地的工程地质和地下网路资料，保证数据真实准确。

此外，根据《合同法》的规定，如果发包人不按合同约定完成以上工作造成延误，除工程日期得以顺延外，还应偿付承包人因此造成停工、窝工的实际损失。

在本案中，发包人应当为承包人提供施工场地和施工条件，既然该承包工程为平整土地工程，发包人在施工之前应负责将土地征用事宜办理完毕。而发包人不仅没有办妥土地征用手续，没有为承包人提供施工条件，而且也没有通知承包人暂不能如期开工，致使承包人按期开始施工时受到当地群众阻拦，推土机无法进入施工场地，窝工 260 个台班。事后虽经双方协商将交工日期延迟，但是已经给承包人造成了不可挽回的经济损失。而且承包人的经济损失是因为发包人未能按合同约定提供施工场地造成的，发包人当然应当赔偿因此给承包人造成的实际窝工的损失。

## 知识梳理与总结

本情境主要介绍了工程施工合同管理的基本内容和方法，通过本情境的学习读者应掌握合同管理的基本概念和方法，运用理论进行合同案例分析。

（1）能够掌握工程施工合同管理的原则和方法。

（2）掌握合同管理的基本理论和方法，运用理论对合同案例进行分析。

## 技能训练 3

1. 某机床厂与某工业公司签订合同，由机床厂向工业公司提供铣床一台，价值 4.4 万元，运费及其他费用共 1 500 元，同年 12 月底交货，货到后 10 日内付款，机床厂延期一个月交货，工业公司收货后以机床厂延期交货为由，一直未付货款，经机床厂多次催要，才支付 2.5 万元，机床厂要求对方偿付欠款并承担延期付款的违约金，问：此案应如何处理？

2. 某县机械厂（供方）和某机械公司（需方）签订供货合同，明确交货时间为当年 11 月底，合同到期，供方尚未交货，经需方一再催促，于同年 12 月底交货，但货到后需方以供方延期交货为由拒绝收货，供方认为我方虽未按期交货，按《合同法》规定应承担一定的责任，但你方并未明确向我方表示撤销合同，原合同仍应有效；需方反驳说，你方延期交货是违约行为，合同当然自动丧失效力。问：如何处理这一纠纷？

3. 某服务公司（甲方）与某信息公司（乙方）签订购销合同，由乙方供应甲方钢材 1 000 t，价款 85 万元，合同规定款到一个月内由乙方把钢材发到甲方所在地火车站交货，逾期每日

按货款总金额的 1%赔偿损失，甲方款到后，乙方因组织不了货源无法交货，甲方向法院起诉，要求乙方偿付损失。问：这一纠纷应如何解决？

4．中国某企业和日本一公司协商决定成立中外合资经营企业，在合营企业合同中规定：（1）在合营企业的注册资本中，中方投资比例为49%，日方为51%；（2）在合营期间，如合营双方自愿，可增加投资额，也可适当减少注册资本；（3）中方用现金、厂房出资，日方用工业产权、专有技术、场地使用权作价出资；（4）合营合同发生争议时，处理合同纠纷适用日本法律。试问：上述合营企业合同所规定的内容是否正确？为什么？

5．某贸易公司与一乡镇酒厂订立合同，贸易公司提供五粮液酒瓶及瓶贴装潢 1 万套，酒厂以自产白酒灌入 1 万瓶五粮液酒瓶由贸易公司销售，赢利双方对半分成，贸易公司将全部假酒销出，获利 300 万元，但只付给酒厂 50 万元，酒厂多次前去催款未果，遂向法院起诉，要求贸易公司偿付获利款 100 万元，并支付违约金。问：（1）贸易公司是否应支付违约金？为什么？（2）本案应如何处理？

6．某有限责任公司注册资金 600 万元，其中国家投资占 60%，法人投资占 40%，本年实现利润 120 万元，上年度亏损 30 万元，按 5%提取法定公益金。问：该公司本年利润应如何分配？

7．某 A 厂与 B 厂签订了一台机器设备转让合同。价款 40 万元，合同规定款到后一个月内交货。同年 5 月 A 厂将货款一次付清，可是一个月后，B 厂厂长调走了，后任厂长不承认该合同，提出对机器设备要重新作价否则不履行合同，致使 A 厂生产无法上马，并损失差旅费 1 万元。问：（1）B 厂这样做对吗？（2）该纠纷应如何解决？

8．甲厂（供方）与乙厂（需方）签订一份 100 立方米木材供应合同，合同规定木材每立方米 1 500 元，总价款 15 万元，当年年底交货付款，合同不履行时，违约方应偿付对方违约金 5%，并赔偿损失，合同签订后，甲厂未按期交付木材造成乙厂经济损失 9 000 元，乙厂要求甲厂支付违约金、赔偿金，并履行合同，遭到甲厂拒绝。问：该合同纠纷应如何处理？

学习情境 **7**

# 建筑工程相关
# 合同管理

扫一扫看
本情境教
学课件

| 项目任务 | 任务1 合同分析；<br>任务2 合同实施控制；<br>任务3 合同变更的管理；<br>任务4 合同的风险管理；<br>任务5 合同示范文本 | 学时 | 6+2 |
|---|---|---|---|
| 教学目标 | 具备分析合同、管理合同、变更合同的能力，掌握风险防范的方法；能运用和识读合同示范文本，并能签订、编制合同 | | |
| 教学载体 | 实训中心、教学课件及书中相关内容 | | |
| 课程训练 | 知识方面 | 了解建筑工程合同的内容，掌握合同双方的责任 | |
| | 能力方面 | 掌握合同的详细分析方法，能够审核、控制和管理合同 | |
| | 其他方面 | 具有风险防范意识和竞争意识，具备签订合同、进行谈判、分析问题的能力 | |
| 过程设计 | 任务布置及知识引导→分组学习讨论→学生集中汇报→教师点评总结 | | |
| 教学方法 | 参与型项目教学法 | | |

建筑工程合同对于合同的准确性、客观性、简易性、一致性和全面性有着特殊性。要对建筑工程合同的内容、总体、事件进行分析，并应掌握合同双方的责任，从而对合同进行详细分析、实施控制，最后达到预期目标。

# 任务 7.1　合同分析

合同分析是将合同目标和合同条款规定落实到合同实施的具体问题和具体事件上，用以指导具体工作，使合同能顺利地履行，最终实现合同目标。

## 7.1.1　合同分析的必要性与基本要求

合同分析应作为工程施工合同管理的起点。现代工程的特点是规模庞大、投资多、结构复杂、技术和质量要求高、工期长和工程量大。在工程合同实施过程中，建筑工程发包方和承包方必须以合同作为行为准则，将合同目标和责任贯彻落实在合同实施的具体问题上和各工程小组以及各分包商的具体工程活动中。要按质、按期完成施工合同目标，发包方和承包方的各职能人员都必须熟练掌握合同内容，用合同指导工程实施。因此对施工合同进行分析是十分必要的。

### 1. 施工合同分析的必要性

在一个工程项目中，合同是一个复杂的体系，几份、十几份甚至几十份合同之间有十分复杂的关系。即使一份工程承包合同，有时涉及某一个问题可能在许多条款，甚至在许多合同文件中都有具体客观的规定，这给实际工作带来许多不便之处。例如，对一分项工程，工程量和单价包含在工程量清单中，质量要求又包含在工程图纸和规范中，而合同双方的责任、价格结算等又包含在合同文本的不同条款中。这很容易导致执行中的混乱。

（1）工程参加各方，以及各层管理人员对合同条文的解释必须有统一性和同一性。在业主与承包商之间，合同解释权归工程师。而在承包商的施工组织中，合同解释权必须归合同管理人员。如果在合同实施前，不对合同做分析和统一的解释，极容易造成解释不统一，而导致工程实施中的混乱。特别对复杂的合同，或承包商不熟悉的合同，或各方面合同关系比较复杂的工程项目，合同分析这个工作极为重要。

（2）合同条文往往不直观明了，一些法律语言不容易理解。只有在合同实施前进行合同分析，将合同规定用最简单易懂的语言和形式表达出来，使人一目了然，这样才能方便日常管理工作。承包商、项目经理、各职能人员和各工程小组也不必经常为合同文本和合同式的语言所累。

（3）合同事件和工程活动的具体要求（如工期、质量、费用等），合同各方的责任关系，事件和活动之间的逻辑关系极为复杂。要使工程按计划、有条理地进行，必须在工程开始前将它们落实下来，并从工期、质量、成本、相互关系等各方面予以定义。

（4）许多工程小组、项目管理职能人员所涉及的活动和问题不是全部合同文件，而仅为合同的部分内容。他们没有必要在工程实施中对于合同文件过于教条化。比较好的办法是由合同管理人员先做全面分析，再向各职能人员和工程小组进行合同交底。

（5）在合同中依然存在问题和风险，包括合同审查时已经发现的风险和可能还隐藏着的

尚未发现的风险。合同中还必然存在用词含糊和规定不具体、不全面、甚至矛盾的条款。在合同实施前有必要做进一步的全面分析，对风险进行确认和界定，具体落实对策措施。

（6）合同分析实质上又是合同执行的计划，在分析过程中应具体落实合同执行战略。

（7）在合同实施过程中，合同双方会有许多争执。合同争执常常起因于合同双方对合同条款理解的不一致。要解决这些争执，首先必须做合同分析，按合同条文的表达，分析它的意思，以判定争执的性质。要解决争执，双方必须就合同条文的理解达成一致。

在索赔中，索赔要求必须符合合同规定，通过合同分析可以提供索赔理由和根据。

### 2. 合同分析的基本要求

#### 1）准确性和客观性

合同分析的结果应是准确、客观地反映出合同的内容。如果分析中出现误差，它必然会反映在具体合同执行中，从而导致合同实施出现更大的失误。所以不能透彻、准确地分析合同，就不能全面、有效地执行合同。许多工程失误和争执都起源于不能准确地理解合同，从而导致合同实施的失误。

客观性，即合同分析不能自以为是和"想当然"。对合同的风险分析，合同双方责任和权益的划分，都必须实事求是地按照合同条文、合同具体精神，而不能依据当事人的主观意愿，否则，必然导致合同实施过程中双方的合同争执。合同争执的最终解决不是以单方面对合同理解为依据的，而是依合同的客观性、具体准确性。

#### 2）简易性

合同分析的结果必须采用使不同层次的管理人员、工作人员能够接受的表达方式，使用简单易懂的工程语言，尽量用通用表格和简易的表达方式。对不同层次的管理人员提供不同要求、不同内容下具体简易的分析资料。

#### 3）合同双方的一致性

合同双方、承包商和发包人的所有工程小组、分包商等对合同理解必须是一致的。合同分析实质上是承包商单方面对合同的详细解释。分析中要落实各方面的责任界线，这极容易引起争执，所以合同分析结果应能为对方认可。如有不一致，应在合同实施前，最好在合同签订前解决确认，以避免合同执行中的争执、损失及误差，这对双方都有利。

#### 4）全面性

合同分析首先应是全面的、细致的，对全部的合同文件做解释分析。对合同中的每一条款、每句话，甚至每个数字都应认真推敲，细心反复琢磨。合同分析不能只观其大略，不能错过一些细节问题，这是一项非常细致的具体工作。在实际工作中，常常一个词，甚至一个标点就能关系到争执的性质，关系到一项索赔的成败，甚至关系到工程的盈亏。

其次是全面地、整体地理解，不能断章取义，特别当不同文件、不同合同条款之间规定不一致有矛盾时，更要注意这一点。

## 7.1.2　合同总体分析

### 1. 合同总体分析的发生

合同总体分析的主要对象是合同协议书和合同条款等。通过合同总体分析，将合同条款

和合同规定落实到一些带全局性的具体问题上，通常在如下两种情况下进行。

（1）在合同签订后、实施前，承包商必须首先做合同总体分析。这种分析的重点是：承包商的主要合同责任、工程范围，业主（包括工程师）的主要责任和权力，合同价格、计价方法和价格补偿条件，工期要求和顺延条件，合同双方的违约责任，合同变更方式、程序和工程验收方法等，争执的解决方法等。

在分析中应对合同中的风险，执行中应注意的问题做出特别的说明和提示。

合同总体分析的结果是工程施工总的指导性文件，应将它以最简单的形式和最简洁的语言表达出来，交项目经理、各职能人员，并进行合同交底。

（2）在重大的争执处理过程中，首先必须做合同总体分析。这里总体分析的重点是合同文本中与索赔有关的条款。对不同的干扰事件，则有不同的分析对象和重点。它对整个索赔工作起如下作用：

① 提供索赔（反索赔）的理由和根据。

② 合同总体分析的结果直接作为索赔报告的一部分。

③ 作为索赔事件责任分析的依据。

④ 提供索赔值计算方式和计算基础的规定。

⑤ 是索赔谈判中的主要攻守武器。

**2．合同总体分析的内容**

合同总体分析的内容和详细程度与如下因素有关：

（1）分析目的。如果在合同履行前做总体分析，一般比较详细、全面；而在处理重大索赔和合同争执时做总体分析，一般仅需分析与索赔和争执相关的内容。

（2）承包商的职能人员、分包商和工程小组对合同文本的熟悉程度。如果是一个熟悉的、以前经常采用的文本（例如在国际工程中使用文本），则分析可简略，重点分析特殊条款和应重视的条款。

（3）工程和合同文本的特殊性。如果工程规模大、结构复杂，使用特殊的合同文本（如业主自己起草的非标准文本），合同的风险大、变更多，工程的合同关系复杂，相关的合同多，则应详细分析。

合同总体分析的内容，一般主要包括以下几个方面。

**1）合同的法律基础**

法律基础即合同签订和实施的法律背景。通过分析，承包商了解适用于合同的法律的基本情况（范围，特点等），用以指导整个合同实施和索赔工作。对合同中明示的法律应重点分析。

**2）合同类型**

不同类型的合同，其性质、特点、履行方式不一样，双方的责权利关系和风险分配不一样。这直接影响合同双方责任和权利的划分，影响工程施工中的合同管理和索赔（反索赔）。

**3）合同文件和合同语言**

合同文件的范围和优先次序：如果在合同实施中合同有重大变更，应做出特别说明。

合同文本所采用的语言：如果使用多种语言，则需定义"主导语言"。

4）承包商的主要任务

这是合同总体分析的重点之一，主要分析承包商的合同责任和权利，分析内容通常有：

（1）承包商的总任务，即合同标的。承包商在设计、采购、生产、试验、运输、土建、安装、验收、试生产、缺陷责任期维修等方面的主要责任，施工现场的管理，给业主的管理人员提供生活和工作条件等责任。

（2）工程范围。它通常由合同中的工程量清单、图纸、工程说明、技术规范来定义。工程范围的界限应很清楚，否则会影响工程变更和索赔，特别对固定总价合同，更应该重视。

在合同实施中，如果工程师指令的工程变更属于合同规定的工程范围，则承包商必须无条件执行；如果工程变更超过承包商应承担的风险范围，则可向业主提出工程变更的补偿要求。

如果工程师指令的附加工程不在合同规定的工程范围内，承包商有权拒绝执行业主的变更指令，或坚持先签订补充协议，重新商定价格，然后再执行。确定一个附加工程是否属于合同范围内，通常要看该附加工程是否为合同工程安全地、经济地、高效率地运行或更完美地使用所必需的，或为合同工程的总功能服务的。

（3）关于工程的规定。这在合同管理和索赔处理中极为重要，主要重点分析：

① 工程变更程序。在合同实施过程中，变更程序非常重要，通常要做工程变更工作流程图，并交给相关的职能人员。工程变更通常须由业主的工程师下达书面指令，出具书面证明，承包商开始执行变更，同时进行费用补偿谈判，在一定期限内达成补偿协议。这里要特别注意工程变更的实施、价格谈判和业主批准价格补偿三者之间在时间上的矛盾性。这里常常会包含着较大的风险。

② 工程变更的补偿范围，通常以合同金额一定的百分比表示。例如某承包合同规定，工程变更在合同价的 5%范围内为承包商的风险或机会。在这个范围内，承包商无权要求任何补偿。通常这个百分比越大，承包商的风险越大。

③ 有些特殊的规定应重点分析。例如有一承包合同规定，业主有权指令进行工程变更。业主对所指令的工程变更的补偿范围是，仅对重大的变更，且仅按单个建筑物和设施地平以上体积变化量计算补偿费用。这实质上排除了工程变更索赔的可能。

④ 工程变更的索赔有效期，由合同具体规定，一般以天数进行计量。一般这个时间越短，对承包商管理水平要求越高，对承包商越不利。有效期是索赔有效性的保证，应落实在具体工作中。

5）发包人责任

这里主要分析发包人的权利和合作责任。业主作为工程的发包人选择承包商、向承包商颁发中标函。业主的合作责任是承包商顺利地完成合同所规定任务的前提，同时又是进行索赔的理由和推卸工程拖延责任的托词；而业主的权利又是承包商的合同责任，是承包商容易产生违约行为的地方。

（1）业主雇用工程师并委托他全权履行业主的合同责任。在合同实施中要注意工程师的职权范围，这在合同中有比较全面的规定。但每个合同又有它自己独特的规定，业主一般不会给工程师授予规定的全部权力。对此要做专门分析。

（2）业主和工程师有责任划分平行的各承包商和供应商之间的责任界限，协调他们的工作，并承担管理和协调失误造成的损失。例如，设计单位、施工单位、供应单位之间的互相

干扰由业主承担责任。这经常是承包商工期索赔的理由。

（3）及时做出承包商履行合同所必需的决策，如下达指令，履行各种批准手续，做出认可、答复请示，完成各种检查和验收手续等。

（4）提供施工条件。如及时提供设计资料、图纸、施工场地、道路等。

（5）按合同规定及时支付工程款，及时接收已完工程等。

6）合同价格

应重点分析：

（1）合同种类（如固定总价合同、单价合同、成本加酬金合同等）和合同所采用的计价方法及合同价格所包括的范围。

（2）工程量测量方法，工程款结算（包括进度付款、竣工结算、最终结算）方法和程序。

（3）合同价格的调整，即费用索赔的条件、价格调整方法、计价依据、索赔有效期规定。

① 合同实施的环境变化对合同价格的影响。例如，当通货膨胀、汇率变化、国家税收政策变化、法律变化时合同价格的调整条件和调整方法。

② 附加工程的价格确定方法。通常，如果合同中有同类分项工程，则可以直接使用它的单价；若仅有相似的分项工程，则可对它的单价做相应调整后使用；如果既无相同又无相似的分项工程，则应重新决定价格。

③ 工程量增加幅度与价格的关系。对此，不同的合同会有不同的规定。例如，FIDIC 规定，工程师有权变更工程。工程变更不得超过整个有效合同额的 15%。在此范围内合同工程量增减，单价不变。超过这个界限，应对合同价格中的固定费用进行调整。

某合同规定，如果某项工程量增减超过原合同工程量的 25%，则可以重新商定单价。

又如，某合同规定，承包商必须在工程施工中完成由业主的工程师书面指令的工程变更和附加工程。前提为，变更净增加不超过 25%，净减少不超过 10% 的合同价格。如果承包商同意，工程变更总价可突破上述界限，相应合同单价可做适当调整。

（4）拖欠工程款的合同责任。

7）施工工期

在实际工程中，工期拖延极为常见和频繁，而且对合同实施和索赔的影响很大，所以要特别重视。重点分析合同规定的开工与竣工日期、主要工程活动的工期、工期的影响因素、获得工期补偿的条件和可能等。列出可能进行工期索赔的所有条款。

对工程暂停，承包商不仅可以进行工期索赔，还可能有费用索赔和终止合同的权利。

FIDIC 和我国的施工合同都有相关规定。如某合同中规定："只有根据甲方的书面指令，才允许乙方停工。在停工期间，乙方负责保护工程。如果停工的责任不在乙方，则甲方应向乙方补足相当于停工时间的工期。如果这种停工超过六个月，则乙方有权要求终止合同。在这种情况下，乙方有权要求索取其已经施工的工程费用和停工期间的实际损失，但不许要求其他方面的赔偿。"

8）违约责任

如果合同一方未遵守合同规定，造成对方损失，应受到相应的合同处罚，这是合同总体分析的重点之一。其中常常会隐藏着较大的风险，通常分析：

（1）承包商不能按合同规定工期完成工程的违约金或承担业主损失的条款。

1学习情境7 建筑工程相关合同管理

（2）由于管理上的疏忽造成对方人员和财产损失的赔偿条款。

（3）由于预谋或故意行为造成对方损失的处罚和赔偿条款等。

（4）由于承包商不履行或不能正确地履行合同责任，或出现严重违约时的处理规定。

（5）由于业主不履行或不能正确地履行合同责任，或出现严重违约时的处理规定，特别是对业主不及时支付工程款的处理规定。

例如，某分包合同规定，对总承包商因管理失误造成的违约责任，仅当这种违约造成分包商人员和物品的损害时，总承包商才给分包商以赔偿，否则不予赔偿。这样，总承包商管理失误造成分包商成本和费用的增加不在赔偿之内。

9）验收、移交和保修

（1）验收。验收包括许多内容，如材料和机械设备的进场验收、隐蔽工程验收、单项工程验收和全部工程竣工验收等。

在合同分析中，应对重要的验收要求、时间、程序以及验收所带来的法律后果做说明。

（2）移交。竣工验收合格即办理移交。移交作为一个重要的合同事件，同时又是一个重要的法律概念。它表示：

① 业主认可并接收工程，承包商工程施工任务的完结。

② 工程所有权的转让。

③ 承包商工程照管责任的结束和业主工程接管责任的开始。

④ 保修责任的开始。

⑤ 合同规定的工程款支付条款有效。

当然对工程尚存在的缺陷、不足之处以及应由承包商完成的剩余工作，业主可保留其权利，并指令承包商限期完成，承包商应在移交证书上注明的日期内尽快地完成这些剩余工程或工作。如果不声明保留意见或权利，一般认为业主已无障碍地接收整个工程。

这里应详细分析工程移交的程序。

（3）保修。工程的保修期一般为1年（根据部位不同有区别）。在国际工程合同中也有要求保修2年甚至更长时间的苛刻条款。对保修容易引起争执的是工程使用中出现问题的责任划分。通常，由于承包商的施工质量低劣、材料不合格等原因造成的质量问题，必须由承包商负责免费维修。而因业主使用和管理不善造成的问题不属于维修范围，或承包商也必须修复，但费用由业主支付。

在保修期内，业主还掌握着承包商的部分保证金。通常要求承包商在接到业主维修通知后一定期限内（通常为1个星期）完成修理。否则，业主请他人维修，费用由承包商支付。在保修期间，工程使用中出现问题的责任划分常常是双方争执的焦点。

10）索赔程序和争执的解决

它决定着索赔的解决方法。这里要分析：

（1）索赔的程序。

（2）争执的解决方式和程序。

（3）仲裁条款。包括仲裁所依据的法律、仲裁地点、方式、程序和仲裁结果的约束力等。

如果没有上述仲裁条款，就不能用仲裁的方式解决争执，这在很大程度上决定了承包商的索赔策略。

197

### 7.1.3 合同事件分析

承包合同的实施由许多具体的工程活动和合同双方的其他经济活动构成。这些活动也都是为了实现合同目的，履行合同责任，也必须受合同的制约和控制。这些工程活动所确定的状态常常又被称为合同事件。对一个确定的承包合同，承包商的工程范围，合同责任是一定的，则相关的合同事件和工程活动也应是一定的。通常在一个工程中，这样的事件可能有几百，甚至几千件。在工程中，合同事件之间存在一定的、技术上的、时间上的和空间上的逻辑关系，形成网络，所以又被称为合同事件网络。

为了使工程有计划、有秩序地按合同实施，必须将承包合同的目标、要求和合同双方的责权利关系分解落实到具体的工程活动上。这就是合同的详细分析。

#### 1. 合同事件表

合同详细分析的对象是合同协议书、合同条件、规范、图纸、工作量表。它主要通过合同事件表、网络图、横道图等定义各工程活动。合同详细分析的结果最重要的部分是合同事件表，见表7-1。

表7-1　合同事件表

| 合同事件表 | | |
|---|---|---|
| 子项目： | 编码： | 最新变更日期：<br>变更次数： |
| 事件名称和简要说明： | | |
| 事件内容说明： | | |
| 前提条件： | | |
| 本事件的主要活动： | | |
| 负责人（单位）： | | |
| 费用<br>计划：<br>实际： | 其他参加者<br>1.<br>2. | 工期<br>计划：<br>实际： |

1）编码

编码是计算机数据处理的需要，事件的各种数据处理都靠编码识别。所以编码要能反映该事件的各种特性，如所属的项目、单项工程、单位工程、专业性质、空间位置等。通常它应与网络事件（或活动）的编码有一致性。

2）事件名称和简要说明

3）变更次数和最近一次的变更日期

它记载着与本事件相关的工程变更。在接到变更指令后，应落实变更，修改相应栏目的内容。

最近一次的变更日期表示，从这一天以来的变更尚未考虑到。这样可以检查每个变更指令落实情况，既防止重复，又防止遗漏。

4）事件的内容说明

这里主要为该事件的目标，如某一分项工程的数量、质量、技术及其他方面的要求。这

些由合同的工程量清单、工程说明、图纸、规范等定义，是承包商应完成的任务。

5）前提条件

它记录着本事件的前导事件或活动，即本事件开始前应具备的准备工作或条件。它不仅确定事件之间的逻辑关系，构成网络计划的基础，而且确定了各参加者之间的责任界限。

6）本事件的主要活动

主要活动即完成该事件的一些主要活动内容和它们的实施方法、技术、组织措施。这完全从施工过程的角度分析由这些活动组成该事件的子网络。例如，上述设备安装由现场准备、施工设备进场、安装、基础找平、定位、设备就位、吊装、固定、施工设备拆卸、出场等活动组成。

7）责任人

责任人即负责该事件实施的工程小组负责人或分包商。

8）成本（或费用）

这里包括计划成本和实际成本，有如下两种情况：

（1）若该事件由分包商承担，则计划费用为分包合同价格；如果在总包和分包之间有索赔，则应修改这个值。而相应的实际费用为最终实际结算账单金额总和。

（2）若该事件由承包商的工程小组承担，则计划成本可由成本计划得到，一般为直接费成本。而实际成本为会计核算的结果，在该事件完成后填写。

9）计划和实际的工期

计划工期由网络分析得到。这里有计划开始期、结束期和持续时间。实际工期按实际情况，在该事件结束后填写。

10）其他参加人

即对该事件的实施提供帮助的其他人员。

**2．合同详细分析**

从上述内容可见，合同事件表从各个方面定义了合同事件。合同详细分析是承包商的合同执行计划，它包括工程施工前的整个计划工作：

（1）工程项目的结构分解，即工程活动的分解和工程活动逻辑关系的安排。

（2）技术会审工作。

（3）工程实施方案、总体计划和施工组织计划。在投标文件中已包括这些内容，但在施工前，应进一步细化，做详细的安排。

（4）工程的成本计划。

（5）合同详细分析不仅针对承包合同，而且包括与承包合同同级的各个合同的协调，包括各个分合同的工作安排和各分合同之间的协调。

所以合同详细分析是整个项目组的工作，应由合同管理人员、工程技术人员、计划师、预算师（员）共同完成。

合同事件表对项目的目标分解，任务的委托（分包），合同交底，落实责任，安排工作，进行合同监督、跟踪、分析，处理索赔（反索赔）非常重要。

## 任务 7.2　合同实施控制

工程施工合同签订后，发包商和承包商双方必须按合同规定来履行各自的义务，完成合同规定的工作目标。在完成目标的工程实施过程中，由于各种不确定性因素的干扰，常常使工程实施过程偏离总目标，因此必须要对合同实施进行控制，合同实施控制就是为了保证工程实施按预定的计划进行，顺利地实现预定的目标。

工程实施控制的主要内容包括进度控制、质量控制、成本控制和合同控制。

### 7.2.1　施工合同的进度控制

进度控制，是施工合同管理的重要组成部分。合同当事人应当在合同规定的工期内完成施工任务，发包方应当按时做好准备工作。承包方应当按照施工进度计划组织施工。为此，工程师应当落实进度控制部门的人员、具体的控制任务和管理职能分工；承包方也应当落实具体的进度控制人员，并且编制合理的施工进度计划并控制其执行，即在工程进展全过程中，进行计划进度与实际进度的比较，对出现的偏差及时采取措施。

施工合同的进度控制可以分为施工准备阶段、施工阶段和竣工验收阶段的进度控制。

#### 1. 施工准备阶段的进度控制

施工准备阶段的许多工作都对施工的开始和进度有直接的影响，包括双方对合同工期的约定、承包方提交进度计划、设计图纸的提供、材料设备的采购、延期开工的处理等。

1）合同双方约定合同工期

施工合同工期，是指施工的工程从开工起到完成施工合同专用条款双方约定的全部内容，工程达到竣工验收标准所经历的时间。合同工期是施工合同的重要内容之一，故《建设工程施工合同（示范文本）》（GF-2013-0201）要求双方在协议书中做出明确约定。约定的内容包括开工日期、竣工日期和合同工期的总日历天数。合同工期是按总日历天数计算的，包括法定节假日在内的承包天数。合同当事人应当在开工日期前做好一切开工的准备工作，承包方则应按约定的开工日期开工。

2）承包方提交进度计划

承包方应当在专用条款约定的日期，将施工组织设计和工程进度计划提交工程师。群体工程中采取分阶段进行施工的单项工程，承包方则应按照发包方提供图纸及有关资料的时间，按单项工程编制进度计划，分别向工程师提交。

3）工程师对进度计划予以确认或者提出修改意见

工程师接到承包方提交的进度计划后，应当予以确认或者提出修改意见，时间限制则由双方在专用条款中约定。如果工程师逾期不确认也不提出书面意见，则视为已经同意。

工程师对进度计划予以确认或者提出修改意见，并不免除承包方施工组织设计和工程进度计划本身的缺陷所应承担的责任。工程师对进度计划予以确认的主要目的，是为工程师对进度进行控制提供依据。

4）其他准备工作

在开工前，合同双方还应当做好其他各项准备工作。如发包方应当按照专用条款的规定使施工现场具备施工条件、开通施工现场与公共道路，承包方应当做好施工人员和设备的调配工作。

对于工程师而言，特别需要做好水准点与坐标控制点的交验，按时提供标准、规范。为了能够按时向承包方提供设计图纸，工程师可能还需要做好设计单位的协调工作，按照专用条款的约定组织图纸会审和设计交底。

5）延期开工

（1）承包方要求延期开工。如果是承包方要求的延期开工，则工程师有权批准是否同意延期开工。

承包方应当按协议书约定的开工日期开始施工。承包方不能按时开工，应在不迟于协议书约定的开工日期前 7 天，以书面形式向工程师提出延期开工的理由和要求。工程师在接到延期开工申请后的 48 小时内以书面形式答复承包方。工程师在接到延期开工申请后的 48 小时内不答复，视为同意承包方的要求，工期相应顺延。

如果工程师不同意延期要求，工期不予顺延。如果承包方未在规定时间内提出延期开工要求，如在协议书约定的开工日期前 5 天才提出，工期也不予顺延。

（2）发包方原因的延期开工。因发包方的原因不能按照协议书约定的开工日期开工，工程师以书面形式通知承包方后，可推迟开工日期。承包方对延期开工的通知没有否决权，但发包方应当赔偿承包方因此造成的损失，相应顺延工期。

**2．施工阶段的进度控制**

工程开工后，合同履行即进入施工阶段，直至工程竣工。这一阶段进度控制的任务是控制施工任务在协议书规定的合同工期内完成。

1）监督进度计划的执行

开工后，承包方必须按照工程师确认的进度计划组织施工，接受工程师对进度的检查、监督。这是工程师进行进度控制的一项日常性工作，检查、监督已经确认的进度计划。一般情况下，工程师每月检查一次承包方的进度计划执行情况。同时，工程师还应进行必要的现场实地检查。

工程实际进度与进度计划不符时，承包方应当按照工程师的要求提出改进措施，经工程师确认后执行。但是，对于因承包方自身的原因造成工程实际进度与已经确认的进度计划不符的，所有的后果都应由承包商自行承担，工程师也不对改进的措施后果负责。如果采用改进措施后，经过一段时间工程实际进展赶上了进度计划，则仍可按原进度计划执行。如果采用改进措施一段时间后，工程实际进展仍明显与进度计划不符，则工程师可以要求承包方修改原进度计划，并经工程师确认。但是，这种确认并不是工程师对工程延期的批准，而仅仅是要求承包方在合理的状态下施工。因此，如果修改后的进度计划不能按期完工，承包方仍应承担相应的违约责任。

工程师应当随时了解施工进度计划执行过程中所存在的问题，并帮助承包方予以解决，特别是承包方无力解决的内外关系协调问题。

2）暂停施工

在施工过程中，有些情况会导致暂停施工。暂停施工当然会影响工程进度，作为工程师应当尽量避免暂停施工。暂停施工的原因是多方面的，归纳起来有以下三方面。

（1）工程师要求的暂停施工。工程师在主观上是不希望暂停施工的，但有时继续施工会造成更大的损失。工程师在确有必要时，应当以书面形式要求承包方暂停施工，不论暂停施工的责任在发包方还是在承包方。工程师应当在提出暂停施工要求后 48 小时内提出书面处理意见。承包方应当按照工程师的要求停止施工，并妥善保护已完工工程。承包方实施工程师做出的处理意见后，可提出书面复工要求，工程师应当在 48 小时内给予答复。工程师未能在规定时间内提出处理意见，或收到承包方复工要求后 48 小时内未予答复，承包方可以自行复工。

如果停工责任在发包方，由发包方承担所发生的追加合同价款，相应顺延工期；如果停工责任在承包方，由承包方承担发生的费用，工期不予顺延。因为工程师不及时做出答复，导致承包方无法复工，由发包方承担违约责任。

（2）由于发包方违约，承包方主动暂停施工。当发包方出现某些违约情况时，承包方可以暂停施工。这是承包方保护自己权益的有效措施。如发包方不按合同规定及时向承包方支付工程预付款，发包方不按合同约定，不及时向承包方支付工程进度款且双方未达成延期付款协议，在承包方发出要求付款通知后仍不付款，经过一定时间后，承包方均可以暂时停工。这时，发包方应该承担相应的违约责任。出现这种情况时，工程师应当尽量督促发包方履行合同，以求减少双方的损失。

（3）意外情况导致的暂停施工。在施工过程中出现一些意外情况，如果需要暂停施工则承包方应暂停施工。在这些情况下，工期是否给予顺延应视风险责任的承担确定。如发现有价值的文物，发生不可抗力事件等，风险责任应当由发包方承担，故应给予承包方工期顺延。

3）设计变更

在施工过程中如果发生设计变更，将对施工进度产生很大的影响。因此，工程师在其可能的范围内应尽量减少设计变更。如果必须对设计进行变更，必须严格按照国家的规定和合同约定的程序进行。

（1）发包方对原设计进行变更。施工中发包方如果需要对原设计进行变更，应不迟于变更前 14 天以书面形式向承包方发出变更通知，变更超过原设计标准或者批准的建筑规模时，须经原规划管理部门和其他有关部门审查批准，并由原设计单位提供变更的相应的图纸和说明。

（2）承包方要求对原设计进行变更。承包方应当严格按照图纸施工，不得随意变更设计。施工中承包方要求对原工程设计进行变更，须经工程师同意。工程师同意变更后，也须经原规划管理部门和其他有关部门审查批准，并由原设计单位提供变更的相应的图纸和说明。承包方未经工程师同意不得擅自变更设计，否则因擅自变更设计发生的费用和由此导致发包方的直接损失，由承包方承担，延误的工期不予顺延。

（3）能够构成设计变更的事项，包括更改有关部门的标高、基线、位置和尺寸，更改有关工程的性质、质量标准；增减合同中约定的工程量，改变有关工程的施工时间、顺序和其他有关工程变更需要的附加工作。

由于发包方对原设计进行变更，以及经工程师同意的，承包方要求进行的设计变更，导致合同原来价款的增减及造成的承包方损失，由发包方承担，延误的工期相应顺延。

**4）工期延误**

承包方应当按照合同约定完成工程施工，如果由于其自身的原因造成工期延误，应当承担违约责任。但是，在有些情况下工期延误后，竣工日期可以相应顺延。

（1）工期可以顺延的工期延误。因以下原因造成的工期延误，经工程师确认，工期相应顺延，如发包方不能按专用条款的约定提供开工条件，发包方不能按约定日期支付工程预付款、进度款致使工程不能正常进行，设计变更和工程量增加，一周内非承包方原因停水、停电、停气造成停工累计超过8小时，不可抗力、专用条款中约定或工程师同意工期顺延的其他情况。

这些情况工期可以顺延的根本原因在于：这些情况属于发包方违约或者是应当由发包方承担的风险。反之，如果造成工期延误的原因是承包方的违约或者应当由承包方承担的风险，则工期不能顺延。

（2）工期顺延的确认程序。承包方在工期可以顺延的情况发生后14天内，应将延误的内容和因此发生的追加合同价款向工程师提出书面报告。工程师在收到报告后14天内予以确认答复，逾期不与答复，视为报告要求已经被确认。

当然，工程师确认的工期顺延期限应当是事件造成的合理延误，由工程师根据发生事件的具体情况和工期定额、合同等的规定确认，经工程师确认的顺延的工期应纳入合同工期。如果承包方不同意工程师的确认结果，则按合同规定的争议解决方式处理。

**3．竣工验收阶段的进度控制**

竣工验收是发包方对工程的全面检验，是保修期外的最后阶段。在竣工验收阶段，工程师进度控制的任务是督促承包方完成工程扫尾工作，协调竣工验收中的各方关系，参加竣工验收。

**1）竣工验收的程序**

工程应当按期竣工。工程按期竣工有两种情况：承包商按照协议书约定的竣工日期或者工程师同意顺延的工期竣工。工程如果不能按期竣工，承包商应当承担违约责任。

（1）承包方提交竣工验收报告。当工程按合同要求全部完成后，工程具备了竣工验收条件，承包方按国家工程竣工验收的有关规定，向发包方提供完整的竣工资料和竣工验收报告，并按专用条款要求的日期和份数向发包方提交竣工图。

（2）发包方组织验收。发包方在收到竣工验收报告后28天内组织有关部门验收，并在验收后7天内给予认可或者提出修改意见。竣工日期为承包方送交竣工验收报告日期。需修改后才能达到验收要求的，竣工日期为承包方修改后提请发包方验收日期。

（3）发包方不按时组织验收的后果。发包方收到承包方送交的竣工验收报告后28天内不组织验收，或者在验收后7天内不提出修改意见，则视为竣工验收报告已经被认可。发包方收到承包方送交的竣工验收报告后28天内不组织验收，从第29天起承担工程保管及一切意外责任。

**2）发包方要求提前竣工**

在施工中，发包方如果要求提前竣工，应当与承包方进行协商，协商一致后应签订提前竣工协议。提前竣工协议应包括提前的时间、承包方采取的赶工措施、发包方为赶工提供的条件、承包方为保证工程质量采取的措施和提前竣工所需的追加合同价款等内容。

### 7.2.2 施工合同的质量控制

工程施工中的质量控制是合同履行的重要环节。施工合同的质量控制涉及许多方面的因素，任何一个方面的缺陷和疏漏，都会使工程质量无法达到预期的标准。

#### 1. 标准、规范和图纸

1）合同适用标准、规范

按照《中华人民共和国标准化法》的规定，为保障人体健康、人身财产安全的标准属于强制性标准。建筑工程施工的技术要求和方法即为强制性标准，施工合同当事人必须执行。《建筑法》也规定，建筑工程施工的质量必须符合国家有关建筑工程安全标准的要求。因此，施工中必须使用国家标准、规范；没有国家标准、规范但有行业标准、规范的，使用行业标准、规范；没有国家和行业标准、规范的，适用工程所在地的地方标准、规范。双方应当在专用条款中约定适用标准、规范的名称。发包方应当按照专用条款约定的时间向承包方提供一式两份约定的标准、规范。

国内没有相应的标准、规范时，可以由合同当事人约定工程适用的标准。首先，应由发包方按照约定的时间和向承包方提供施工技术要求，承包方按照约定的时间要求提出施工工艺，经发包方认可后执行；若发包方要求工程使用国外标准、规范时，发包方应当负责提供中文译本。

因为购买、翻译和制定标准、规范而发生的费用，由发包方承担。

2）图纸

建设工程施工应当按照图纸进行。在施工合同管理中的图纸是指由发包方提供或由承包方提供经工程师批准的、满足承包方施工需要的所有图纸（包括配套说明和有关资料）。按时、按质、按量提供施工所需图纸，也是保证工程施工质量的重要方面。

（1）发包方提供图纸。在我国目前的建筑工程管理体制中，施工中所需图纸主要由发包方提供（发包方通过设计合同委托设计单位设计）。在对图纸的管理中，发包方应当完成以下工作：

① 发包方应当按照专用条款约定的日期和套数，向承包方提供图纸。

② 承包方如果需要增加图纸套数，发包方应当代为复制。发包方代为复制意味着发包方应当为图纸的正确性负责。

③ 如果对图纸有保密要求的，应当承担保密措施费用。

对于发包方提供的图纸，承包方应当完成以下工作：

① 在施工现场保留一套完整图纸，供工程师及其有关人员进行工程检查时使用。

② 如果专用条款对图纸提出保密要求的，承包方应当在约定的保密期内承担保密义务。

③ 承包方如果需要增加图纸套数，复制费用由承包方承担。

使用国外或者境外图纸，不能够满足施工需要时，双方在专用条款内约定复制、重新绘制、翻译、购买标准图纸。工程师在对图纸进行管理时，重点是按照合同约定按时向承包方提供图纸，同时，根据图纸检查承包方的工程施工。

（2）承包方提供图纸。有些工程中，施工图纸的设计或者与工程配套的设计有可能由承包方完成。如果合同中有这样的约定，则承包方应当在其设计资质允许的范围内，按工程师的要求完成这些设计，经工程师确认后使用，发生的费用由发包方承担。在这种情况下，工程师对图纸的管理重点是审查承包方的设计。

**2. 材料设备供应的质量控制**

工程建设的材料设备供应的质量控制，是整个工程质量控制的基础。建筑材料、构配件生产及设备供应单位对其生产或者供应的产品质量负责。而材料设备的需求方则应根据买卖合同的规定进行质量验收。

1）材料设备的质量及其他要求

（1）材料生产和设备供应单位应具备法定条件。建筑材料、构配件生产及设备供应单位必须具备相应的生产条件、技术装备和质量保证体系，具备必要的检测人员和设备，把好产品看样、订货、储存、运输和核验的质量关。

（2）材料设备质量应符合要求：

① 符合国家或者行业现行有关技术标准规定的合格标准和设计要求。

② 符合在建筑材料、构配件及设备或其包装上注明采用的标准，符合以建筑材料、构配件及设备说明、实物样品等方式表明的质量状况。

（3）材料设备或者其包装上的标志应符合的要求：

① 有产品质量检验合格证明。

② 有中文标明的产品名称、生产厂家厂名和厂址。

③ 产品包装和商标样式符合国家有关规定和标准要求。

④ 设备应有产品详细的使用说明，电气设备还附有线路图。

⑤ 实施生产许可证或使用产品质量认证标志的产品，应有许可证或质量认证的编号、批准日期和有效限期。

2）发包方供应材料设备时的质量控制

（1）双方约定发包方供应材料设备的一览表。对于由发包方供应的材料设备，双方应当约定发包方供应材料设备的一览表，作为合同附件。一览表的内容应当包括材料设备种类、规格、数量、单价、质量等级、提供的时间和地点。发包方按照一览表的约定提供材料设备。

（2）发包方供应材料设备的验收。发包方应当向承包方提供其供应材料设备的产品合格证明，并对这些材料设备的质量负责。发包方应在其所供应的材料设备到货前 24 小时，以书面形式通知承包方，由承包方派人与发包方共同验收。

（3）材料设备验收后的保管。发包方供应的材料设备经双方共同验收后由承包方妥善保管，发包方支付相应的保管费用。因承包方的原因发生损坏丢失，由承包方负责赔偿。发包方不按规定通知承包方验收，发生的损坏丢失由发包方负责。

（4）发包方供应的材料设备与约定不符时的处理。发包方供应的材料设备与约定不符时，应当由发包方承担有关责任，具体按照下列情况进行处理：

① 材料设备单价与合同约定不符时，由发包方承担所有差价。

② 材料设备种类、规格、型号、数量、质量等级与合同约定不符时，承包方可以拒绝接受保管，由发包方运出施工场地并重新采购。设备到货时如不能开箱检验，可只验收箱子

数量。承包方开箱时必须请发包方到场，出现缺件或者质量等级、规格与合同约定不符的情况时，由发包方负责补足缺件或者重新采购。

③ 发包方供应材料的规格、型号与合同约定不符时，承包方可以代为调剂串换，发包方承担相应费用。

④ 到货地点与合同约定不符时，发包方负责运至合同约定的地点。

⑤ 供应数量少于合同约定的数量时，发包方将数量补齐；多于合同约定的数量时，发包方负责将多出部分运出施工场地。

⑥ 到货时间早于合同约定时间，发包方承担因此发生的保管费用；到货时间迟于合同约定的供应时间，由发包方承担相应的追加合同价款。发生延误，相应顺延工期，发包方赔偿由此给承包方造成的损失。

（5）发包方供应材料设备使用前的检验或实验。发包方供应的材料设备进入施工现场后需要在使用前检验或者试验的，由承包方负责；费用由发包方负责。即使在承包方检验通过之后，如果又发现材料设备有质量问题的，发包方仍应承担重新采购及拆除重建的追加合同价款，并相应顺延由此延误的工期。

3）承包方采购材料设备的质量控制

对于合同约定由承包方采购的材料设备，应当由承包方选择生产厂家或者供应商，发包方不得指定生产厂家或者供应商。

（1）承包方采购材料设备的验收。承包方根据专用条款的约定及设计和有关标准要求采购工程需要的材料设备，并提供产品合格证明。承包方在材料设备到货前 24 小时通知工程师验收。这是工程师的一项重要职责，工程师应当严格按照合同约定、有关标准进行验收。

（2）承包方采购的材料设备与要求不符时的处理。承包方采购的材料设备与设计或者标准要求不符时，工程师可以拒绝验收，由承包方按照工程师要求的时间运出施工场地，重新采购符合要求的产品，并承担由此发生的费用，由此延误的工期不予顺延。

工程师不能按时到场验收，事后发现材料设备不符合设计或者标准要求时，仍由承包方负责修复、拆除或者重新采购，并承担发生的费用，由此造成工期延误可以相应顺延。

（3）承包方使用代用材料。承包方需要使用代用材料，须经工程师认可后方可使用，由此增减的合同价款由双方以书面形式议定。

（4）承包方采购材料设备在使用前检验或实验。承包方采购的材料设备在使用前，承包方应按工程师的要求进行检验或试验，不合格的不得使用，检验或试验费用由承包方承担。

**3. 施工企业的质量管理**

施工企业的质量管理是工程师进行质量控制的出发点和落脚点。工程师应当协助和监督施工企业建立有效的质量管理体系。

建设工程施工企业的经理，要对本企业的工程质量负责，并建立有效的质量保证体系。施工企业的总工程师和技术负责人要协助经理管好质量工作。

施工企业应当逐级建立质量责任制。项目经理（现场负责人）要对本施工现场内所有单位工程质量负责；栋号工程要对单位工程质量负责；生产班组要对分项工程质量负责。现场施工员、工长、质量检验员和关键工种工人必须经过考核取得岗位证书后，方可上岗。企业内各级职能部门必须按企业规定对各自的工作质量负责。

施工企业必须设立质量检查、测试机构，并由经理直接领导，企业专职质量检查员应抽调有实践经验和独立工作能力的人员充任。任何人不得设置障碍，干预质量检测人员依章行使职权。

用于工程的建筑材料，必须送实验室检验，并经实验室主任签字认可后，方可使用。

实行总分包工程，分包工程单位要对分包工程的质量负责，总包单位对承包的全部工程质量负责。

**4．工程验收的质量控制**

工程验收是一项以确认工程是否符合施工合同规定目的的行为，是质量控制的最重要的环节。

1）工程质量标准

工程质量应当达到协议书约定的质量标准，质量标准的评定以国家或者专业的质量检验评定标准为准。发包方对部分或者全部工程质量有特殊要求的，应支付由此增加的追加合同价款，对工期有影响的应给予相应顺延。

达不到约定标准的工程部分，工程师一经发现，可要求承包方返工，承包方应当按照工程师的要求返工，直到符合约定标准。因承包方的原因达不到约定标准，由承包方承担返工费用，工期不予顺延。因发包方的原因达不到约定标准，由发包方承担返工的追加合同价款，工期相应顺延。因双方原因达不到约定标准，责任由双方分别承担。

双方对工程质量有争议，由专用条款约定的工程质量监督部门鉴定，所需费用及因此造成的损失，由责任方承担。双方均有责任，由双方根据其责任分别承担。

2）施工过程中的检验和返工

在工程施工过程中，工程师及其委派人员对工程的检查检验，是他们一项日常性工作和重要职能。

承包方应认真按照标准、规范和设计要求以及工程师依据合同发出的指令施工，随时接受工程师及其委派人员的检查检验，为检查检验提供便利条件。工程质量达不到约定标准的部分，工程师一经发现，可要求承包方拆除和重新施工，承包方应按工程师及其委派人员的要求拆除和重新施工，承担由于自身原因导致拆除和重新施工的费用，工期不予顺延。

检查检验不应影响施工的正常进行，如影响施工的正常进行，检查检验不合格时，影响正常施工的费用由承包方承担；除此之外影响正常施工的追加合同价款由发包方承担，相应顺延工期。

3）隐蔽工程和中间验收

由于隐蔽工程在施工中一旦完成隐蔽，很难再对其进行质量检查（这种检查成本很大），因此必须在隐蔽前进行检查验收。对于中间验收，合同双方应在专用条款中约定需要进行中间验收的单项工程和部门的名称、验收的时间和要求，以及发包方应提供的便利条件。

工程具体隐蔽条件达到和专用条款约定的中间验收部位，承包方先进行自检，并在隐蔽和中间验收前 48 小时以书面形式通知工程师验收。通知包括隐蔽和中间验收内容、验收时间和地点。承包方准备验收记录，验收合格，工程师在验收记录上签字后，承包方可进行隐蔽和继续施工。验收不合格，承包方在工程师限定的时间内修改后重新验收。

工程质量符合标准、规范和设计图纸等的要求，验收 24 小时后，工程师不在验收记录上签字，视为工程师已经批准，承包方可进行隐蔽或者继续施工。

4）重新检验

工程师不能按时参加验收，须在开始验收前 24 小时向承包方提出书面延期要求，延期不能超过两天。工程师未能按以上时间提出延期要求，不参加验收，承包方可自行组织验收，发包方应承认记录。

无论工程师是否参加验收，当其提出对已经隐蔽的工程重新检验的要求时，承包方应按要求进行剥露或开孔，并在验收后重新覆盖或者修复。检验合格时，发包方承担由此发生的全部追加合同价款，赔偿承包方损失，并相应顺延工期；检验不合格时，承包方承担发生的全部费用，但工期也予顺延。

5）试车

（1）试车的组织责任

对于设备安装工程，应当组织试车。试车内容与承包方承包的安装范围相一致。

① 单机无负荷试车。设备安装工程具备单机无负荷试车条件，由承包方组织试车。只有单机试运转达到规定要求，才能进行联试。承包方应在试车前 48 小时书面通知工程师。通知包括试车内容、时间、地点。承包方准备试车记录，发包方根据承包方要求为试车提供必要条件。试车通过，工程师在试车记录上签字。

② 联动无负荷试车。设备安装工程具备无负荷联动试车条件，由发包方组织试车，并在试车前 48 小时书面通知承包方。通知内容包括试车内容、时间、地点和对承包方的要求，承包方按要求做好准备工作和试车记录。试车通过双方在试车记录上签字。

③ 投料试车。投料试车，应当在工程竣工验收后由发包方全部负责。如果发包方要求承包方配合或在竣工验收前进行时，应当征得承包方同意，另行签订补充协议。

（2）试车的双方责任

① 由于设计原因试车达不到验收的要求，发包方应要求设计单位修改设计，承包方按修改后的设计重新安装。发包方承担修改设计、拆除及重新安装全部费用和追加合同价款，工期相应顺延。

② 由于设备制造原因试车达不到验收要求，由该设备采购一方负责重新购置和修理，承包方负责拆除和重新安装。设备由承包方采购的，由承包方承担修理或重新购置、拆除及重新安装的费用，工期不予顺延；设备由发包方采购的，发包方承担上述各项追加合同价款，工期相应顺延。

③ 由于承包方施工原因试车达不到验收要求，承包方按工程师要求重新安装和试车，承担重新安装和试车的费用，工期不予顺延。

④ 试车费用除已包括在合同价款内或者专用条款另有约定外，均由发包方承担。

⑤ 工程师未在规定时间内提出修改意见，或者试车合格而不在试车记录上签字。试车结束 24 小时后，记录自行生效，承包方可继续施工或办理竣工手续。

（3）工程师要求延期试车。工程不能按时参加试车，须在开始试车前 24 小时向承包方提出书面延期要求，延期不能超过 48 小时。工程师未能按以上时间提出延期要求，不参加试车，承包方可自行组织试车，发包方应承认试车记录。

6）竣工验收

竣工验收，是全面考核建设工作，检查是否符合设计要求和工程质量的重要环节。

（1）竣工工程必须符合的基本要求。竣工交付使用的工程必须符合下列基本要求：

① 完成工程设计和合同中规定的各项工作内容，达到国家规定的竣工条件。

② 工程质量应符合国家现行有关法律、法规、技术标准、设计文件及合同规定的要求，并经质量监督机构核定为合格。

③ 工程所用的设备和主要建筑材料、构件应具有产品质量出厂检验合格证明和技术标准规定必要的进场试验报告。

④ 具有完整的工程技术档案和竣工图，已办理工程竣工交付使用的有关手续。

⑤ 已签署工程保修证书。

（2）竣工验收中承发包双方的具体工作程序和责任。工程具备竣工验收条件，承包方按国家工程竣工验收有关规定，向发包方提供完整竣工资料及竣工验收报告。双方约定由承包方提供竣工图，应当在专用条款内约定提供的日期、提供相应的份数。

发包方收到竣工验收报告后 28 天内组织有关部门验收，并在验收后 14 天内给予认可或提出修改意见。承包方按要求修改。由于承包方原因，工程质量达不到约定的质量标准，承包方承担违约责任。

因特殊原因，发包方要求部分单位工程或者工程部位须甩项竣工时，双方另行签订甩项竣工协议，明确各方责任和工程价款的支付办法。

建设工程未经验收或验收不合格，不得交付使用。发包方强行使用的，由此发生的质量问题及其他问题，由发包方承担责任。但在这种情况下发包方主要是对强行使用直接产生的质量问题及其他问题承担责任，不能免除承包方对工程的保修等责任。

**5. 保修**

建设工程办理交工验收手续后，在规定的期限内，因勘察、设计、施工、材料等原因造成的质量缺陷，应当由施工单位负责维修。所谓质量缺陷是指工程不符合国家或行业现行的有关技术标准、设计文件以及合同中对质量的要求。

1）质量保修书的内容

承包方应当在工程竣工验收前，与发包方签订质量保修书，作为合同附件。质量保修书的主要内容包括：

① 质量保修项目内容及范围。

② 质量保证期。

③ 质量保修责任。

④ 质量保修金的支付方法。

2）工程质量保修范围和内容

质量保修范围包括地基基础工程、主体结构工程、屋面防水工程和双方约定的其他土建工程，以及电气管线、上下水管线的安装工程，供热、供冷系统工程项目。工程质量保修范围是国家强制性的规定，合同当事人不能约定减少国家规定的工程质量保修范围，工程质量保修的内容由当事人在合同中约定。

3）质量保证期

质量保证期从工程竣工验收之日算起。分单项竣工验收的工程，按单项工程分别计算质量保证期。

合同双方可以根据国家有关规定，结合具体工程约定质量保证期，但双方的约定不得低于国家规定的最低质量保证期。

4）质量保修责任

（1）属于保修范围和内容的项目，承包方应在接到修理通知之日后7天内派人修理。承包方不在约定期限内派人修理，发包方可委托其他人员修理，修理费用从质量保修金内扣除。

（2）发生须紧急抢修事故（如上水跑水、暖气漏水漏气、燃气漏气等），承包方接到事故通知后，须立即到达事故现场抢修。非承包方施工质量引起的事故，抢修费用由发包方承担。

（3）在工程合理使用期限内，承包方确保地基基础工程和主体结构的质量。因承包方原因致使工程在合理使用期限内造成人身和财产损害，承包方应承担损害赔偿责任。

## 7.2.3 施工合同的投资控制

### 1．施工合同价款及调整

1）施工合同价款的约定

施工合同价款，按有关规定和协议条款约定的各种取费标准计算，用以支付发包方按照合同要求完成工程内容的价款总额。这是合同双方关心的核心问题之一，招标投标等工作主要是围绕合同价款展开的。合同价款应依据中标通知书中的中标价格和非招标工程预算书确定。合同价款在协议书内约定后，任何一方不得擅自改变。合同价款可以按照固定价格合同、可调整价格合同、成本加酬金合同三种方式约定。

2）可调价格合同中价格调整的程序

承包方应在价款可以调整的情况发生后14天内，将调整原因、金额以书面形式通知工程师，工程师确认后作为追加合同价款，与工程款同期支付。工程师收到承包方通知之后14天内不作答复也不提出修改意见，视为该项调整已经同意。

### 2．工程预付款

双方应当在专用条款内约定发包方向承包方预付工程款的时间和数额，开工后按约定的时间和比例逐次扣回。预付时间应不迟于约定的开工日期前7天。发包方不按约定预付，承包方在约定预付时间7天后向发包方发出要求预付的通知，发包方收到通知后仍不能按要求预付，承包方可在发出通知7天后停止施工，发包方应从约定应付之日起向承包方支付应付款的贷款利息，并承担违约责任。

### 3．工程款（进度款）支付

1）工程量的确认

对承包方已完成工程量的核实确认，是发包方支付工程款的前提。承包方应按专用条款约定的时间，向工程师提交已完工程量的报告。该报告应由《完成工程量报审表》和作为其附件的《完成工程量统计报表》组成。承包方应当写明项目名称、申报工程量及简要说明。

2）工程师的计量

工程师接到报告后 7 天内按设计图纸到现场核实已完成工程量（以下称计量），并在计量前 24 小时通知承包方，承包方为计量提供便利条件并派人参加。承包方不参加计量，发包方自行进行，计量结果有效，作为工程价款支付的依据。

工程师收到承包方报告后 7 天内未进行计量，从第 8 天起，承包方报告中开列的工程量即视为已被确认，作为工程价款支付的依据。工程师不按约定时间通知承包方，使承包方不能参加计量，计量结果无效。

工程师对承包方超出设计图纸范围和（或）因自身原因造成返工的工程量，不予计量。

3）工程款（进度款）支付的程序和责任

发包方应在双方计量确认后 14 天内，向承包方支付工程款（进度款）。同期用于工程上的发包方供应材料设备的价款，以及按约定时间发包方应按比例扣回的预付款，与工程款（进度款）同期结算。设计变更调整的合同价款、追加的合同价款及其他的合同价款调整，应与工程款（进度款）同期调整支付。

发包方超过约定的支付时间不支付工程款（进度款），承包方可向发包方发出要求付款的通知，发包方在收到承包方通知后仍不能按要求支付，可与承包方协商签订延期付款协议，经承包方同意后可以延期支付。协议须明确延期支付时间和从发包方代表计量签字后第 15 天起计算应付款的利息。发包方不按合同约定支付工程款（进度款），双方又未达成延期付款协议，导致施工无法进行，承包方可停止施工，由发包方承担违约责任。

**4. 变更价款的确定**

1）变更价款的确定程序

设计变更发生后，承包方在工程设计变更确定后 14 天内，提出变更工程价款的报告，由工程师确认后调整合同价款。承包方在确定变更后 14 天内不向工程师提出变更工程价款报告时，视为该项设计变更不涉及合同价款的变更。

工程师不同意承包方提出的变更价格，按照合同约定的争议解决方法处理。

2）变更价款的确定方法

变更合同价款按照下列方法进行：

（1）合同中已有使用于变更工程的价格，按合同已有的价格计算，变更合同价款。

（2）合同中只有类似于变更工程的价格，可以参照此价格确定变更价格，变更合同价款。

（3）合同中没有适用或类似于变更工程的价格，由承包方提出适当的变更价格，经工程师确认后执行。

**5. 施工中涉及的其他费用**

1）安全施工方面的费用

承包方按工程质量、安全及消防管理有关规定组织施工，采取严格的安全防护措施，承担由于自身的安全措施不力造成事故的责任和因此发生的费用。非承包方责任造成安全事故，由责任方承担责任和发生的费用。

发生重大伤亡及其他安全事故，承包方应按有关规定立即上报有关部门并通知工程师，同时按政府有关部门要求处理，发生的费用由事故责任方承担。

发包方应对其在施工场地的工作人员进行安全教育，并对他们的安全负责。

承包方在动力设备、输电线路、地下管道、密封防震车间、易燃易爆地段以及临街交通要道附近施工时，施工开始前应向工程师提出安全保护措施，经工程师认可后实施，防护措施费用由发包方承担。

实施爆破作业，在放射、毒害性环境中施工（含储存、运输、使用）及使用毒害性、腐蚀性物品施工时，承包方应在施工前14天以书面形式通知工程师，并提出相应的安全措施，经工程师认可后实施。安全保护措施费用由发包方承担。

2）专利技术及特殊工艺涉及的费用

发包方要求使用专利技术或特殊工艺，须负责办理相应的申报手续，承担申报、试验、使用等费用。承包方按发包方要求使用，并负责试验等有关工作。承包方提出使用专利技术或特殊工艺，经工程师认可后实施。承包方负责办理申报手续并承担有关费用。

擅自使用专利技术侵犯他人专利的单位或个人，依法承担相应责任。

3）文物和地下障碍物

在施工过程中发现古墓、古建筑等文物及化石或其他有考古、地质研究等价值的物品时，承包方应立即保护好现场并于4小时内以书面形式通知工程师，工程师应于收到书面通知后24小时内报告当地文物管理部门，并按有关管理部门要求采取妥善保护措施。发包方承担由此发生的费用，延误的工期相应顺延。

施工中发现影响施工的地下障碍物时，承包方应于8小时内以书面形式通知工程师，同时提出处置方案，工程师收到处置方案后8小时内予以认可或提出修正方案。发包方承担由此发生的费用，延误的工期相应顺延。

所发现的地下障碍物有归属单位时，发包方报请有关部门协同处置。

6. 竣工结算

1）承包方递交竣工决算报告及违约责任

工程竣工验收报告经发包方认可后，承发包双方应按协议书约定的合同价款及专用条款约定的合同价款调整方式，进行工程竣工结算。

工程竣工验收报告经发包方认可后28天内，承包方未能向发包方递交竣工决算报告及完整的结算资料，造成工程竣工结算不能正常进行或工程竣工结算价款不能及时支付，发包方要求交付工程的，承包方应当交付；发包方不要求交付工程的，承包方承担保管责任。

2）发包方的核实和支付

发包方自收到竣工结算报告及结算资料后28天内进行核实，确认后支付工程竣工结算价款。承包方收到竣工结算价款后14天内将竣工工程交付发包方。

3）发包方不支付结算价款的违约责任

发包方收到竣工结算报告及结算资料后28天内无正当理由不支付工程竣工结算价款，从第29天起发包方以同期银行贷款利率支付拖欠工程价款的利息，并承担违约责任。

发包方收到竣工决算报告及结算资料后28天内不支付工程竣工结算价款，承包方可以催告发包方支付结算价款。发包方在收到竣工结算报告及结算资料后56天内仍不支付的，

承包方可以与发包方协议将该工程折价，也可以由承包方申请人民法院将该工程依法拍卖，承包方就该工程折价或者拍卖的价款优先受偿。目前在建设领域，拖欠工程款十分严重，承包方采取有力措施，保护自己的合法权利是十分重要的。但对工程的折价或者拍卖，尚需其他相关部门的配合。

### 7．质量保修金

1）质量保修金的支付

保修金由承包方向发包方支付，也可由发包方从应付承包方工程款内预留。质量保修金的比例及金额由双方约定，但不应超过施工合同价款的 3%。

2）质量保修金的结算与返还

工程的质量保证期满后，发包方应当及时结算和返还（如有剩余）质量保修金。发包方应当在质量保证期满后 14 天内，将剩余保修金和按约定利率计算的利息返还承包方。

## 任务 7.3　合同变更的管理

### 7.3.1　合同变更范围

工程合同变更，是指工程施工合同依法成立后，在工程实施过程中，发包商和承包商依法通过协商对合同的内容进行修订或调整所达成的协议。工程施工合同变更的范围包括工程性质、合同中规定的工程质量、进度、成本要求，以及合同条款中承发包双方责权利关系的变化等都可以作为合同变更。最常见的工程变更有以下几种情况。

（1）业主对建筑物的外形或使用功能有新的想法，因此必须变更原设计方案，同时也要重新修订预算。

（2）由于设计人员的疏忽或其他原因造成的设计错误，必须对设计图纸重新修改。

（3）由于工程条件预定不准确导致工程环境发生变化，必须要重新修改施工方案和变更施工计划。

（4）由于产生新的技术和知识，可以大幅度降低成本，有必要变更原设计、实施方案或实施计划。

（5）由于业主指令、业主的其他原因造成承包商施工方案的变更。

（6）政府部门对工程新的要求，如国家计划变化、环境保护要求、城市规划变动等。

（7）由于合同实施出现问题，必须调整合同目标，或修改合同条款。

（8）合同双方当事人由于倒闭或其他原因不得不转让合同，造成合同当事人的变化。

施工合同发生变更在工程实施过程中是不可避免的。这种变更通常不能免除或改变承包商的合同责任，但对合同实施影响很大，造成原"合同状态"的变化，必须对原合同规定的内容作相应的调整。例如工程环境的变化将直接导致施工图纸、施工方案、各项成本、进度计划要做出相应的修改和变更，同时还会影响到相关计划和相关合同的一系列变化，有些工程变更还会引起已完工程的返工，现场工程施工的停滞，打乱施工秩序，损失已购材料等。由于合同变更对工程施工过程的影响大，会造成工期的拖延和费用的增加，容易引起双方的争执。所以合同双方都应十分慎重地对待合同变更。

### 7.3.2 合同变更程序

在工程项目实施过程中，工程合同变更的程序一般由合同规定，通常要经过从申请、审查、批准到通知（指令）的程序。最理想的变更程序是，在变更执行前，合同双方已就工程变更中涉及的费用增加和工期延误的补偿协商达成一致。但按这个程序实施变更，时间太长。合同双方对于费用和工期补偿谈判常常会有反复和争执，这会影响合同变更的实施和整个工程的施工进度。所以在一般工程中，特别在国际工程中较少采用这种程序。

工程合同变更一般分为以下两种情形。

#### 1. 涉及合同实质性内容变更，由发包方和承包方双方签署变更协议确定

在合同实施过程中，工程参加者各方定期会在一起商讨研究新出现的问题及问题的解决办法。合同双方经过会谈，对变更所涉及的问题如变更措施、变更的工作安排、变更涉及的工期和费用索赔的处理等达成一致。然后双方签署备忘录、修正案等变更协议。例如，业主希望工程提前竣工，要求承包商采取赶工措施，则可以对赶工所采取的措施和费用补偿等进行具体地协商和安排，在合同双方达成一致后签署赶工协议。

工程变更程序如图7-1所示。有时对于某些重大问题，需经过很多次会议协商，才能最终达成一致，双方最后签署变更协议。

双方签署的合同变更协议与合同一样有法律约束力，而且法律效力优先于合同文本。对它也应与对待合同一样，进行认真研究，审查分析，及时答复。

#### 2. 业主或工程师根据情况变化行使合同赋予的权力，发出工程变更指令

在实际工程实施过程中，业主或工程师会根据情况变化行使合同赋予的权力，发出工程变更指令。这种变更在实际中更为常见，有以下几种情况：

第一，与变更相关的分项工程尚未开始，只需对工程设计作修改或补充。如事前发现图纸错误、业主对工程有新的要求等。在这种情况下，工程变更时间比较充裕，价格谈判和变更的落实可有条不紊地进行。

第二，变更所涉及的工程正在进行施工，如在施工中发现设计错误或业主突然有新的要求。这种变更通常时间很紧迫，甚至可能发生现场停工等待变更指令。

第三，对已经完工的工程进行变更，必须返工处理。

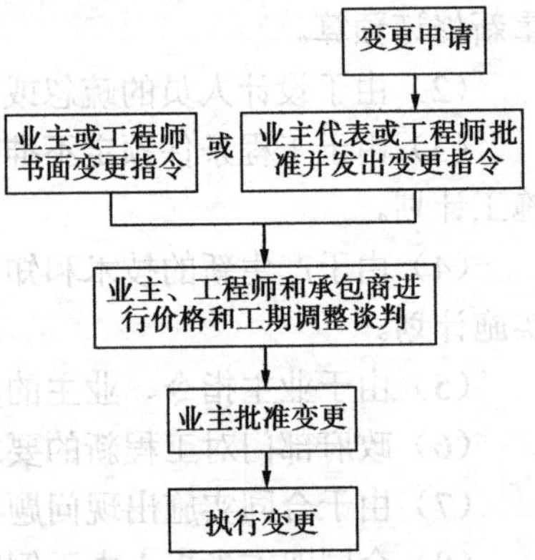

在国际工程中，承包合同通常都赋予业主（或工程师）直接指令变更工程的权力。承包商在接到指令后必须执行，而合同价格和工期的调整由工程师和承包商在与业主协商后确定。

图 7-1　工程变更程序

### 7.3.3 合同变更的责任

#### 1. 工程合同变更的责任分析

工程合同变更的责任分析是对工程变更起因与工程变更问题的处理，其目的是为了确定

工期和费用的赔偿问题。这里按工程变更中最常见的两类情况分析工程合同变更的责任。

1）设计变更

设计变更会引起工程量的增加、减少，工程质量和进度的变化，以及实施方案的变化。一般工程施工合同赋予业主和工程师这方面的变更权力，可以直接通过下达指令，重新发布图纸或规范实现变更。它的起因可能有：

（1）由于业主要求、政府城建环保部门的要求、环境变化（如地质条件变化）、不可抗力、原设计错误等导致设计的修改，必须由业主承担责任。

（2）由于承包方施工过程或施工方案出现错误、疏忽而导致设计的修改，必须由承包方负责。例如，在某桥梁工程中采用混凝土灌注桩，在钻孔尚未达设计深度时，钻头脱落，无法取出，桩孔报废。经设计单位重新设计，改在原桩两边各打一个小桩承受上部荷载，则由此造成的费用损失由承包方承担，延误的工期不予补偿。

（3）在现代工程中，承包方承担的设计工作逐渐多起来。承包方提出的设计必须经过工程师（或业主代表）的批准（应该得到设计单位认可）。对不符合业主在招标文件中提出的工程要求的设计，工程师有权不认可。这种不认可不属于索赔事件。

2）施工方案变更

（1）在投标文件中，承包方会在施工组织设计中提出比较完善的施工方案，但施工组织设计不作为合同文件的一部分。对此有以下问题应注意：

① 施工方案虽不是合同文件，但它也有约束力。业主向承包方授标就表示对这个方案的认可。当然在承包方答辩会议上，业主也可以要求承包方对施工方案做出说明，甚至可以要求修改方案，以符合业主的目标、业主的配合和供应能力（如图纸、场地、资金等）。此时一般承包方会积极迎合业主的要求，以争取中标。

② 施工合同规定，承包方应对所有现场作业和施工方法的完备、安全、稳定负全部责任。这一责任表示在通常情况下由于承包方自身原因（如失误或风险）修改施工方案所造成的损失由承包方负责。

③ 在它作为承包方责任的同时，又隐含着承包方对决定和修改施工方案具有相应的权利，即业主不能随便干预承包方的施工方案；为了更好地完成合同目标（如缩短工期），或在不影响合同目标的前提下承包方有权采用更为科学和经济合理的施工方案，业主也不得随便干预。当然承包方承担重新选择施工方案的风险和机会收益。

④ 在工程中承包商采用或修改施工方案都要经过工程师的批准或同意。如果工程师无正当理由不同意可能会导致一个变更指令。这里的正当理由通常有：

工程师有证据证明或认为，使用这种方案承包方不能圆满完成合同责任，如不能保证质量、保证工期。

承包方要求变更方案（如变更施工次序、缩短工期），而业主无法完成合同规定的配合责任，如无法按这个方案及时提供图纸、场地、资金、设备，则有权要求承包方执行原定方案。

例如，在一个工程项目中，按合同规定的总工期计划，应于 2015 年 4 月开始现场搅拌混凝土。因承包方的混凝土搅拌设备迟迟运不上工地，承包方决定使用商品混凝土，此决定被业主否决。而在承包合同中未明确规定使用何种混凝土。承包方不得已，只有继续组织设备进场，由此导致施工现场停工、工期拖延和费用增加。对此承包方提出工期和费用索赔。而业主以如下两点理由拒绝对承包商的索赔。其一，已批准的施工进度计划中确定承包方用现场搅拌混凝土，承包方应遵守。其二，搅拌设备运不上工地是承包方的失误，应自行承担由此造成的损失，无权要求业主赔偿。最终将争执提交调解人。调解人认为合同中未明确规定一定要用工地现场搅拌的混凝土（施工方案不是合同文件），则商品混凝土只要符合合同规定的质量标准也可以使用，不必经业主批准。因为按照惯例，实施工程的方法由承包商负责。在不影响或为了更好地保证合同总目标的前提下，可以选择更为经济合理的施工方案，业主不得随便干预。在这个前提下，业主拒绝承包商使用商品混凝土，是一个变更指令，对此可以进行工期和费用索赔。但该项索赔必须在合同规定的索赔有效期内提出。当然承包商不能因为用商品混凝土要求业主补偿任何费用。最终承包方获得了工期和费用补偿。

（2）重大的设计变更常常会导致施工方案的变更。如果设计变更由业主承担责任，则相应的施工方案的变更也由业主负责；反之，则由承包方负责。

（3）对不利的、异常的地质条件所引起的施工方案的变更，一般作为业主的责任。一方面这是一个有经验的承包方无法预料现场气候条件除外的障碍或条件，另一方面业主负责地质勘察和提供地质报告，则应对报告的正确性和完备性承担责任。

（4）施工进度的变更。施工进度的变更是十分频繁的：在招标文件中，业主给出工程的总工期目标；承包商在投标文件中有一个总进度计划（一般以横道图形式表示）；中标后承包方还要提出详细的进度计划，由工程师批准（或同意）；在工程开工后，每月都可能有进度的调整。通常只要工程师（或业主）批准（或同意）承包方的进度计划（或调整后的进度计划），则新进度计划就具有约束力。如果业主不能按照新进度计划完成按合同应由业主完成的责任，如及时提供图纸、施工场地、水电等，则属业主的违约，应承担责任。

例如在某工程中，业主在招标文件中提出工期为 16 个月。在投标文件中，承包商的进度计划也是 16 个月。中标后承包方的工程师提交一份详细进度计划，说明 14 个月即可竣工，并论述了 14 个月工期的可行性。发包方工程师认可了承包商的计划。在工程中由于业主原因（设计图纸拖延等）造成工程停工，影响了工期，虽然实际总工期仍小于 16 个月，但承包方仍成功地进行了工期和与工期相关的费用索赔，因为 14 个月工期计划是有约束力的。

这里有几个问题值得注意：

① 合同规定，承包方必须于合同规定竣工之日或之前完成工程，合同鼓励承包方提前竣工（提前竣工奖励条款）。承包方为了追求最低费用（或奖励）可以进行工期优化，这属于实施方案，是承包方的权利，只要保证不拖延合同工期和不影响工程质量即可。

② 承包方不能因自身原因采用新的方案向业主要求追加费用，但工期奖励除外。所以，业主或监理工程师在同意承包方的新方案时必须注明"费用不予补偿"，否则在事后容易引起不必要的纠缠。

③ 承包方在做出新计划前，必须考虑所属分合同计划的修改，如供应提前、分包工程加速等。同样，业主在做出同意（批准，认可）前要考虑到对业主的其他合同，如供应合同、其他承包合同、设计合同的影响。如果业主不能或无法做好协调，则可以不同意承包商的方案，要求承包商按原合同工期执行，这不属于变更。

（5）其他情况。

例如在某项目中，业主提供了地质勘察报告，证明地下土质很好。承包方做施工方案，

用挖方的余土作为通往住宅区道路基础的填方。由于基础开挖施工时正值雨季，开挖后土方潮湿，且易碎，不符合道路填筑要求。承包商不得不将余土外运，另外取土作道路填方材料。对此承包方提出索赔要求。工程师否定了该索赔要求，理由是填方的取土作为承包方的施工方案，它因受到气候条件的影响而改变，不能提出索赔要求。

在本例中即使没有下雨，而因业主提供的地质报告有误，地下土质过差不能用于填方，承包方也不能就另外取土填方而提出索赔要求。因为：

① 合同规定承包方对业主提供的水文地质资料的理解负责。而地下土质可用于填方，这是承包方对地质报告的理解，应由其负责。

② 取土填方作为承包方的施工方案，也应由其负责。

### 2. 合同变更中应注意的问题

#### 1）业主或工程师的口头变更指令

对业主或工程师的口头变更指令按施工合同规定，承包方也必须遵照执行，但应在 7 天内书面向工程师索取书面确认。如果工程师在 7 天内未予书面否决，则承包方的书面要求即可作为工程师对该工程变更的书面指令。工程师的书面变更指令是支付变更工程款的先决条件之一。作为承包方，在施工现场应积极主动，当工程师下达口头指令时，为了防止拖延和遗忘，承包方的合同管理人员可以立刻起草一份书面确认信让工程师签字。

#### 2）业主和工程师的认可权必须限制

在国际工程中，业主常常通过工程师对材料的认可权提高材料的质量标准，对设计的认可权提高设计质量标准，对施工工艺的认可权提高施工质量标准。如果合同条文规定比较含糊，或设计图纸不详细，则容易产生争执。当认可超过合同明确规定的范围和标准时，它即为变更指令，应争取业主或工程师的书面确认，进而提出工期和费用索赔。

#### 3）国际工程中工程合同变更

在国际工程中工程变更不能免去承包方的合同责任，而且业主或工程师应有变更的主观意图，所以对已收到的变更指令，特别对重大的变更指令或在图纸上做出的修改意见，应予以核实。对涉及双方责权利关系的重大变更，必须有双方签署的变更协议。

#### 4）工程变更不能超过合同规定的工程范围

如果超过合同规定的工程范围，承包商有权不执行变更或坚持先商定价格后再进行变更。

#### 5）应注意工程变更的实施、价格谈判和业主批准三者之间在时间上的矛盾性

在国际工程中，合同通常都规定，承包方必须无条件执行业主代表或工程师的变更指令（即使是口头指令），工程变更已成为事实，工程师再发出价格和费率的调整通知，价格谈判常常迟迟达不成协议，或业主对承包方的补偿要求不批准，价格的最终决定权却在工程师。这样承包方处于十分被动的地位。

例如，某合同的工程变更条款规定："由工程师下达书面变更指令给承包方，承包方请求工程师给以书面详细的变更证明。在接到变更证明后，承包方开始变更工作，同时进行价格调整谈判。在谈判中没有工程师的指令承包方不得推迟或中断变更工作。""价格谈判在两个月内结束。在接到变更证明后 4 个月内，业主应向承包方递交有约束力的价格调整和工期

延长的书面变更指令。超过这个期限承包方有权拖延或停止变更。"

一般工程变更在 4 个月内早已完成，"超过这个期限"、"停止"和"拖延"都是空话。在这种情况下，价格调整主动权完全在业主，承包方的地位很为不利，风险较大。对此可采取如下措施：

（1）控制（即拖延）施工进度，等待变更谈判结果，这样不仅损失较小，而且谈判回旋余地较大。

（2）争取按承包方的实际费用支出计算费用补偿，如采取成本加酬金方法，这样避免价格谈判中的争执。

（3）应有完整的变更实施的记录和照片，请业主、工程师签字，为索赔做准备。

在工程中，承包方不能擅自进行工程变更。施工中发现图纸错误或其他问题，需进行变更，首先应通知工程师，经工程师同意或通过变更程序再进行变更。否则，可能不仅得不到应有的补偿，而且会带来麻烦。

6）在合同实施中，合同内容的任何变更都必须经过合同管理人员或由他们提出

与业主、与总（分）承包商之间的任何书面信件、报告、指令等都应经合同管理人员进行技术和法律方面的审查，这样才能保证任何变更都在控制中，不会出现合同问题。

7）在商讨变更、签订变更协议过程中，承包方必须提出变更补偿（即索赔）问题

最好在变更执行前就应明确补偿范围、补偿方法、索赔值的计算方法、补偿款的支付时间等，双方应就这些问题达成一致。这是对索赔权的保留，以防日后争执。

工程变更中，特别应注意因变更造成返工、停工、窝工、修改计划等引起的损失，注意这方面证据的收集。在变更谈判中应对此进行商谈，保留索赔权。在实际工程中，人们常常忽视这些损失，而最后提出索赔报告时往往因举证困难而被对方否决。

# 任务 7.4  合同的风险管理

风险管理就是人们对潜在的意外损失进行识别、评估，并根据具体情况采取相应预防措施，防患于未然，或在风险无从避免时寻求切实可行的补救措施，使意外损失降低到最低程度。工程合同风险管理源始于 19 世纪 30 年代的西方工业化国家，现在已经在经济发达国家广泛应用并成为国际惯例。工程风险管理的目的是为了控制、降低或避免风险，是在风险分析和评价的基础上，通过有目的、有意识地计划、组织和控制等管理活动来阻止风险损失的发生，削弱损失的影响程度，以获取最大利益。

## 7.4.1  风险及风险因素

风险指由于从事某项活动过程中存在的不确定性而产生的经济或财务损失，自然破坏或损失的可能性，其特点就是不确定性。在市场经济中不确定因素就是风险，总是存在的，不可避免的。但风险和利润是并存的，在实践中，没有风险且同时获得利润的机会是很少的。关键在于承包商能否在投标和经营中善于分析风险，变不利因素为有利因素。研究风险防范的措施以避免或减少风险，甚至要利用风险转危为安，变风险为机遇，从而赢利。

常见风险有政治风险、经济风险、技术风险等。风险一般具有以下特点：发生时间和产

生结果的不确定性，发展过程不以当事人的意志为转移，发生条件的不可预知性等。

风险因素是指能够引起或增加风险事件发生的机会或影响损失的严重程度的因素，是事故发生的潜在条件，一般又称风险条件，主要包括：

（1）实质风险因素。实质风险因素属于有形因素，指增加某一标的的风险发生机会或损失严重程度的直接条件，如恶劣的气候、地壳的异常变化等。

（2）道德风险因素。道德风险因素属于无形因素，与人的品德修养有关，是指由于个人不诚实或不良企图，故意使风险事件发生或扩大已发生的风险事件的损失程度，如故意纵火以索取保险赔款。

（3）心理风险因素。心理风险因素也属于无形因素，是指由于人们主观上的疏忽或过失，不够谨慎小心等行为而导致增加风险事件发生的机会或扩大了损失严重程度的因素，如违章作业、玩忽职守、下班时忘记关掉电源等。

## 7.4.2 风险分析与防范

在土木工程施工项目中，项目合同是业主与承包方就特定的工程项目，规定双方权利、义务关系的协议。这种协议是双方的主观意志一致的书面反映，但是由于人们认识客观世界的能力有限，也由于工程项目周期长，在此期间该协议依据的客观条件可能发生变化，就可能对协议的执行产生干扰。这种客观存在的对合同履行干扰的不确定性就是合同的风险。

### 1．工程合同风险产生的原因

（1）工程合同标的——建设项目的一次性、单件性特点决定其不确定因素的大量存在，而人们认识这种不确定性的能力有限。

（2）工程项目由于其技术、施工、地质、材料等方面的原因，存在着不少不可预见的干扰因素与障碍，如地下工程可能遇到与地质勘察资料完全不同的障碍、地下水流、流沙、文物等。

（3）工程项目由于建设周期长，在建设过程中可能发生与当时签订合同时条件与环境的变化，如通货膨胀等。

（4）工程项目由于参与方多，利益关系复杂，可能发生风险负担不均而造成的风险，如拖延付款、拖延交工及互相扯皮、互相推诿等。

### 2．工程中业主和承包方面临的风险分析

在工程中业主和承包方可能遇到的风险有以下几个方面：

1）政治风险

政治风险是指承包市场所处的政治背景可能给承包方带来的风险，如工程所在国的政治稳定性、相关法律法规合理性、政府的国际信誉以及发生战争、内乱、政变、制裁等。这类风险难以预测，往往使承包方蒙受巨大损失。例如1991年发生的海湾战争给国际承包方所带来的损失高达上百亿美元。政治风险是承包方最难以承受的最大的风险之一。

2）经济风险

经济风险主要是指承包市场所处的经济形势和项目发包国的经济实力及解决经济问题的能力，通常与外贸业务的实力、汇率变化情况、国内价格与国际市场价格的相对状况、取得国际货币基金组织信贷的可能性等因素有关。

工程面临的经济风险主要有：

（1）业主支付能力差，拖延付款或不给予误期付款利息或利率很低。

（2）汇率大幅度下跌。如果合同中没有写明保值条款，而在履约期间，合同支付的计价货币相对支付货币大幅度贬值，致使原来签定合同的实际支付额锐减。

（3）通货膨胀。大多数国家都存在通货膨胀的风险。工资和物价上涨是正常现象，但在很多国家，上涨的幅度和速度却常常超过承包方的预见范围。如果合同中没有调值条款或调值条款写得太笼统，必然要给承包方带来风险。

（4）保护主义。多数国家都实行保护主义，对外国承包方强加种种限制约束措施，如强制分包、限定物资采购地域、禁止或限制劳务进口、强制保险等。种种形式的保护主义无疑是套在承包方身上的枷锁，严重地束缚其经营活动，构成经营风险。

（5）税收歧视。不少国家对外国承包方在税收方面实行种种歧视政策，常常索取税法规定以外的费用，或种种不合理摊派。或者经常提高对外国公司征收的税率，特别是在税法执行过程中，表现出某种排外情绪，自然构成承包工程中的风险因素。

3）技术风险

技术风险是指工程所在地的技术条件给工程和承包方的财产造成损失的可能性。

在工程承包过程中技术条件的变化情况比较复杂，常见的问题主要是：材料供应问题，设备供应问题，技术规范要求不合理或过于苛刻，工程量表中项目说明不明确而投标时未发现，工程变更等。

4）自然风险

自然风险是指承包工程所处的地理环境和可能碰上的自然灾害，人力不可抗拒的人为或非人为事件，主要包括：

（1）影响工程实施的气候条件，特别是长期冰冻、炎热酷暑期过长、长期降雨等。

（2）台风、地震、海啸、洪水、火山爆发、泥石流等自然灾害。

（3）施工现场的地理位置，对物资材料运输产生影响的各种因素。如工程所在地的具体位置处于闹市区或偏远山区，因交通不便所造成的施工制约。

（4）可能导致工程毁损或不利于施工人员健康的人为或非人为因素形成的风险，如核辐射或毒气泄漏等事故。

5）业主和承包方资信风险

业主与承包方资信情况对工程施工和工程经济效益有决定性影响。属于业主与承包方资信风险的因素有：

（1）业主的经济情况变化，如经济状况恶化，濒于倒闭或宣布破产，无力继续实施工程，无力支付工程款，工程被迫中止等。

（2）业主的信誉差、不诚实，故意拖欠工程款。

（3）承包方信誉差，有些承包方故意采取低价中标，滥用索赔权利，动辄以破产要挟业主，使业主陷入两难的尴尬局面。

（4）业主为达到不支付或少支付工程款的目的，在工程实施中苛刻刁难承包方，滥用权利，施行罚款或扣款。

（5）业主经常改变主意，使工程变更频繁。如改变设计方案、实施方案，打乱工程施工

秩序，但又不愿意给承包商补偿等。

（6）监理工程师选择不当。有些监理工程师不顾职业道德的规范，与承包方串通偷工减料，使工程留下隐患。

### 6）出具保函风险

在工程项目承包中，业主经常会要求承包方提供各种形式的保函，对承包方来说，其中隐含着很大的风险，主要有以下几点：

（1）不少承包合同中对于承包方出具保函的时间、生效日期及应履行的相应义务规定得很苛刻，或者写得很笼统。例如某合同中规定："甲方（业主）在收到并批准认可乙方（承包方）担保银行提交的预付款保函后 30 天内向乙方支付与担保金额相等的预付款。"这一条款中未曾提及保函生效日期。如果保函业已生效，而业主尚未支付预付款，恰好在此期间内业主向承包方的担保银行索取赔偿，银行也就只好立即支付赔偿了。因为国际承包工程通常采用无条件保函，即首次索偿必付保函，这样的条款无疑会给承包方带来风险。

（2）不少国家在发包工程时不按国际惯例规定保函格式，而是由其中央银行规定一种格式。这种格式中对于索偿条件、方式及撤销日期和方式都是单方面的硬性规定，而承包方的担保银行常常不经认真审查即草率填写，而承包方甚至不知道保函中的具体内容，一旦业主索偿，还不知其依据的是哪一条规定。

（3）一些保函中对于保函的失效日期及撤回方式没有强调，只是笼统地提及"本保函生效直至××时止"，如果保函中没有明确写明具体的失效日期及撤回方式，而在保函逾期时又不主动办理撤销手续，任其一直压在业主手中，自然构成风险。

（4）由于预付款的归还方法是分批由工程进度款中扣取，当业主每扣取一笔款额时，预付款保函中的金额自然应相应减少。但是如果保函中没有写明这种分批相应减额的办法，结果是承包方已归还了大部分预付款，而其预付款的担保金额还是全部预付款数，不仅增加了承包方的风险，还承受了不应该支付的保函手续费。

### 7）合同条款风险

由于工程施工合同通常是由业主或业主委托的咨询公司编制的，业主和承包方在合同中的风险分担往往是不公平的，工程施工合同中一般都包含着一些明显的或隐含的对承包方不利的条款，它们会造成承包方的损失，是承包方进行合同风险分析的重点。例如，标书或合同条款不合理，把原属于业主的责任转嫁到承包商身上；合同工期紧，余地较小，并且有较重的误期违约罚款；项目建设周期很长，但合同中又没有调价或调值条款；技术规范要求不合理，或过于苛刻等。

### 8）不可抗力事件造成的风险

虽然承包合同中规定了不可抗力事件发生的解决办法，这些办法的确能为承包方减轻损失，但不同的合同中对不可抗力事件所下的定义差别很大。有些国家的宪法允许工人罢工，因而发生罢工事件不得视为不可抗力事件；而有些国家的宪法不允许罢工，但政府却默许罢工，因而罢工事件经常发生。如果承包方不考虑这些客观情况，必然要招致风险。即使施工期间发生的事件符合合同中关于不可抗力事件的规定，虽然业主承担损失补偿，但承包方还是要蒙受重大损失。因为损失补偿仅限于承包方已完工程（包括已运至现场的材料、设备）的应得款额，而其他方面的损失却无法得到补偿。

9）其他风险

除以上风险情况以外，业主和承包方还要面临其他的风险，例如政府有关管理机构延误审批，导致工程不能按时开工；或与工程项目环境（居民、社区、环境）发生冲突，造成工程停工；或承包方选择运送临时工程设备和材料以及职员和劳务人员要通过的国家发生诸如叛乱、政变、暴乱等风险，业主都不予承担责任，则承包方要自己承担风险。

**3. 风险防范**

1）风险防范的一般方法

（1）风险损失的预防。风险损失的预防是在损失发生前采取的控制技术，对于各种风险因素而采取各自相应的预防措施。如承包商在研究招标文件时，若发现可能会导致的风险问题，有些可以在"投标致函"中明确提出来，如项目外部条件不足究竟应由谁负责；业主指定分包商的价格确定违约责任等。有些可以在协商签约阶段，通过修改、补充合同中有关规定和条款来解决，力求按对等权利和义务的原则分清业主与承包商的责任等。

（2）风险损失的减轻。风险损失的减轻就是采取有效措施减轻损失发生时或发生后的损失程度，如业主可采取措施尽早完成工程项目或固定某些变量（采取固定总价合同等）。

（3）风险的分散与组合。风险分散是将风险单位进行时间、数量与空间上的分离，如承包商把一部分风险转移和分散给分包商或联营体的合伙人，要求分包商接受主合同文件中的各项合同条款，要求他们同样提供履约保函、预付款保函、维修保函、工程保险单及扣留一部分滞留金等。

风险组合是指企业可通过合并或扩大规模，或从事多种经营来分散风险。

（4）风险的转移。风险转移就是将有些风险因素采取一定的措施转移出去。承包商可以通过保险将各种自然灾害、意外事故等风险通过保险合同转移给保险公司。

2）业主风险防范措施

（1）业主应认真起草招标文件并审议洽谈合同。招标文件是合同形成的基础，合同文件的完善程度将直接决定将来合同争议及合同索赔事件发生的程度。因此，业主应认真起草招标文件，最好委托具备相应素质的咨询机构来编制，这样可以防止和减少合同错误、缺项漏洞，避免合同履行过程中发生争议和纠纷，以保证自己的合法权益。

（2）充分做好前期准备工作。研究表明，项目前期工作对投资的影响程度达到75%，因此，当项目意图不明确、可行性研究工作做不好、设计阶段的工作准备不充分时，就会导致施工阶段变更频繁，争议与纠纷增多，项目延期。

（3）审慎选择投标人和中标人。业主首先应认真对投标人进行资格预审，从投标人的资质条件、工程经验、人员素质、信誉及财务状况等入手，确保有足够实力的承包商参加投标。决定中标单位时，不能单纯以标价最低为标准，而应综合考虑标价、质量、工期以及施工企业的资信、技术装备和管理能力等因素，充分了解其价格较低的真实原因，谨慎授标。

（4）聘请信誉良好的监理工程师进行监理。业主要审慎选择资信状况好、职业道德良好的监理工程师来做施工现场的监督管理工作。监理工程师不仅可以对工程项目的质量、进度、造价、合同等实行有效的管理与控制，同时还可妥善地处理好业主和承包商在施工过程中可能存在的各种争议与纠纷，保证合同目标的实现。

（5）利用经济、法律等手段约束承包商的履约行为。业主可以利用履约保函、预付款保

函、维修保函、扣留滞留金、违约误期罚款、工程保险等经济和法律手段，来约束承包商在履行合同过程中的行为，并能减轻或避免因承包商违约所造成的工程损失。

3）承包商风险防范措施

（1）认真研读、理解招标文件或合同文件。招标文件和合同文件均是承包商进行施工与管理的重要依据，因此，承包商在投标或签订合同前一定要仔细研读，深入理解上述文件。要搞清楚业主是否采用了免责条款以转移风险，是否有条款限制了自己合法、正当的索赔权利，自己承担的风险是否符合风险管理的原则等。在上述研究的基础上提出自己的报价，否则，就会因报出价格低而得不到基本的风险补偿而招致严重亏损。

（2）认真做好投标前的现场调查与踏勘。历史经验表明，招标文件上由于注明的现场条件是与现场的实际条件不符合的，这并不是业主有意错误，而可能是疏忽或者时间引起的变化，当这种错误允许承包商索赔时，承包商可在付出一定时间和代价后得到补偿。但是，若是合同条款中免去业主这部分责任时，承包商的损失将是惨重的。因此，承包商必须高度重视投标前的现场调查与踏勘。

（3）承包商必须认真了解工程发包国的政治经济状况。政治风险不以承包商的意志为转移，有时也不以业主的意志为转移。当工程发包国发生战争、政变、革命时往往会导致项目合同作废，甚至没收承包商的财产，这类风险连业主自身都无法抗拒与避免，更谈不上向承包商补偿了。因此，承包商必须认真了解情况，掌握各种信息，及时分析发包国的政治形势及政策的变化，并采取避免或补救措施。

（4）认真做好对业主的资信调查。业主是工程承包合同的主要当事人，在决定承包工程前，承包商必须了解业主的支付能力及支付信誉，搞清楚业主发包工程的资金来源是否可以保证资金的供给，业主能否保证工程付款的连续性，了解业主以往的支付情况、同其过去合作对象的关系、对承包商是否苛刻等，以便做出正确的决策。

（5）认真调查研究当地的建筑市场状况。为避免和降低经济风险给承包商带来的损失，承包商选择项目和投标前必须对项目所在地的经济情况和建筑市场状况进行认真的调查研究。充分收集有关工程发包国近年的工资、物价浮动情况，通货膨胀率及市场供应情况等方面的信息，分析工程实施期间可能引起物价大起大落的突发因素。对可能存在的风险进行切合实际的估量和充分的认识，以便制定相应的预防措施，防患于未然。

（6）参加建设工程保险。参加保险公司的保险是承包商避免自然风险造成损失的一项有效措施。这样，承包商可以将建设工程风险适当转移给保险公司，保险公司从商业利益角度出发，为减轻或避免风险的产生，必将对工程的施工、设备的安装进行必要的监督，并针对投保的项目进行全面的审查和监督，从而有效地减少和避免风险的发生，在保险事故发生后，保险公司积极理赔，使承包商由此而产生的损失和费用降至最低，承包商投保时要认真考虑挑选保险人，还要全面比较保险费率、赔偿条款等有关因素。

（7）谨慎选择分包商。

（8）处理好同监理工程师之间的关系。监理工程师在工程的实施过程中不仅仅是作为业主的代表行使工程监督权利，同时也担当业主和承包商之间发生争议时的协调角色。虽然监理工程师是按合同契约规定检查承包商的工作，但客观实践中有许多事情具有一定的灵活性，若双方关系处理得好，就能得到监理工程师的有利配合，如及时确认和验收已完工程，使承包商能及时收到工程款，工程实施的过程更为顺利，否则，容易受到监理工程师的刁难，使承包商处于艰难境地。

## 任务7.5  合同示范文本

建设部、国家工商总局于2013年7月1日修订实施了《建设工程施工合同（示范文本）》（GF-2013-0201，以下简称《施工合同示范文本》）。《施工合同示范文本》是对各类公用建筑、民用住宅、工业厂房、交通设施及线路管理的施工和设备安装的合同样本。推行《施工合同示范文本》的目的在于加强和完善对建设工程合同的管理，提高合同的履约率，维护建筑市场正常的经营与管理秩序。

### 7.5.1  合同的形式与内容

#### 1. 合同的形式

合同的形式是指合同当事人双方对合同的内容、条款经过协商，做出共同的意思表示的具体方式。合同的形式可分为书面形式、口头形式和其他形式，公证、审批登记等则是书面合同的附加特殊形式。《合同法》第十条规定："当事人订立合同，有书面形式、口头形式和其他形式。"法律、行政法规规定或者当事人约定采用书面形式的，应当采用书面形式，书面形式的合同是应用最广泛的合同形式。《合同法》第十一条规定："书面形式是指合同书、信件和数据电文（包括电报、电传、传真、电子数据交换和电子邮件）等可以有形地表现所载内容的形式。"《合同法》第二百七十条规定："建设工程合同应当采用书面形式。"

1）合同书

合同书是指记载合同内容的文书，合同书有标准合同书与非标准合同书之分。标准合同书是指合同条款由当事人一方预先拟定，对方只能表示全部同意或者不同意的合同书；非标准合同书指合同条款完全由当事人双方协商一致所签订的合同书。

2）信件

信件是指当事人就要约与承诺所做的意思表示的普通文字信函。信件的内容一般记载于书面纸张上，因而与通过计算机及其网络手段而产生的信件不同，后者被称为电子邮件。

3）数据电文

数据电文是指与现代通信技术相联系，包括电报、电传、传真、电子数据交换和电子邮件等。电子数据交换（EDI）是一种由电子计算机及其通信网络处理业务文件的技术，是一种新的电子化贸易工具，又称为电子合同。

#### 2. 合同的内容

合同的内容是指当事人约定的合同条款。当事人订立合同，目的是要设立、变更、终止民事权利义务关系，必然涉及彼此之间具体的权利和义务。因此，当事人只有对合同内容具体条款协商一致，合同方可成立。

《合同法》第十二条中规定，合同的内容由当事人约定，一般包括当事人的名称或者姓名和住所、标的、数量、质量、价款或者报酬、履行期限和地点及方式、违约责任、解决争

议的方法。当事人可以参照各类合同的示范文本订立合同。由此可见，《合同法》规定了合同一般应当包括的条款，但具备这些条款不是合同成立的必备条件。

**3. 合同示范文本与格式条款合同**

1）合同示范文本

《合同法》第十二条第二款规定："当事人可以参照各类合同的示范文本订立合同。"合同示范文本是指由一定机关事先拟定的对当事人订立相关合同起示范作用的合同文本。此类合同文本中的合同条款有些内容是拟定好的，有些内容是没有拟定，需要当事人双方协商一致填写的。合同示范文本只供当事人订立合同时参考使用，这是合同示范文本与格式合同的主要区别。

2）格式条款合同

格式条款合同是指合同当事人一方为了重复使用而事先拟订出一定格式的文本。文本中的合同条款在未与另一方协商一致的前提下已经确定且不可更改。格式条款又被称为标准条款，提供格式条款的相对人只能在接受格式条款和拒签合同两者之间进行选择。格式条款既可以是合同的部分条款为格式条款，也可以是合同的所有条款为格式条款。在现代经济生活中，格式条款适应了社会化大生产的需要，提高了交易效率，在日常工作和生活中随处可见。但这类合同的格式条款提供人往往利用自己的有利地位，加入一些不公平、不合理的内容。对此，《合同法》为了维护公平原则，确保格式条款文本中相对人的合法权益，专门对格式条款合同做了限制性规定。

《合同法》规定：首先，采用格式条款订立合同的，提供格式条款的一方应当遵循公平原则确定当事人双方的权利和义务，并采用合理的方式提请对方注意免除或者限制其责任的条款，按照对方的要求，对该条款予以说明。其次，提供格式条款一方免除其责任、加重对方责任、排除对方主要权利的，该条款无效。再次，对格式条款的理解有争议的，应当按照通常的理解予以解释，对格式条款有两种以上解释的，应当做出不利提供格式条款一方的解释。在格式条款与非格式条款不一致时，应当采用非格式条款。

## 7.5.2 《施工合同示范文本》的通用条款

《施工合同示范文本》的通用条款是将建设工程施工合同中的共性内容，按照公平原则制定的供同合当事人执行或选用的合同条款，共十一部分四十七条。

**1. 词语定义及合同文件**

1）词语定义

通用条款对合同使用的 23 个词语的含义做了明确的界定，使这些含义广泛的词语在合同中具有特定的含义，统一当事人双方对合同词语的理解，防止发生因词语误解或歧解的纠纷。通用条款界定含义的词语主要有：发包人、承包人、工程、合同价款及追加合同价款、费用、工期、书面形式、小时或天等。

2）施工合同文件的组成及解释顺序

（1）施工合同文件的组成。

① 施工合同协议书。

扫一扫看
购件合同
示例

② 中标通知书。

③ 投标文件及其附件。

④ 施工合同专用条款。

⑤ 施工合同通用条款。

⑥ 标准、规范及有关技术文件。

⑦ 图纸。

⑧ 工程量清单。

⑨ 工程报价单或预算书。

（2）施工合同文件的解释顺序。

施工合同文件是一个整体，各组成部分之间应能互相解释，互为补充和说明。在组成文件之间出现不一致时，按从①至⑨的顺序解释，称为施工合同文件的优先解释顺序。

**2．合同当事人的权利和义务**

合同当事人双方及相关人应当清楚地知道自己所承担的合同义务和可以享受的权利。一方面要自觉地履行合同义务，做好属于自己应做的所有工作；另一方面要监督相对人履行合同义务，维护自己的合同权利。

1）发包人的工作

根据专用条款约定的内容和时间，发包人应分阶段或一次完成以下的工作：

（1）办理土地征用、拆迁补偿、平整场地等工作，使施工场地具备施工条件，并在开工后继续负责解决以上事项的遗留问题。

（2）将施工所需水、电、通信线路从施工现场外部接至专用条款约定地点，并保证施工期间需要。

（3）开通工程施工场地与城乡公共道路的通道，以及专用条款约定的施工场地内的主要交通干道，满足施工运输的需要，保证施工期间道路的畅通。

（4）向承包人提供施工场地的工程地质和地下管网线路资料，对资料的真实性负责。

（5）办理施工许可证及其他施工所需证件、批件和临时用地、停水、停电、中断交通、爆破作业等的申请批准手续（证明承包人自身资质的证件除外）。

（6）确定水准点与坐标控制点，以书面形式交给承包人，并进行现场交验。

（7）组织承包人和设计单位进行图纸会审和设计交底。

（8）协调处理施工现场周围地下管线和邻近建筑物、构筑物（包括文物保护建筑）、古树名木的保护工作，并承担有关费用。

（9）发包人应做的其他工作，双方在专用条款内约定。

发包人可以将上述部分工作委托承包人办理，具体内容由双方在专用条款内约定，其费用由发包人承担。发包人不按合同约定完成以上工作，应赔偿承包人的有关损失，延误的工期相应顺延。

2）承包人的工作

承包人应按专用条款约定的内容和时间完成以下工作：

（1）根据发包人的委托，在其设计资质允许的范围内，完成施工图设计或与工程配套的设计，经工程师确认后使用，发生的费用由发包人承担。

（2）向工程师提供年、季、月工程进度计划及相应进度统计报表。

（3）根据工程需要提供和维修非夜间施工使用的照明、围栏设施，并负责安全保卫。

（4）按专用条款约定的数量和要求，向发包人提供在施工现场办公和生活的房屋及设施，发生费用由发包人承担。

（5）遵守有关部门对施工场地交通、施工噪声以及环境保护和安全生产等的管理规定，办理有关手续，并以书面形式通知发包人。发包人承担由此发生的费用，因承包人责任造成的罚款除外。

（6）已竣工工程未交付发包人之前，承包人按专用条款约定负责已完工程的成品保护工作，保护期间发生损坏，承包人自费予以修复。要求承包人采取特殊措施保护的工程部位和相应的追加合同价款，在专用条款内约定。

（7）按专用条款的约定做好施工现场地下管线、邻近建筑物、构筑物（包括文物保护建筑）、古树名木的保护工作。

（8）保证施工场地清洁符合环境卫生管理的有关规定，交工前清理现场达到专用条款约定的要求，承担因自身原因违反有关规定造成的损失和罚款。

（9）承包人应做的其他工作，双方在专用条款内约定。

承包人如不履行上述各项义务，应对发包人的损失给予赔偿。

3）工程师的含义与职责

（1）工程师

① 工程师的含义。合同中的工程师是指监理人及其委派的总监理工程师，以及发包人派驻现场的履行合同的代表。实行监理的工程，由监理人及其委派的总监理工程师履行工程师的职责，不实行监理的工程由发包人派驻现场的履行合同的代表履行工程师的职责。

② 发包人应当将委托的监理人的名称、监理内容及监理权限以书面形式通知承包人，签订合同时在专用条款中载明。

③ 发包人如需更换工程师，应至少提前七天以书面形式通知承包人，后任继续行使合同文件约定的前任的职权，履行前任的义务。

（2）工程师的职责

① 监理人的职责。监理人应当依照法律、行政法规及有关的技术标准、设计文件和建筑工程施工合同，对承包人在施工质量、建筑工期和建筑资金使用等方面，代表发包人实施监督和管理。

② 工程师的委派和指令。

◆ 工程师委派工程师代表。在施工过程中，不可能所有的监督和管理工作都由工程师自己完成。工程师可以委派工程师代表，行使自己的部分权利和职责，并可在认为必要时撤回委派。委派和撤回委派均应提前 7 天以书面形式通知承包人。工程师代表在工程师授权范围内向承包人发出的任何书面形式的函件都具有同等效力。工程师代表发出的指令有失误时，工程师应进行纠正。

除工程师或工程师代表外，发包人派驻工地的其他人员均无权向承包人发任何指令。

◆ 工程师发布指令、通知。工程师的指令、通知由其本人签字后，以书面形式交给项目经理，项目经理在回执上签署姓名和收到时间后生效。确有必要时，工程师可发出口头指令，并在 48 小时内给予书面确认，承包人对工程师的口头指令应予以执行。工程师不能及时给予书面确认，承包人应于工程师发出口头指令后 7 天内提出书面确认要求。工程师在承包人提出确认要求后 48 小时内不予答复的，应视为口头指令已被确认。承包人认为工程师指令不合理，应在收到指令后 24 小时内提出书面申告，工程师在收到承包人申告后 24 小时内做出修改指令或继续执行原指令的决定，并以书面形式通知承包人。紧急情况下，工程师要求承包人立即执行的指令或承包人虽有异议，但工程师决定仍继续执行的指令，承包人应予以执行。因指令错误发生的费用和给承包人造成的损失由发包人承担，延误的工期相应顺延。上述规定同样适用于工程师代表发出的指令、通知。

◆ 工程师应当及时履行自己的职责。工程师应按合同约定，及时向承包人提供所需的指令和批准。如果工程师未能按合同的约定履行义务，发包人应承担因延误造成的追加合同价款，并赔偿承包人有关损失，顺延延误的工期。

◆ 工程师做出处理决定。在合同履行中，发生影响承发包双方权利或义务的事件时，负责监理的工程师应依据合同，在其职权范围内做出公正的处理。为保证施工正常进行，承发包双方应尊重工程师的决定。承包人对工程师的处理有异议时，按照合同约定争议处理办法解决。

◆ 工程师无权解除合同约定的承包人的任何权利和义务。

4）项目经理

（1）项目经理的产生。项目经理是由承包人的法定代表人授权的派驻施工现场的承包人的总负责人，他代表承包人负责工程施工的组织和管理。承包人的施工质量和施工进度与项目经理的水平、能力、工作热情等有很大的关系，项目经理一般都应当在投标文件中明确，并作为评标的一项内容。项目经理的姓名、职务应在专用条款内写明。项目经理一旦确定后，承包人不能随意换人。项目经理确需换人时，承包人应至少提前 7 天以书面形式通知发包人，后任继续履行合同文件约定的前任项目经理的权利和义务，不得更改前任做出的书面承诺。发包人可以与承包人协商，建议调换其认为不称职的项目经理。

（2）项目经理的职责。项目经理应当积极履行合同规定的职责，完成承包人应当完成的各项工作。项目经理应当对施工现场的施工质量、成本、进度、安全等负全面的责任。对于在施工现场出现的超过自己权限范围的事件，应当及时向上级有关部门和人员汇报，请示处理方案或者取得自己处理的授权。项目经理的日常性的工作有：

① 代表承包人向发包人提出要求和通知。承包人依据合同发出的通知，以书面形式由项目经理签字后送交工程师，工程师在回执上签署姓名和收到时间后生效。

② 组织施工。项目经理应按发包人认可的施工组织设计（或施工方案）和工程师依据合同发出的指令组织施工。

③ 紧急情况下应采取保证人员生命和工程财产安全的紧急措施。在情况紧急且无法与工程师联系时，应当采取保证人员生命和工程财产安全的紧急措施，并在采取措施后 48 小时内向工程师送交报告。责任在发包人和第三方，由发包人承担由此发生的追加合同价款，相应顺延工期。责任在承包人的，由承包人承担费用，不顺延工期。

### 3. 保证工程质量、控制工程进度及经济方面的条款

保证工程质量与工期、控制投资（工程成本），是承发包双方在工程建设中的主要任务，通用条款做出详细、明确、公正的规定，并具有很强的可操作性。

#### 1）保证工程质量的条款

建设工程的质量关系到国家、社会、人民群众各方面的利益和安全，是工程建设是否成功的主要标志，保证工程质量的条款必然成为工程承发包合同的主要内容。《施工合同示范文本》的通用条款从以下五个方面控制和保证工程质量：一是明确工程质量标准，验收时以国家或行业的质量检验评定标准为依据进行评定；二是在标准、规范和图纸方面规定了双方的责任；三是通过工程师的检查和验收保证工程质量；四是从供应合格的材料和设备、控制工程分包来保证工程的质量；五是规定了成品保护及保修，明确各方在工程质量上的责任。

#### 2）经济条款

施工合同的经济条款是合同当事人双方都十分关心的核心条款。通用条款包括施工合同价款及调整、工程预付款、工程款（进度款）支付、确定变更价款和施工中涉及的其他费用五个方面的条款。

#### 3）控制工程进度的条款

与进度有关的条款是施工合同中的重要条款，合同当事人应当在合同规定的工期内完成施工任务。发包人应当按时做好准备工作，承包人应当按照施工进度计划组织施工，在工程进展全过程中，进行计划进度与实际进度的比较，对出现的偏差及时采取措施。有关进度控制的通用条款主要有：合同双方约定合同工期、承包人提交进度计划及工程师的确认、延期开工、监督进度计划的执行、暂停施工、工期延误、竣工验收等。

## 7.5.3　其他条款

《施工合同示范文本》的通用条款是一个完善的合同文件，对合同履行中出现的事项及其管理，都有可据以处理的条款。

### 1. 安全施工

#### 1）安全施工与检查

（1）承包人的责任。承包人应遵守安全生产的有关规定，严格按安全标准组织施工，随时接受监督检查，采取必要的安全防护措施。

（2）发包人的责任。发包人应对其在施工场地的工作人员进行安全教育，并对他们的安全负责。发包人不得要求承包人违反安全规定进行施工。

#### 2）安全防护

（1）安全防护措施。承包人在动力设备、地下管道、易燃易爆等地段施工前应提出安全防护措施，经工程师认可后实施，发包人承担防护措施费用。

（2）特殊环境中的安全施工。实施爆破作业，在放射、毒害性环境中施工，以及使用毒害性、腐蚀性物品施工时，承包人应在施工前 14 天以书面形式通知工程师，并提出安全防护措施，经工程师认可后实施，发包人承担防护措施费用。

3）事故处理

（1）发生重大伤亡及其他安全事故。承包人应立即上报有关部门并通知工程师，同时按政府的有关规定处理，事故责任方承担发生的费用。

（2）事故责任争议的处理。承发包双方对事故责任有争议时，按政府有关部门的认定处理。

**2．违约、索赔和争议的条款**

1）违约责任

（1）发包人违约。发包人应当完成合同中约定的义务。如果发包人不履行合同义务或不按合同约定履行义务，则应承担相应的民事责任。发包人的违约行为主要有：不按时支付工程预付款、不能按合同约定支付工程款、无正当理由不支付工程竣工结算价款和其他不履行合同义务或者不按合同约定履行义务的情况，以及合同约定应当由监理工程师完成的工作，监理工程师没有完成或者没有按照约定完成，给承包人造成损失的，也应当由发包人承担违约责任。发包人违约应当承担违约责任。发包人承担违约责任的方式主要有以下几种：

① 赔偿损失。赔偿损失是发包人承担违约责任的主要方式，其目的是补偿因违约给承包人造成的经济损失。承发包双方应当在专用条款内约定发包人赔偿承包人损失的计算方法。损失赔偿额应相当于因违约所造成的损失，包括合同履行后可以获得的利益，但不得超过发包人在订立合同时预见或者应当预见到的因违约可能造成的损失。

② 支付违约金。支付违约金的目的是补偿承包人的损失，双方也可在专用条款中约定违约金的数额或计算方法。

③ 顺延工期。对于因为发包人违约而延误的工期，应当相应顺延。

④ 继续履行。承包人要求继续履行合同的，发包人应当在承担上述违约责任后继续履行施工合同。

（2）承包人违约。承包人的违约行为主要是：不能按照协议书约定的竣工日期或者工程师同意顺延的工期竣工、工程质量达不到协议书约定的质量标准，以及其他承包人不履行合同义务或不按合同约定履行义务的情况。承包人违约应当承担违约责任。承包人承担违约责任的方式主要有以下几种：

① 赔偿损失。承发包双方应当在专用条款内约定承包人赔偿发包人损失的计算方法。损失赔偿额应相当于违约所造成的损失，包括合同履行后发包人可以获得的利益，但不得超过承包人在订立合同时预见或者应当预见到的因违约可能造成的损失。

② 支付违约金。双方可以在专用条款内约定承包人应当支付违约金的数额或计算方法。

③ 采取补救措施。对于施工质量不符合要求的违约，发包人有权要求承包人返工重做或加固补强，直至达到合同约定的工程质量标准。

④ 继续履行。如果发包人要求继续履行合同的，承包人应当在承担上述违约责任后继续履行施工合同。

2）索赔

（1）索赔要求。当一方向另一方提出索赔时，要有正当索赔理由，且有索赔事件发生时的有效证据。

（2）承包人的索赔。发包人未能按合同约定履行自己的各项义务或发生错误以及应由发

包人承担责任的其他情况，造成工期延误、承包人不能及时得到合同价款及承包人的其他经济损失等，承包人可按下列程序以书面形式向发包人索赔：

① 索赔事件发生后 28 天内，向工程师发出索赔意向通知。

② 发出索赔意向通知后 28 天内，向工程师提出延长工期和（或）补偿经济损失的索赔报告及有关资料。

③ 工程师在收到承包人送交的索赔报告和有关资料后，于 28 天内予以答复。工程师未予答复或未对承包人做进一步要求的，视为该项索赔已经认可。

④ 持续进行的索赔事件的索赔。当该索赔事件持续进行时，承包人应当向工程师发出阶段性索赔意向，在索赔事件终了后 28 天内，向工程师送交索赔的有关资料和最终索赔报告。索赔答复程序与上述一次性事件答复程序规定相同。

（3）发包人的索赔。承包人未能按合同约定履行自己的各项义务或发生错误，给发包人造成经济损失，发包人可按相同规则向承包人提出索赔。

3）合同争议的解决

（1）施工合同争议的解决方式。合同当事人在履行施工合同时发生争议，可以和解或者要求合同管理及其他有关主管部门调解。和解或调解不成的，双方可以在专用条款内约定以下方式中的一种解决争议：

① 双方达成仲裁协议，并约定申请仲裁的仲裁委员会。

② 向有管辖权的人民法院起诉。

当事人选择仲裁的，仲裁机构做出的裁决是终局的，具有法律效力，当事人必须执行。如果一方不执行的，另一方可向有管辖权的人民法院申请执行。施工合同的当事人选择诉讼解决争议的，应当由工程所在地的人民法院管辖，当事人只能向有管辖权的人民法院起诉。

（2）争议发生后允许停止履行合同的情况。

合同当事人发生争议后，一般情况下双方应继续履行合同保持施工连续，保护好已完工程。只有出现下列情况时，当事人双方可停止履行施工合同：

① 单方违约导致合同确已无法履行，双方协议停止施工。

② 调解要求停止施工，且为双方接受。

③ 仲裁机关或人民法院要求停止施工。

**3. 工程分包及合同解除的条款**

1）工程分包

（1）在专用条款中约定工程分包。承包人只能按专用条款的约定分包所承包的部分工程，并与分包单位签订分包合同。未经发包人同意，承包人不得将承包工程的任何部分分包出去。

（2）工程转包是违法行为。承包人不得将其承包的全部工程转包给他人，也不得将其承包的全部工程肢解后以分包的名义分别转包给他人。下列行为属于转包：

① 承包人将承包的工程全部包给其他单位，从中提取回扣。

② 承包人将工程的主要部分或群体工程（指结构技术要求相同的）中半数以上的单位工程分包给其他单位。

③ 分包单位将分包工程再次分包给其他单位。

（3）工程分包不能解除承包人任何责任与义务。承包人应在分包场地派驻相应管理人员，保证本合同的履行。分包单位的任何违约行为或由于疏忽导致工程损害或给发包人造成其他损失的行为，承包人承担连带责任。

（4）分包工程价款由承包人与分包单位结算。发包人未经承包人同意，不得以任何形式向分包单位支付各种工程款项。

2）施工合同的解除

（1）可以解除合同的情形。施工合同订立后，当事人应当全面实际地履行合同。但在一定条件下，合同没有履行或者没有完全履行时，当事人也可以解除合同。可以解除合同的情形主要有以下几种：

① 合同的协议解除。在合同成立后、履行完毕以前，双方当事人通过协商一致同意合同关系的解除。这是合同中当事人意思自治的具体表现。

② 发生不可抗力时合同的解除。因不可抗力或者非合同当事人的原因，造成工程停建或缓建，致使合同无法履行，合同双方可以解除合同。

③ 当事人违约时合同的解除。发包人不按合同约定支付工程款（进度款），双方又未达成延期付款协议，导致施工无法进行，承包人停止施工超过56天，发包人仍不支付工程款（进度款），承包人有权解除合同。承包人将工程转包给他人，发包人有权解除合同。当事人一方的其他违约致使合同无法履行，合同双方可以解除合同。

（2）当事人一方主张解除合同的程序。一方主张解除合同的，应向对方发出解除合同的书面通知，并在发出通知7天前告知对方。通知到达对方时合同解除。对解除合同有异议的，按解决合同争议的程序处理。

（3）合同解除后的善后处理。合同解除后，当事人双方约定的结算和清理条款仍然有效。承包人应当妥善做好已完工程和已购材料、设备的保护和移交工作，按照发包人要求，将自有机械设备和人员撤出施工场地。发包人应为承包人撤出提供必要条件，支付以上事项所发生的费用，并按合同约定支付已完工程价款。已经订货的材料、设备由订货方负责退货或解除订货合同，不能退还的货款和因退货、解除订货合同发生的费用，由发包人承担。因未及时退货造成的损失由责任方承担。此外，有过错的一方应当赔偿因合同解除给对方造成的损失。

**4．不可抗力、保险和担保的条款**

1）不可抗力

（1）不可抗力的含义和范围。不可抗力是指合同当事人不能预见、不能避免并不能克服的客观情况。合同订立时应当明确不可抗力的范围：

① 因战争、动乱、空中飞行物体坠落或其他非发包人承包人责任造成的爆炸和火灾。

② 专用条款约定的风、雨、雪、洪、震等自然灾害。

（2）不可抗力事件发生后双方的工作。不可抗力事件发生后，承包人应当立即通知工程师，并在力所能及的条件下迅速采取措施，尽量减少损失。发包人应协助承包人采取措施。工程师认为应当暂停施工的，承包人应暂停施工。不可抗力事件结束后48小时内承包人向工程师通报受害情况和损失情况，以及预计清理和修复的费用。不可抗力事件持续发生，承包人应每隔7天向工程师报告一次受害情况。不可抗力事件结束后14天内，承包人向工程

师提交清理和修复费用的正式报告及有关资料。

（3）不可抗力所造成损失的承担。因不可抗力事件导致的费用及延误的工期由双方按以下方法分别承担：

① 工程本身的损害。因工程损害导致第三方人员伤亡和财产损失以及运至施工场地用于施工的材料和待安装的设备的损害，由发包人承担。

② 发包人承包人人员伤亡由其所在单位负责，并承担相应费用。

③ 承包人机械设备损坏及停工损失，由承包人承担。

④ 停工期间，承包人应工程师要求留在施工场地的必要的管理人员及保卫人员的费用，由发包人承担。

⑤ 工程所需清理、修复费用，由发包人承担。

⑥ 延误的工期相应顺延。

（4）因合同一方延迟履行合同后发生不可抗力的，不能免除延迟履行方的相应责任。

2）保险

我国对工程保险没有强制性的规定。通用条款中有关保险的条款如下。

（1）发包人的保险责任

① 工程开工前为建设工程和施工场地内的自有人员及第三方人员生命财产办理保险，支付保险费用。

② 对运至施工场地内准备用于工程的材料和待安装设备办理保险，并支付保险费用。

（2）承包人的保险责任

① 承包人必须为从事危险作业的职工办理意外伤害保险，并支付保险费用。

② 为施工场地内自有人员的生命财产和施工机械设备办理保险，并支付保险费用。

（3）发包人可以将有关保险事项委托承包人办理，费用由发包人承担。

（4）保险事件发生时，承发包双方有责任尽力采取必要的措施，防止或减少损失。

（5）承发包双方应在专用条款中约定具体的投保内容和相应责任。

3）担保

施工合同的担保，一般采用保证方式，由信誉较好的第三方出具保函担保施工合同当事人履行合同。这种保函称为履约保函，由银行作为保证人出具的保函称为银行保函。银行保函的担保金通常为合同价的 5%左右，其他履约保函的担保金通常为合同价的 10%左右。

（1）为了全面履行合同，承发包双方应互相提供担保。

① 发包人向承包人提供履约担保，按合同约定支付工程价款及履行合同约定的其他义务。

② 承包人向发包人提供履约担保，按合同约定履行自己的各项义务。

（2）一方违约后，另一方可要求提供担保的第三人承担相应责任。

（3）承发包双方应在专用条款中约定提供担保的内容、方式和相关责任。被担保方与担保方还应签订担保合同，作为施工合同的附件。

## 7.5.4  建设工程常用的合同文本

### 1. 建设工程合同的示范文本

建设部和国家工商总局联合制定了《建设工程施工合同（示范文本）》，供国内建设工程

承发包签订合同时选用。

1）建设工程勘察合同示范文本

按照发包的勘察任务的不同，在下列两个示范文本中分别选用：

（1）建设工程勘察合同（一）［GF-2016-0203］。适用于为设计提供勘察工作的委托任务，包括岩土勘察、水文地质勘察、工程测量、工程物探等勘察。

（2）建设工程勘察合同（二）［GF-2016-0204］。适用于委托工作内容仅涉及岩土工程的勘察。

2）建设工程设计合同示范文本

承发包当事人按照设计任务的种类，选用相适应的示范文本：

（1）建设工程设计合同（一）［GF-2015-0209］，适用于民用建设工程设计的合同。

（2）建设工程勘察合同（二）［GF-2015-02010］，适用于专业工程设计的合同。

3）建设工程施工合同示范文本［GF-2013-0201］

《建设工程施工合同（示范文本）》（GF-2013-0201，下称《施工合同示范文本》），适用于国内各类公用建筑、民用住宅、工业厂房、交通设施及线路管道的施工和安装工程的合同。

（1）《施工合同示范文本》的构成。《施工合同示范文本》由协议书、通用条款和专用条款三部分构成。另有《承包人承揽工程项目一览表》、《发包人供应材料一览表》、《工程质量保修书》三个附件，对当事人的权利和义务进行进一步的明确，使当事人的有关工作一目了然，便于履行和管理。

① 协议书，是施工合同的总纲，用于规定当事人双方最主要的权利义务、组成合同的文件和当事人对履行合同的承诺，并经当事人双方签字盖章。它在施工合同文件中具有最高的法律效力。

② 通用条款，是根据《建筑法》、《合同法》、《建设工程质量管理条例》等法律法规，对承发包当事人的权利和义务所做的规定，当事人双方经协商达成一致后可以对通用条款做出修改、补充或取消，否则双方都必须履行。

③ 专用条款，条款号与"通用条款"相一致，主要是空格，由当事人根据工程的具体情况对通用条款的规定予以明确、具体化或进行修改、补充及取消。

（2）《施工合同示范文本》的应用要点如下：

① 协议书的签订。招标工程的协议书根据中标通知书的内容签订，直接发包的工程项目由当事人双方通过谈判协商签订。

② 通用条款的规定符合发包工程的具体情况，可在相同条款号的专用条款的空格上填写：执行通用条款的规定。

③ 通用条款要求当事人在专用条款中做出具体的约定。对于这一类条款，当事人必须在同条款号的专用条款中，就通用条款约定事项的实施时间、地点和要求等做明确具体的约定。

④ 通用条款的规定在本次发包工程上不适用或不完全适用。当事人双方经协商达成一致后可以对通用条款做出修改、补充或取消，并把协议内容填写在同条款号的专用条款的空格中。

**2. 国际建设工程常用的合同文本**

国际上常用的有关建设工程合同的文本主要有：

（1）FIDIC 合同条件，国际咨询工程师联合会（简称 FIDIC）编制。

（2）ICE 土木工程施工合同条件，英国土木工程师学会编制。

（3）RIBA/JCT 合同条件，英国皇家建筑师学会编制。

（4）AIA 合同条件，美国建筑师学会编制。

（5）AGC 合同条件，美国承包商总会编制。

（6）EJCDC 合同条件，美国工程师合同文件联合会编制。

（7）SF-23A 合同条件，美国联邦政府发。

上述国际工程合同文件中，FIDIC 合同条件最为流行，其次是 ICE 土木工程施工合同条件和 AIA 合同条件。

## 知识梳理与总结

本情境主要介绍了工程合同分析，合同实施、控制、变更、风险管理，合同示范文本的内容和方法。通过本情境的学习，读者应掌握工程合同分析、实施、控制、变更、风险管理的基本内容和方法，具备合同分析、控制、变更、组织管理的能力。

（1）能够掌握工程相关合同管理的原则方法。

（2）掌握合同分析，实施控制、变更、风险管理的基本理论和方法。

## 思考题 4

1．工程建设中有哪些主要的合同关系？

2．工程合同管理的原则和任务是什么？工作内容有哪些？

3．工程合同管理的法律依据有哪些？

4．什么是合同文本？什么是合同？什么是建设工程合同？

5．建设工程合同的主体应具备哪些条件？

6．什么是建设工程施工合同？订立施工合同的工程应具备哪些条件？

7．简述《建设工程施工合同（示范文本）》的内容？

8．简述施工合同的通用条款与专用条款的关系？

9．什么情况下施工合同当事人可以停止履行合同？

10．简述承发包双方违反施工合同时分别应承担什么法律责任？

扫一扫看
本思考题
答案

## 技能训练 4

1．理解《施工合同示范文本》的制订原则，掌握《施工合同示范文本》通用条款的内容。

2．理解施工合同双方的一般权利义务。

3．识读 FIDIC 土木工程施工合同条件。

4．编制一份工程施工合同，与投标文件项目相一致的内容（电子稿每人一份）。

# 学习情境 8

## 建筑工程索赔

扫一扫看
本情境教
学课件

## 教学导航

| 项目任务 | 任务1 建筑工程索赔的特征与重点；<br>任务2 建筑工程施工索赔程序与技巧；<br>任务3 建筑工程施工索赔计算；<br>任务4 建筑工程施工索赔管理 | | 学 时 | 8 |
|---|---|---|---|---|
| 教学目标 | 会寻找工程施工索赔的线索，具备一定的施工索赔能力，编写索赔报告并能<br>获得索赔 | | | |
| 课程训练 | 知识方面 | 掌握索赔的理论知识、索赔技巧与索赔报告的编写方法 | | |
| | 能力方面 | 具备施工索赔的能力，重点是谈判能力和计算能力，掌握策略<br>与技巧 | | |
| | 其他方面 | 具有文字材料编写、索赔分析与思考以及计算能力 | | |
| 过程设计 | 任务布置及知识引导→分组学习讨论→学生独立编写索赔报告→课堂集中汇<br>报→教师提问质疑→点评总结 | | | |
| 教学方法 | 参与型项目教学法 | | | |

# 任务 8.1  建筑工程索赔的特征与重点

## 8.1.1  工程索赔概念与特征

### 1. 工程索赔的概念

#### 1）索赔

索赔（Claim）是指合同执行过程中，合同当事人一方因对方违约或其他过错，或虽无过错但因无法防止的外因致使本方受到损失时，要求对方给予赔偿或补偿的权利。

工程索赔是指在工程合同履行过程中，合同当事人一方非自身因素或对方不履行或未能正确履行合同而受到经济损失或权利损失时，通过一定的合法程序向对方提出经济或时间补偿要求。

工程索赔有广义和狭义两种解释。狭义的工程索赔是指工程承包商向业主提出的索赔；广义的工程索赔既包括工程承包商向业主提出的索赔，也包括业主向工程承包商提出的索赔，后者又称为反索赔。

#### 2）反索赔

反索赔指业主因工程承包方的原因不履行或不正确履行合同而受到经济损失或权利损失时，通过一定的合法程序向承包商提出经济补偿要求。

在工程索赔的实施中，反索赔的发生频率相对较低，而且业主始终处于主动和有利地位，他可以直接从应付工程款中扣抵或没收履约保证金等实现索赔要求。因此，有人认为反索赔是业主对承包商违约的惩罚。

工程索赔主要是工程承包商向业主提出的补偿要求，包括经济补偿和工期延长补偿。工程承包商对其实际损失或额外费用给予补偿的要求，对业主不具有惩罚性质。

### 2. 工程索赔的特征

工程索赔是正当权利的要求，是业主、工程师、工程承包商之间正常的、大量发生的、普遍存在的合同管理业务。工程索赔具有如下特征。

#### 1）工程索赔是双向的

工程索赔不仅是工程承包商向业主提出索赔，业主也可以因工程承包商未按合同规定履行义务向工程承包商提出索赔。

#### 2）工程索赔要有证据和合同、法律条文

工程索赔像到法庭打官司一样，需要有利于自己的证据，还要有为自己辩护的合同、法律条文，才能提出索赔请求。

#### 3）只有实际发生了经济损失或权利损害才可以提出索赔

工程索赔需要事实根据，即只有已发生的经济损失或权利损害才可以作为索赔的依据，不能用估计要发生的事件作为索赔依据。

#### 4）工程索赔是一种等待确认的行为

工程索赔不同于工程签证。施工中的签证是承发包双方就额外增加的费用补偿或工期延

长等达成一致的书面证明材料，它是一种补充协议，可作为工程价款结算或最终增减工程造价的直接依据。工程索赔是一种等待确认的行为，在未被对方确认前不具有约束力，索赔要求只有等待对方确认后才能实现。

5）工程索赔工作贯穿于工程项目建设的始终

工程招投标阶段，招投标双方都应仔细研究工程所在地的法律法规及合同条件，以便为将来索赔提供合同、法律依据。

合同执行阶段，当事人会密切注视对方履行合同的情况，发现对自己伤害的行为，及时提出索赔。同时，也要求自己严格履行合同，不给对方造成索赔机会。

6）工程索赔是一门工程技术与法律融合的科学艺术

工程索赔涉及工程施工技术、工程管理、法律法规、财务会计等专业知识，要求索赔人员有深厚的工程技术等专业知识和丰富的施工经验，才能提出科学合理、符合工程实际情况的索赔。索赔人员应通晓合同、法律，提出的索赔才有合同、法律依据。索赔谈判是与对方直接交涉，要运用人际交往的知识，要求索赔人员懂得社交艺术，具有一定的公关能力。

## 8.1.2 工程索赔分类

工程索赔贯穿于工程项目建设的全过程，发生的范围较广泛，随分类标准不同而异，主要分类形式有以下几种。

**1. 按索赔当事人分类**

1）承包商与业主间的索赔

这是工程承包中最普遍的索赔形式。这种索赔主要由工程量计算、变更、工期、质量和价格方面引起，另外也有因中断或终止合同等其他违约行为引起的索赔。

2）总承包商与分包商间的索赔

总承包商将工程任务分包一部分给分包商，也要签订分包合同，借以维护自己的利益。当出现伤害，都有向对方提出索赔的权利。分包商向总承包商提出索赔，经总承包商审核确认是业主的责任，再由总承包商向业主提出索赔；属于总承包商的责任由双方协商解决。

承包商与业主、总承包商与分包商间的索赔均在施工过程中发生，也被称为施工索赔。

3）承包商与供货商间的索赔

这种索赔主要是关于工程材料或机械设备的质量、规格型号、数量、交货时间、运输损耗等使承包商受到损害引起。

4）承包商与保险公司间的索赔

当承包商受到灾害、事故或其他损害时，向保险公司提出保险赔偿请求。

**2. 按索赔目标分类**

1）工期索赔

因非承包商原因造成工期拖延，承包商要求延长合同工期，即工期索赔。工期索赔形式上是对工程合同工期延长的权利请求，可避免因拖延工期遭受业主的反索赔。工期索赔成功，不仅免除延误工期的违约责任，还可能因提前竣工获得工期奖励。

2）费用索赔

费用索赔是要求得到经济补偿。当施工条件改变造成承包商增大支出，承包商就要求业主对超出原计划成本的开支给予补偿，解除不应由承包商承担的支出。

### 3．按索赔事件性质分类

1）工期延误索赔

因业主未按合同要求时间提供合同规定的施工条件，或因业主（或工程师）指令工程暂停，或因不可抗力等原因造成工期延误，承包商为此提出索赔。

2）工程变更索赔

因业主或工程师指令增加或减少工程量、增加附加工程、修改设计、变更工程顺序等，造成工期延长和费用增加，承包商因此提出索赔要求。

3）工程终止索赔

因业主违约或不可抗力原因造成工程非正常终止，承包商因此蒙受经济损失，承包商向业主提出索赔。

4）工程加速索赔

业主或工程师指令承包商加快施工进度，缩短工期引起承包商人力、财力、物资的支出增加，承包商向业主提出索赔。

5）意外风险、不可预见因素索赔

工程施工中，人力不可抗拒的自然灾害、意外风险，以及有经验的承包商一般不能预见的不利施工条件（如地下水、溶洞、地下古墓等）引起的索赔。

6）其他索赔

因货币贬值、物价上涨、工资上涨、政策法令变化、汇率变化等引起的索赔。

### 4．按索赔处理方式分类

1）单项索赔

单项索赔是针对某一事件发生提出的索赔。影响原合同实施的因素发生时或发生后，合同管理人员立即在规定的索赔有效期内向业主提出索赔报告。单项索赔一般原因单一、责任单一，相对容易分析，涉及金额较小，处理及时也较简单。合同双方应尽可能用单项索赔方式处理索赔问题。

2）一揽子索赔

一揽子索赔又称总索赔或综合索赔，一般是在工程竣工或工程移交前，承包商将施工中未解决的单项索赔集中进行综合考虑，提出综合索赔报告，由合同双方当事人在工程交付前后进行最终谈判，以一揽子方案解决索赔问题。

一揽子索赔中，许多干扰因素交织在一起，形式比较复杂，责任分析和赔偿值计算较困难，赔偿金额也较大，双方较难做出让步，索赔谈判和处理较难。一揽子索赔较单项索赔的成功率低。

当出现下述几种情况，可采用一揽子索赔：

（1）单项索赔问题复杂，有争议，不能立即解决，双方同意继续施工，索赔问题留到工程后期一并解决。

（2）业主或工程师拖延单项索赔答复，使谈判旷日持久，导致许多索赔事件集中处理。

（3）因承包商的原因未能及时采用单项索赔，可能出现一揽子索赔。

### 5. 按索赔的合同依据分类

#### 1）合同明示的索赔

合同明示的索赔是承包商的索赔要求在合同中有文字依据，承包商可根据此取得经济或工期的补偿。合同文件中有索赔文字规定的条款称为明示条款。

#### 2）合同中默示的索赔

承包商提出的索赔要求，在合同中虽然无明示条款，但可根据合同某些条款的含义推断出承包商有索赔权力。这种索赔请求同样具有法律效力。这种有补偿含义的条款，在合同管理中称为"默示条款"或"隐含条款"。

### 6. 按索赔的依据分类

#### 1）合同内索赔

索赔内容可以在合同明示条款或默示条款中找到依据。

#### 2）合同外索赔

索赔内容虽在合同条款中找不到依据，但权利可来自普通法律。合同外的索赔通常表现为属于违约造成的间接损害和可能违规担保造成的损害，有的可在民事侵权行为中找到依据。

#### 3）道义索赔

有时，承包商在合同中找不到索赔依据，业主也未违约或触犯《民法》，而承包商针对其损失寻找优惠性付款。例如，承包商投标时对标价估计不足，工程施工中发现比原先预计的困难大得多，有可能使承包商无法完成合同，某些工程的业主有可能为使工程进展情况良好，根据实际情况慷慨让步。

道义索赔无合同和法律依据，承包商认为有补偿的道义，向业主寻求优惠的额外付款。这种方式一般很难实现。

## 8.1.3　工程索赔的依据和重点

### 1. 工程索赔的原因

引起工程索赔的原因有业主违约或工程师指令，也有因施工现场条件变化、合同变更、有关政策法令变更等引起。主要原因可归纳为以下几种。

#### 1）业主违约

业主违约主要表现为业主未能按合同规定为承包商提供施工条件，未在规定时间内付款、无理阻挠或干扰工程施工，给承包商造成经济损失或工期拖延。

#### 2）指定分包商（供应商）违约

指定分包商（供应商）未按规定提供服务、供应材料或劳务等。例如，供电供水中断

（多数工程由业主提供场外供电供水的管线）、业主指定供应的特殊机器设备的供应商未按期到货。

### 3）合同缺陷

建设工程合同缺陷主要表现为合同文件规定不严谨甚至自相矛盾、合同中的遗漏或错误、合同文件可做多种解释。这些不仅在商务条款中可能出现，甚至技术规范和图纸中也可能出现缺陷。这时，工程师有权做出解释。但如果承包商执行工程师的解释后引起成本增加或工期延长，承包商提出索赔，工程师应给予证明，业主应给予补偿。

### 4）不利自然条件和客观障碍

不利自然条件和客观障碍是指一般有经验的承包商无法合理预料到的不利自然条件和客观障碍。不利自然条件不包括气候条件，而是指投标时经过现场调查和根据业主提供的资料都无法预料到的其他不利自然条件，如地下水、地质断层、地下暗河、古墓等。客观障碍是指经现场调查无法发现、业主提供的资料中未提到的地下（上）人工建筑物及其他客观存在的障碍物，如市政设施、废弃的建筑物、砌筑物，以及埋在地下的树干、管线等。

### 5）工程师指令

工程师指令承包商加快施工进度、进行合同外的工作、更换某些材料、采取某种措施或暂停施工等，造成承包商增加支出或延误工期，承包商将提出索赔。

### 6）合同变更

合同变更常因设计变更、施工方法变更、追加或取消某些工作、合同其他规定的变更等引起。变更可由业主、工程师或承包商提出。在合同范围内的变更，与原合同工程有关，承包商接受，否则承包商可以拒绝。例如承建民用住宅工程，业主要求增加花台，承包商接受；若业主要求增加几千米的场外道路工程，承包商可以拒绝。

### 7）国家政策、法律法规变更

国家政策、法律法规变更直接导致原合同制定的法律基础变化，直接影响承包商的投标价。合同通常规定，从投标截止日起的第 28 天开始，如果工程所在地的政策、法律法规变更导致承包商施工费用增加，业主应补偿承包商的该增加值；相反，则减少工程价款，由业主受益。

### 8）其他承包商干扰

其他承包商未能按时按序按质进行并完成某项工作，各承包商配合不好而给本承包商的工作造成不良影响，被迫延迟工作。如前面工序的承包商未按时间要求完成工作，使场地使用、现场交通方面产生干扰等。

### 9）其他第三方原因

其他第三方指与工程有关的除业主、工程师、分包商、其他承包商之外的各方。其他第三方的问题也会对本工程不利。例如，银行付款延误、邮路延误、港口压港、车站压货等。这种原因引起的索赔较难处理，但因影响工期，承包商也会向业主索赔。

### 2. 工程索赔事件

工程索赔事件是合同实施过程发生的。合同管理人员通过对合同的跟踪和监督可以发现索赔机会。索赔事件又称干扰事件，指使实际情况与合同规定不符，引起工期和费用变化的

事件。在合同实施过程中，承包商可以提出索赔的事件主要有：

（1）业主未按规定时间和数量交付设计图纸和资料，未按时提供合格的施工现场、道路、通水通电等，造成工期延误和费用增加。

（2）实际的工程地质条件与合同规定背离。

（3）业主或工程师变更原合同规定的施工顺序，打乱了工程施工计划。

（4）设计变更，设计错误，或业主、工程师错误指令或提供错误数据等，造成工程修改、返工、报废、停工或窝工等。

（5）工程数量变更。

（6）业主指令提高设计、施工、材料的质量标准。

（7）业主或工程师指令增加额外工程。

（8）业主或工程师指令加快工程进度。

（9）不可抗力或客观障碍。

（10）业主未及时支付工程款。

（11）合同缺陷，如合同条款不全、错误或前后矛盾。

（12）物价上涨，造成材料价格、人工工资上涨。

（13）国家政策、法律法规修改。

（14）货币贬值、汇率变化。

（15）其他。

上述索赔事件可归纳为工程实施偏离合同、工程环境有特殊变化、业主和工程师发出了工程变更指令。

**3. 工程索赔依据**

工程索赔依据指工程索赔的必要文件——索赔证明材料。出示具有说服力的索赔依据是索赔成功的关键因素，同时还需索赔理由充分。工程索赔依据主要有以下几个方面：

（1）工程招标投标文件。

（2）签约前同业主、建筑师、工程师谈判的记录、会谈纪要、往来信件和电函。

（3）合同文件及附件。

（4）施工现场记录。

（5）业主或工程师指令。

（6）工程照片及声像资料。

（7）合同实施中的会议纪要。

（8）市场信息资料。

（9）气象报告资料。

（10）投标前业主提供的现场资料和参考资料。

（11）工程备忘录及各种证明材料。

（12）停水、停电、停止交通运输的原始证明资料。

（13）工程所在地的有关政策、法律法令。

（14）工程结算资料和有关财务报告。

（15）各种检查验收报告和技术鉴定报告。

（16）其他。包括分包合同、订货单、采购单、工资单、官方物价指数等。

#### 4. 索赔重点

承包商通过索赔保护自己的利益，避免亏损。承包商应有针对性、有重点地提出有理有据的索赔，使对方心悦诚服。在下列情况下，承包商理直气壮地提出索赔：

（1）工程变更。

（2）工期延长。

（3）特殊风险。

（4）工程加速。

（5）工程保险。

（6）工程暂停、终止。

（7）业主或工程师违约。

（8）施工条件变化。

上述几项是工程索赔应重点关注的事件，承包商应多花时间研究。

## 任务 8.2 建筑工程施工索赔程序与技巧

扫一扫看工程索赔费用报告书

### 8.2.1 施工索赔程序

施工索赔程序指施工索赔事件发生到最终处理全过程所包括的工作内容和步骤。施工索赔实质上是承包商与业主对工程风险造成的损失的分担，涉及合同当事人双方的经济利益，是一项繁琐、细致、耗费精力和时间的工作。

施工索赔程序，应按当事人双方签订的施工合同确定。施工索赔程序大致分为以下几个步骤。

#### 1. 发出索赔意向通知

在工程施工过程中，一旦发现或意识到潜在的索赔机会，承包商首先应在合同规定的时间内，将有关情况和索赔意向书面通知业主或工程师，即向业主或工程师表示某个事件的索赔愿望、保留索赔的权利。索赔意向提出，标志着一项索赔工作的开始。施工索赔的第一个关键环节是抓住索赔机会，及时提出索赔意向。

FIDIC 合同条件的第 53.1 条规定：在引起索赔事件第一次发生后的 28 天内，承包商将他的索赔意向通知工程师，同时将一份副本呈交业主。我国《建设工程施工合同（示范文本）》规定：承包商应在索赔事件发生后的 20 天内，向业主发出索赔要求的通知，业主接到通知后的 10 天内给予答复，同意索赔要求，或要求承包商补充索赔的理由和证据；业主在 10 天内未给予答复，应视为该项索赔已经批准（默认）。承包商若未在合同规定限期内发出索赔意向通知，业主和工程师有权拒绝承包商的索赔请求。

索赔意向通知，一般包括以下内容：

（1）索赔事件发生的时间、原因和情况的简单阐述。

（2）索赔理由（依据）。

（3）有关索赔证据资料。

（4）索赔事件影响分析。

### 2. 准备索赔资料

施工索赔成功与否，在很大程度上取决于承包商对索赔做出强有力的解释和证明材料的充分程度。证据不足的索赔，不可能得到业主和工程师的认同。承包商在日常管理工作中就应注意档案材料的管理，以备索赔时从中获取证据资料。这类文件资料主要包括：施工日志、来往信函、气象资料、备忘录、会议纪要、工程照片和声像资料、工程进度计划、工程考核资料、工程报告、投标参考资料和现场勘察备忘录、招标文件、投标文件等。

准备索赔资料这一阶段的主要工作有：

（1）跟踪调查干扰事件，收集资料。

（2）分析干扰事件产生的原因，划清责任，确定责任主体，明确干扰事件是否违反合同规定，损失是否在合同规定的赔偿范围内。

（3）损害调查和计算。通过实际施工进度、工程成本与计划的比较，分析经济损失和权利损害的范围和大小，据此计算工期和费用索赔值。

（4）收集证据。从干扰事件产生直至结束的全过程，必须保留完整的当时所取得的材料，才有强有力的说服力。我国《建设工程施工合同（示范文本）》要求合同当事人应积累和准备以下资料：

① 业主和工程师的指令书、确认书。

② 承包商的要求、请求、通知书。

③ 业主提供的水文地质、地下管网资料，施工所需的证件、批件、临时用地占地证明书、坐标控制点资料和图纸。

④ 承包商的年、季、月度施工计划，施工方案，施工组织设计及业主批准书。

⑤ 施工规范、质量验收单、隐蔽工程验收单、验收记录。

⑥ 承包商要求预付款通知，工程量核实确认单。

⑦ 业主、承包商提供的材料供应清单、合格证书。

⑧ 竣工验收资料、竣工图。

⑨ 工程结算书、保修单等。

### 3. 编写工程索赔意向通知书

索赔意向通知书表述了承包商的索赔要求和支持索赔的依据。编写索赔意向通知书应做到证据充分，损失计算准确，原因分析透彻。正文主要包括标题、事实与理由、损失计算。

索赔意向通知书是承包商提供给业主和工程师关于索赔的书面文件，全面表达了承包商对索赔事件的所有主张；业主通过对索赔意向通知书的分析、审核和评价做出同意、要求修改、反驳甚至拒绝的决定；索赔意向通知书也是合同当事人进行索赔谈判或调解、仲裁、诉讼的基础资料。这就要求承包商按照索赔文件的格式和要求，将说明干扰事件的资料系统反映在索赔意向通知书中。

编写工程索赔意向通知书应注意以下问题。

#### 1）工程索赔意向通知书的内容和形式

工程索赔意向通知书应简明扼要，条理清晰，便于读者阅读理解；应注意工程索赔意向通知书的形式和内容安排。工程索赔意向通知书可按以下形式编写：

（1）说明信。说明信简要说明索赔理由、金额或工期和随函所附的报告正文和证明材料清单目录。

（2）索赔意向通知书正文。标题、事由介绍和分析、损失计算一揽表。

（3）详细的计算过程和证明材料。详细计算过程、证明材料及附件。

2）编写工程索赔意向通知书应注意的具体事项

（1）实事求是。索赔事件是真实的，索赔依据和款项要实事求是，不能虚构夸大，更不能无中生有。实事求是，让业主和工程师审核后觉得索赔要求合情合理，不应拒绝。

（2）说服力强。实事求是的索赔，本身就具有说服力，但若在索赔意向通知书中责任分析清楚、准确，引用合同、法律中的相关条款，并附上有关证明材料，就更具有说服力。

（3）计算准确。作为索赔依据的基本数据资料应准确无误，计算结果应反复验证无误。计算数据上的错误，容易让对方对索赔的可信度产生疑问。

（4）简明扼要，组织严密，资料充足，条理清楚。工程索赔意向通知书要有说服力，文字应简练、用词严密、条理清楚，各种定义、论述、结论正确，逻辑性强，既能完整反映索赔要求，又简明扼要，让业主理解索赔的实质，索赔就有成功的希望。

### 4．提交索赔文件

工程索赔意向通知书编制完成后，应立即提交给业主和工程师。FIDIC 合同条件规定，承包商在发出工程索赔意向通知后的 28 天内或经工程师同意的合理时间内，提交一份详细的索赔文件。如果干扰事件对工程影响的持续时间较长，承包商应按工程师要求的合理间隔期间，提交中间报告，并在干扰事件影响结束后的 28 天内提交最终索赔报告。我国要求在干扰事件发生后的 20 天内提交索赔意向通知书，或者双方在合同协议条款中约定提交索赔报告的具体时间。

索赔的关键是"索"，承包商不主动"索取"，业主和工程师不可能主动"赔"。

### 5．工程师和业主对工程索赔意向通知书的审核

工程师受业主委托对工程项目建设进行组织、监督、控制和协调。工程师根据业主授权范围，对承包商的索赔进行审核，判定索赔事件是否成立，判定索赔值计算是否正确合理。工程师和业主接到索赔意向通知书后，应立即阅读，对不合理的索赔进行反驳，对各种质疑做出圆满答复。

### 6．索赔处理

工程师或业主充分阅读工程索赔意向通知书并进行评审后，再与承包商讨论，由工程师提出索赔处理的初步意见，并召集业主、工程师、承包商协商，取得一致意见。若初次谈判未达成协议，可商定正式谈判的时间、地点，以便继续讨论确定索赔问题。如果业主与承包商谈判失败，可邀请中间人调解。若仍不成功，可根据合同规定，将索赔争议提交仲裁机构，甚至提交到法庭，使其得到解决。

工程索赔程序一般如图 8-1 所示。

工程项目建设中会发生许多索赔事件，当事人各方争取在最早和最短的时间、最低的层次、最大程度上友好地协商解决，不要轻易提交仲裁。仲裁和诉讼是复杂的，需花大量人力、物力、财力和时间，对工程建设也会带来不利影响。

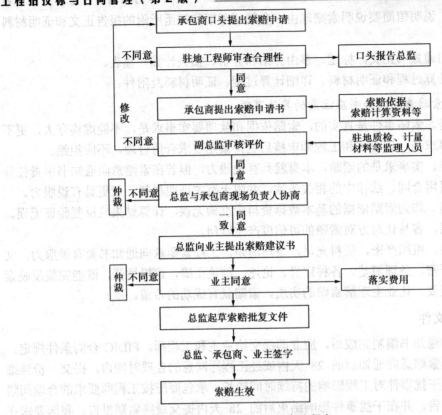

图 8-1　工程索赔程序

　　并不是承包商想索赔就能真正得到索赔。实际操作中影响的因素太多，有时可能事与愿违，产生负面影响，同时业主也会开展反索赔。如果大量提交索赔文件，要求经济补偿或延长工期，将使承包商进入业主的黑名单，被列为"喜欢搞索赔（claim-conscious）"的一类承包商，造成不良记录在案，其结果不仅不利于该项工程建设，其他业主对这样的承包商会多加防范，承包商会为此丧失许多机会。当然，在权衡利弊后，承包商应该根据合同条款，努力拿回尽可能多的索赔。

## 8.2.2　施工索赔策略与技巧

　　承包商面对索赔问题时是矛盾的。不索赔造成公司利益损失；索赔有可能引起工程师、业主的不满，影响企业声誉。索赔能争取获得合同金额以外的款项，但承包商为不引起对方反感，应掌握自己的策略。

### 1. 承包商索赔策略

1）全面履行合同

　　承包商应以积极合作的态度，主动配合业主、工程师完成合同规定的各项义务，搞好各项管理工作，协调好各方面的关系。在施工承包中，承包商应遵循"守约、保质、薄利、重义"的原则。在友好和谐、信任合作的气氛中顺利履行合同，为业主的新项目能担当承包商创造条件。

2）着眼重大索赔

承包商在施工承包中，不能斤斤计较。尤其是在工程施工的初期，不能让对方感到很难友好相处，不容易合作共事。这样做可能从心理上战胜对方，但也让对方提高了戒备，增大了索赔成功的难度。承包商在施工索赔中应着眼重大索赔。

3）注意灵活性

在索赔事件处理中，承包商要有灵活性，讲究索赔策略，要有充分准备，要能让步，力求索赔问题的解决使双方都满意。

4）变不利为有利，变被动为主动

建筑市场中，承包商与业主签订工程承包合同后，有许多义务要履行，但权利有限，主要体现在招标文件中的一些规定和工程承包合同中的一些对承包商单方面约束的条款上。因而使得承包商经常处于不利的被动地位。但是，合同中也规定了索赔条款，承包商若能经常留心，也能找到索赔机会。这就要求承包商寻找、发现、把握索赔机会，变不利为有利，变被动为主动。

5）树立正确的索赔观念

索赔是对非承包商自己过失造成的损失的索取，是处理合同管理中的一项正常业务。

6）"诚信原则"是索赔谈判和处理中应遵守的基本原则

诚信原则是市场交易的基本准则。依据该原则，合同当事人各方在签订工程承包合同时，对合同内容应确认是有意列入的，不能以疏忽做借口来辩解。工程师在处理索赔事件时，经常按该原则推断有经验、讲信誉的承包商在遇到某种情况时会怎样做，能否事先预知某些情况，从而推断承包商的索赔是否成立。

诚信原则可以起到对合同、法律规定的某些不足的补救作用。建筑施工活动很复杂，合同文件不可能对任何事项都做出明确规定。当合同文件未具体规定或规定不清楚时，工程师必须依据诚信原则在合同规定的总目标下公正处置。

诚信原则是"弹性"原则，工程师在处理索赔时有一定的自由度。在合同实施过程中，业主、工程师与承包商之间的合作关系是否良好，是索赔能否顺利解决的关键之一。

**2．承包商索赔技巧**

索赔是工程承包企业中的一项专门学问。它既有科学严谨的一面，又有灵活、艺术性的一面，这就要求承包商拥有索赔专家从事索赔工作。索赔成功不仅需要法律依据、理由充足、计算正确，还要运用好索赔技巧和艺术。

1）把握好提出索赔的时机

过早提出索赔，对方有充足的时间寻找理由反驳；过迟提出索赔，容易给对方留下借口，遭到拒绝。承包商应在索赔时效范围内适时提出索赔。

2）编写高质量的索赔文件

一份符合实际情况、有说服力、计算准确、内容充实、有条不紊的索赔文件，能获得业主、承包商的信任，意味着索赔有良好的开端。

3）争取将容易解决的索赔在现场解决

工程施工过程中发生的索赔，尽可能将索赔意向通知现场工程师，同他们磋商，争取他

们原则同意。

取得现场工程师的确认或同情是十分重要的，即使业主拒绝支付索赔款项，承包商也可在以后索赔中取得有利地位。

4）向业主或工程师提出书面索赔要求

当与现场工程师磋商未达成妥协方案时，承包商应检查索赔要求的合理性，进一步整理论据资料，向业主或工程师提出索赔信函。递交索赔信函后，不能坐等对方答复，最好约定时间向业主和工程师进行面谈，做细致的解释。

5）选择高素质的索赔人员

索赔涉及面广，要求索赔人员通晓法律法规、合同、商务、施工技术等知识和工程承包的实际经验。索赔人员的个性、品格、才能也是十分重要的。索赔人员不应当是"扯皮吵架"、"软缠硬磨"的高手，而应当是头脑冷静、思维敏捷、处事公正、性格刚毅且有耐心、坚持以理服人的人。

6）用好索赔谈判方式方法

进行索赔谈判，措施应婉转，说理应透彻，以理服人，不要得理不让人，尽可能不使用抗议性语言，一般不用"你违反合同"、"使我方受到严重损害"等敌对性语言；可采用"请求贵方作公平合理的调整"、"请结合×××条款加以考虑"，这样表明了索赔要求，又不伤害双方良好合作的情感，可达到良好的索赔效果。

谈判要获得成功，首先做好谈判前的准备工作，其次是用好谈判技巧。

谈判前的准备工作主要有：①熟悉工程情况，熟读索赔文件，使自己的发言有无可辩驳的事实根据。②尽可能理会对方观点，做好辩论依据的准备。③商定谈判范围、重点以及预期成果，确定谈判基线。

谈判时先应确定谈判原则，使谈判在和睦友好的气氛中进行。费舍尔和尤里探讨谈判技巧时，将谈判原则立场分为三类，见表8-1。

表8-1 谈判原则立场分类

| 柔　和 | 强　硬 | 原则性的立场 |
| --- | --- | --- |
| 谈判对方是朋友， | 谈判对方是敌人， | 同谈判对方解决问题谈判， |
| 目的是达成协议， | 目的是取得胜利， | 谈判得到合理、有效而友好的成果， |
| 以妥协维护关系， | 要求对方妥协，作为维护关系的条件 | 分别对待，对事不对人， |
| 对人、对事的调和， | 对人、对事均强硬， | 对人调和，对事强硬 |
| 相信对方， | 猜疑对方， | 独立对待，不受制约， |
| 轻易改变自己的立场， | 立场丝毫不动， | 着眼于利益，不固执于方法， |
| 提供机会， | 施以威胁， | 探讨利益， |
| 泄露自己的底线， | 迷惑对方，误泄底线 | 避免有底线， |
| 接受失利以达成协议， | 要求单方得利，作为协议的条件 | 寻求双方都得利的措施， |
| 寻求的唯一答案是：要求双方能接受， | 寻求的唯一答案是：你要接受我的条件， | 寻求多方面的办法，从中选择，然后决定， |
| 坚持达成协议， | 坚持自己的立场， | 坚持客观的根据， |
| 力图避免争论， | 力图在争论中取胜， | 力求达成符合实际标准的成果，不受争论的影响， |
| 屈服于压力 | 向对方施加压力 | 讲道理，不屈服于压力，服从原则 |

运用谈判技巧，可从以下几方面考虑：①研究对方的动机、目的，了解谈判对手的性格特点，不使谈判因不适应对手的性格而破裂。②归纳自己的谈判目的，按目标先后顺序拟定谈判策略。③避免固执己见。④不要仓促开始。⑤要考虑谈判的可能结局和后果。⑥坚持做会谈记录，明确已取得的成果，为下一轮谈判准备提纲。⑦考虑对方观点，做适当让步。⑧善于利用机会将劣势转为优势。⑨要有耐心，除非已准备终止谈判。⑩研究对方心态，莫伤害对方自尊心，从长远利益启发对方。

若对方对承包商的合理索赔总是拒绝，并严重影响工程施工的正常进行，承包商可以用较严厉措辞和切实可行的手段，敦促对方，实现索赔。

### 7）适当和必要的让步

承认自己的过失，然后再谈索赔理由，方能得到工程师、律师的认同，才能获胜。付出代价请求帮助，才能获得更大收益。在索赔谈判时，应根据情况作必要让步，放弃"芝麻"，抢摘"西瓜"，即放弃小项索赔，坚持大额索赔，提供要求对方也让步的理由，使索赔成功。

### 8）发挥公关能力

信函往来和谈判是必须的，还需要在谈判交往过程中发挥索赔人员的人际交往能力，运用合法手段和方式，营造良好环境和氛围，有助于索赔成功。

### 9）谋求调解

当双方互不相让，无法达成一致时，仍应寻求和解的方法。例如，通过有影响人物（业主的上级机构、社会名流等）或中间媒介（双方的朋友、中间人、佣金代理人等）进行幕前幕后调解。这是一种非正式的调解，也是一种较好的方式。有些调解是正式性质的，在双方同意基础上可委托承包商协会、商会等机构举行听证会，进行调查，提出调解方案，经双方同意，签字后则达成调解协议。

### 10）仲裁

合同中最重要的是仲裁，重大索赔一定要仲裁。仲裁既有依法解决争端的严肃性，又有相对较大的灵活性。当承包商对工程师的决定非常不满意，积少成多，而且协商已无法解决这些问题时，可以把积累起来的不满进行综合，用举证的方式将争端提交仲裁，证明业主、工程师的一再错误才导致承包商现在的损失，并有权为此获得经济补偿。

仲裁很伤和气，通常结果飘忽不定。仲裁不是目的，是为实现索赔的一种手段。能友好协商解决争端，既节省了费用和时间，又维护了业主与承包商之间的友好合作关系。

若决意提交仲裁，一定要聘请国际一流的名律师，首先从气势上压倒对方，才有机会用权威律师的抗辩影响仲裁员。对于发生争端的国际仲裁，中国公司应力争在合同的仲裁条款中写明在中国境内解决，力争按中国国际经济贸易仲裁委员会的仲裁规则和程序进行。这样办理比较方便，并且中国的商业仲裁也是公正的、有国际信誉的，尤其是外资在华项目，如世界银行、亚洲开发银行的贷款项目更应如此。

索赔是技术，也有艺术，技巧很多，如上述方式都不行，还可运用法律程序，诉诸法庭。

在工程施工过程中，应该做好证据收集工作。履约过程中发生纠纷，谁能出示文字证据，谁就占据有利地位，如业主或工程师的指令、请函告等；建立文件签收制度，并让对方写明收件日期（法律上计算有效天数时，接收文件的当天不考虑，要从次日起计算）。

### 8.2.3 反索赔

索赔是双向的，承包商可以向业主索赔，当承包商违约时，业主也会向承包商提出索赔。这是由业主与承包商在合同实施中平等的法律地位决定的。实际工作中，人们将业主对承包商提出的索赔称为反索赔。反索赔包含两层意思：一是承包商违约应给付业主受到损失的补偿（从法律上讲这是对承包商违约的惩罚）；二是对对方提出索赔的反驳或辩护，不让对方索赔成功。

业主向承包商提出的索赔主要有：工程质量索赔、工程进度索赔、履约担保、保证金等。业主向承包商的索赔有三个特点：一是发生的频率低。业主不但要承担向承包商按期付款、提供施工场地、进行部分工程项目管理，还要承担社会环境、自然因素等方面的风险，有许多事项业主是无法控制的。二是合同条款中较为明确的规定。如质量、工期等许多违约处理条款在工程承包合同已有规定。三是业主处于主动地位。在索赔处理中，业主可以直接从应付工程款中抵扣，或从保证金中抵补，或者留置材料设备作为抵补，而且承包商的索赔先要得到业主同意后，才能从业主那里得到补偿。

#### 1. 业主可索赔的项目

根据 FIDIC 合同条款的有关内容，可将业主向承包商索赔的项目归纳为：

（1）承包商未能提交表明按合同要求保险有效的证明，而业主为得到所要求的保险，已经支付了必要的保险费用。

（2）工程师证明承包商在运输施工装备等使通往现场的公路或桥梁损坏，其中一部分是承包商的失误所致。

（3）承包商未履行工程师指令移走或调换不合格材料，或重新做好工程，业主雇他人移走不合格材料或重做工程，并付了款。

（4）承包商未按合同工期按时完工，造成工期延误。

（5）承包商未按合同规定完成某些工作，业主付费雇佣他人完成这些工作。

（6）工程师认为工程减少，工程增减的性质和数量使得整个工程或部分工程单价变得不合理或不可运用。

（7）按完工证明，发现工程总量增加，超过投标报价中的 15% 的工程较多，使承包商的预期收入增大。

（8）承包商未能提供已向指定分包商付款的合理证明，业主已向指定分包商付款。

（9）承包商违约被逐出工地，使工程施工维护费、工期延误损失及其他费用等总计超过了可付给承包商的总额。

（10）根据合同条款，按劳务和材料价格下降及其他影响工程成本价的因素调整合同价格。

（11）法规的变化导致承包商在工程实施中成本降低。

#### 2. 反索赔的作用

在工程承包合同实施过程中进行合同管理时，当事人各方都在寻找索赔机会。干扰事件出现后，合同当事人各方都力图推卸责任，并向对方提出索赔。是否能进行有效的反索赔，与索赔同等重要。

1）反索赔可预防或减少损失

索赔与反索赔是一对矛盾，当事人双方都为自身利益而努力。若索赔成功，对方就应支付补偿费或延长工期，并免除己方的违约责任。有效的反索赔可以预防补偿损失，即使部分反索赔成功，也可降低付给对方的补偿值，保护自己的经济利益。

2）有效反索赔，可鼓励己方，抑制对方

成功的反索赔可以鼓舞己方士气，有利于工程施工和管理，同时也会使对方的索赔工作受到抑制。若不能进行有效的反索赔，则是对对方索赔工作的认同，使对方索赔人员勇气倍增，被索赔方在心理上处于劣势，处于被动的地位。

3）做好反索赔工作，减少损失，发现新的索赔机会

对索赔能全部或部分有效否定，可使自己减少损失，还可能从中发现新的索赔机会，找到向对方索赔的依据，摆脱被动局面，为己方索赔工作顺利进行提供帮助。

4）反索赔可促进企业搞好基础管理工作

索赔、反索赔都要进行事态调查、合同分析、责任分析、审查对方索赔报告等工作，搜集反驳的合同依据、事实证据，这些都离不开企业日常的基础管理工作。索赔、反索赔需要企业科学、严格的基础工作，它们也促进企业搞好基础管理工作。

**3. 反索赔的工作内容**

反索赔应做好以下几方面的工作。

1）防止对方索赔

要有效防止对方索赔，应积极防御。第一，自己严格履行合同，避免违约。通过严格的合同管理，不给对方留下索赔的理由。第二，若合同履行中发生了干扰事件，应立即收集证据，研究合同依据，为提出反索赔做好准备。第三，先发制人。合同实施中，产生干扰事件的责任常常是双方都有责任，很难分清谁是谁非。首先提出索赔，既可防止因超过索赔时效丧失机会，又可争取主动，打乱对方的工作步骤，并为最终处理索赔事件留有余地。

2）尽量避免索赔

业主和工程师最好能避免索赔，或将索赔减至最小。对费用的索赔，工程师必须明确索赔的主要原因，才好采取对策。

（1）承包商遇到未能预料的恶劣情况或障碍时提出的索赔。这类索赔是由于承包商在施工过程中遇到投标时未能估计到的地下情况（不仅仅是地下情况），如土质、地下水、管线、古墓等。例如，德川市环城路施工时，发现西南地区中心输气管道，被迫停工。

为避免上述情况发生，要将未知变成已知，工程师必须尽快行动，查证设计资料是否都提供给承包商，将已知的地下管网或其他障碍的位置、数目，以及收集到的关于可能的公用设施、管网和其他障碍的本地资料通知承包商，在必要时补充进行地下勘探等。

工程师应以变更指令方式通知承包商，以便承包商将这项额外工作列入施工进度计划中，工程师还应为这项额外工作确定公平的费率。

承包商因遭遇未知情况或其他障碍的索赔金额一般不会很大，但是因其导致的机械设备停用的索赔额度成为主要部分。出现这种情况，工程师除了用前述方法减少未知情况或其他障碍外，还可鼓励或要求承包商安排其他工作。

当未预知情况或其他障碍产生的影响不可避免时，工程师应立即与承包商协商解决的办法，若达不成协议，便发出变更指令，并为此确定费率。

（2）承包商不满意工程师确定的费率或额外工作费用时提出的索赔。这种索赔多数是承包商与工程师对基本费用意见不一致造成，可能是承包商的实际费用比投标报价时估计的高，还可能是工程师对某些工程费用低估。因此，工程师在确定费率前，必须综合考虑各种可能情况，定价应适中。

（3）承包商有权提出的其他索赔。这类索赔有多种可能性，大致归为：

① 由于合同文件问题引起承包商额外支出的索赔。对这种文件错误，工程师应及早更正。若这种事发生，工程验明索赔合理，业主无条件支付。

② 图纸未按规定时间发出，影响工程进度的索赔。工程师在发现这种事件的可能性时，应适当筹划其工作，在工程实施前给承包商足够的时间，并要求设计方必须在此时间内完成设计。

③ 定线资料有误导致工程费用增加的索赔。为避免定线错误的索赔，工程师须聘用合格的测量人员，使用合适的测量设备，早日开展基本定线工作，经认真检查无误，在工程开始前的适当时间交给承包商，并由测量人员、承包商共同核定资料和定线，确认无误。

④ 设计风险引致的索赔。设计风险大多表现为设计错误，如德川市东大桥扩宽工程，采用在原桥墩上增加悬臂梁，当桥面板吊装就位即发现有4根悬臂梁出现断裂，暂停施工后，对图纸进行复核发现图纸设计计算错误所致。工程师应聘用合格的专业设计人员，并对收到的设计持怀疑态度，以便发现问题，消除设计中的隐患。

⑤ 因考古问题引起的索赔。地下的化石、古建筑、古墓等被发现时，工程应立即请考古专家进行调查，尽可能减少停工时间带来的损失。

⑥ 因特别荷载需加固的索赔。这种索赔极为广泛，工程师应将所需加固的数目尽量降低，指令承包商选用可将加固费用降至最低程度的方案，使用最佳的加固方法。

⑦ 其他承包商在工地出现引起工作障碍的索赔。工程施工的立体交叉作业，各工序、各工作面相互影响会导致工效降低。除非绝对需要，工程师不要雇佣其他承包商。若雇佣了，应要求后来者充分遵守原承包商的施工组织计划安排；在适当时间通知原承包商，以便其对施工组织计划做适当调整；对可能发生冲突的地段实施严格监督，以取得确定索赔的必要资料。

⑧ 工程师指令承包商提供合同中未明确、未供给样本或试验、未列入合同的工作。

⑨ 工程暂停引起的索赔。如果工程暂停无法预知，工程师应尽最大可能缩短停工时间，设法尽快转移闲置人员和机械设备到其他工作上去。

⑩ 工地占用引起的索赔。这多数是业主未按合同规定提供给承包商所需占用的工地，引起承包商的费用增加。工程师应尽早进行移交工作，在适当的时间让承包商进入施工现场。

工程师应早熟悉工地及其环境、工程计划、合同文件、承包商及其投标的事务，尽早对工程监理做准备。工程师也要采取必要行动防止索赔，照顾业主利益，为工程建设顺利进行承担责任。

**4．业主对承包商提出索赔的反驳**

索赔与反索赔的关系有时是错综复杂的。工程项目的复杂性，对工程合同实施中的干扰事件，常常表现为合同当事人双方都负有责任，所有索赔中有反索赔，反索赔中也有索赔。业主

或承包商不仅要向对方提出索赔,对对方提出索赔进行反驳,还要反驳对方对己方索赔的反驳。

反索赔常用的方法有:

第一,以事实或确凿的证据证明索赔没有理由,不符合事实,全部或部分否定索赔。

第二,以自己的索赔抵制对方的索赔。例如提出的索赔金额比对方的大,为最终谈判让步留有余地。

第三,不承认干扰事件,利用合同条款否定对方提出的索赔理由。

第四,承认干扰事件,反驳对方计算方法错误、计算基础不合理、计算结果不正确。

## 工程案例6 某道路工程索赔

A公司承建B标段市政道路和路段上的人行天桥。施工过程中发现施工图错误,告知工程师后,工程师通知部分工程暂停,待图纸修改后继续施工;又由于高压电线迁线造成停工;施工过程中,业主要求增加额外工程,使工期延长。承包商为此提出索赔。

承包商费用索赔计算如下:

(1)施工图错误使设备停工一个半月的损失。

汽车:450(元/台班)×1(台班/日)×37(工作日)=16 650(元)。

推土机:600(元/台班)×2(台班/日)×37(工作日)=44 400(元)。

其他辅助设备:100(元/台班)×2(台班/日)×37(工作日)=7 400(元)。

现场管理费(10%):(16 650+44 400+7 400)×10%=6 845(元)。

总部管理费(5%):68 450×5%=3 422.5(元)。

利润(5%):68 450×5%=3 422.5(元)。

损失合计:82 140元。

(2)高压电线迁线停工两个月,现场管理费损失。工程标价4 000 000元,计划工期20个月,每月现场管理费1 666.67元。(4 000 000×10%÷20÷12=1 666.67元),停工两个月损失为:

现场管理费:1 666.67×2=3 333.33(元)

总部管理费:3 333.33×5%=166.67(元)

利润:3 333.33×5%=166.67(元)

损失合计:3 666.67元

(3)增加额外工程使工期延长一个半月,要求补偿现场管理费2 500元(1 666.67×1.5=2 500元)。

上述三项索赔总金额88 306.67元(82 140+3 666.67+2 500=88 306.67元)。

经工程师和有关人员讨论,原则上同意三项索赔,但费用计算上有分歧。工程师计算如下:

(1)施工图错误有工程师指令部分停工的证明,承包商只报受影响的设备停用损失,正确。但不能按台班费计算,只能按租赁费或折旧额计算,应核减为65 000元。

(2)管理计算错误,不能按总标价计算,应按直接成本计算,扣除利润的总价为:

4 000 000÷105%=3 809 523.81(元)

扣除总部管理费的总价为:

3 809 523.81÷105%=3 628 117.91(元)

扣除现场管理费的直接成本为：

$$3\ 628\ 117.91 \div 110\% = 32\ 998\ 289.01（元）$$

每月现场管理费为：

$$32\ 998\ 289.01 \times 10\% \div 20 = 1\ 649.14（元）$$

两个月延期的现场管理费损失为：

$$1\ 649.14 \times 2 = 3\ 298.28（元）$$

该工程虽因业主和他方原因造成工期延误，经承包商努力在原订工期内完工。但承包商仍然有权要求给予现场管理费补偿，但不能得到总部管理费和利润的追补。工程师同意现场管理费为 3 298.28 元。

（3）额外工程增加的工作量已按工程量清单报价的单价付款，其单价已是完全价格，工程师不同意延长工期的费用补偿。

以上三项索赔总金额为：$65\ 000 + 3\ 298.28 = 68\ 298.28（元）$

从上述计算可看出，承包商比工程师确认的索赔金额高出 20 008.39 元。

考虑到工程师计算的合理性，实际工期并未延长而没有造成资金占用时间过长的损失，承包商也同意不另计算。承包商为能获得 68 298.28 元的补偿感到满意。

## 任务 8.3　建筑工程施工索赔计算

建设工程施工索赔计算包括工期索赔计算和费用索赔计算两部分。

### 8.3.1　工期索赔

承包商应建立这样的意识：不能笼统说项目实际工期越短越好，应是适当比较好。这是因为承包商只要愿意在不计成本条件下大量投入人力、物力和财力等，项目一定能在极短的时间内完成，但结果必然是经济上的严重亏损。例如：原西南建筑工程管理局为响应"大跃进"的号召，一栋长 60 m、宽 12 m、清水砖墙、木地板、木屋架、机制瓦屋面的三层楼在 3 天内竣工，在这 72 h 内，施工现场 400 余人轮流在各个工作面上工作，能就地预制的，做好后整体吊装就位，工期是缩短了，但成本却高了许多。承包商应该是在投入资源不变的前提条件下，选择并实现最佳工期，以确保工程最终能够实现赢利。承包商应认真研究合同工期及其与之相关的索赔问题，力争做到按计划要求竣工。

#### 1．工期索赔的原因

在工程施工过程中，有许多影响因素都会使承包商不能在合同工期内完工，造成工期拖延。拖延工期的原因可归为承包商责任和非承包商责任两类。

1）承包商的责任

承包商可能在施工过程遭遇以下原因造成工期延误：

（1）对施工条件估计不足，进度计划过于乐观，未留余地。

（2）施工组织不当。

（3）其他承包商（分包商）的原因。

2）非承包商的责任

下述非承包商的责任造成工期延误，承包商有权要求延长工期：

（1）合同文件含义模糊或自相矛盾。

（2）工程师未在合同规定时间内送达图纸和发布指令。

（3）有经验的承包商也无法合理预见到的干扰因素和障碍。

（4）现场发掘出的具有地质或考古价值的遗迹和物品。

（5）工程师指令做合同未规定的检验。

（6）工程师指令暂时停工。

（7）业主未按合同规定时间交付合格的施工现场。

（8）工程变更。

（9）图纸设计错误。

（10）业主或工程师指令增加额外工程。

（11）异常恶劣的气候条件。

（12）其他承包商干扰。

（13）工程师书面提供的位置、标高、尺寸、基数数据等出现差错。

（14）业主拖延支付工程款或预付款。

（15）业主未按合同规定及时提供材料设备。

（16）业主、工程拖延验收时间。

（17）业主要求提高质量。

（18）业主、工程师指令打乱施工计划。

（19）人力不可抗拒的自然灾害。

（20）其他，如战争、瘟疫等。

## 2．工期延误

合同条款规定承包商在获得业主的中标通知书后，应该提交一份书面的进度计划和施工组织说明，编制时应注意切实可行并留有余地，应力争获得工程师批准。这份进行计划与施工进度的条款合同，提供时间（工期进度）参照等，承包商可据此进行有关工期的索赔，并就对计划修订和分项工程的拖延向业主索赔，提高自我保护能力。

"延误"（Delay）在 FIDIC 合同条款中无明确定义，但可参照合同条款中的"图纸误期及其费用""暂时停工""未能给予占用权""误期损害赔偿费"等条款的内容做出相应解释。

## 3．工期索赔处理原则

无论何种原因造成工期延误，首先应确定众多干扰因素中谁是最先发生的原因，它应对工期延误负责，其他并发因素不承担责任。其次，初始延误者是业主，承包商既可要求得到工期延长补偿，又可得到经济补偿。最后，若初始延误者为客观因素，在客观因素发生的时间段内，承包商可获得工期延长补偿，但一般得不到经济补偿。对工期索赔的处理原则的主要方面归纳为表 8-2 所示。

## 4．工期索赔的计算

工期索赔值确认的基本思路为：由于干扰事件的发生，打乱原施工组织计划，使工程施

表 8-2　工期索赔处理原则

| 索赔原因 | 可原谅否 | 延误原因 | 责任方 | 处理原则 | 索赔结果 |
|---|---|---|---|---|---|
| 工期延误 | 可原谅 | 1. 修改设计；<br>2. 施工条件变化；<br>3. 业主原因；<br>4. 工程师原因 | 业主、工程师 | 给予工期延长、经济损失补偿 | 工期和经济损失补偿 |
| | | 1. 恶劣气候；<br>2. 工人罢工；<br>3. 天灾 | 客观条件 | 给予工期延长，不给经济补偿 | 工期补偿 |
| | 不可原谅 | 1. 工效低下；<br>2. 施工组织不当；<br>3. 材料设备供应不及时 | 承包商 | 不给予补偿，向业主赔偿损失 | 无权索赔 |

工时间延长，将新的进度计划与原计划进行比较，就能得到工期索赔值。

工期索赔中常用的工期索赔值计算方法有新旧计划比较法、比例类推法、直接确认法。

1）新旧计划比较法

（1）新旧网络计划比较法。这种方法是将按照干扰事件发生后编制的网络计划的总工期与原网络计划总工期比较，其差值即为干扰事件对总工期的影响值，也是承包商的工期索赔值。

（2）新旧横道图比较法。这种方法的原理同新旧网络计划比较法。

2）比较类推法

如果干扰事件仅影响某些分部分项工程、单位工程或单项工程的工期，在确定工期索赔值时，可按工程量或价值量的比例推算。

（1）按工程比例类推工期索赔值。即以原工期为基数，按工程量增加的比例确定工期索赔值。

例如：某道路工程在路基开挖时，因山体土质不好，工程师指令加大山体边坡放坡，土方工程量由原定 31 500 m³ 增加至 45 050 m³，原定工期 50 天。承包商向业主提出的工期索赔值计算如下：

$$工期索赔值 = 原合同工期 \times \frac{新的工程量 - 原工程量}{原工程量} = 50 \times \frac{45\,050 - 31\,500}{31\,500}$$

$$= 21.51 \approx 22（天）$$

如果合同规定工程量增加未超过10%的范围，其风险由承包商承担，工期索赔值则为：

$$工期索赔值 = 50 \times \frac{45\,050 - 31\,500 \times (1 + 10\%)}{31\,500} = 16.51 \approx 17（天）$$

（2）按价值量比例类推工期索赔值。即以原工期为基数，按价值量增加的比例类推确定工期索赔值。

例如：某大楼工程合同总价 2 000 万元，合同工期 18 个月；现业主指令额外增加附设工程 120 万元，承包商向业主提出的工期索赔值计算如下：

$$工期索赔值 = 原合同工期 \times \frac{新增价值}{原合同总价} = 18 \times \frac{120}{2\,000} = 1.08（月）$$

3）直接确认法

当干扰事件直接发生在关键工序上或一次性发生在一个项目上，造成总工期延误，可通过施工日志、变更指令等资料记录的延误时间作为工期索赔值。

例如：某高校改建校园主干道，开工初期因校方未将干道上的小卖部拆除，造成停工等待15天。承包商为此向业主直接提出15天的工期索赔。

### 8.3.2 费用索赔

#### 1. 费用索赔的原因

费用索赔直接关系到承包商施工过程中的回报，即直接影响承包商的收入——在费用已经发生的情况下决定承包商的利润，是承包商索赔的重点内容。工期索赔很多时候与引用索赔直接相关。产生费用索赔的主要原因有以下几方面。

1）业主违约索赔

由于业主未按施工合同规定提供相应的施工条件，致使承包商成本增大。如未按施工合同要求按期提供合格的工地、场外水电等。

2）工程变更令

工程变更令又称为工程变更通知，或变更指示，或变更命令。工程变更令必须是书面指令，当工程师发出口头指令后，应在规定的时间内由工程师或承包商书面证实。承包商对工程师的口头指令应在7天内用书面文件证实，若工程在14天内没有反驳承包商的书面证实，则工程变更令得到证实并生效。

工程变更索赔审批程序一般如图8-2所示。

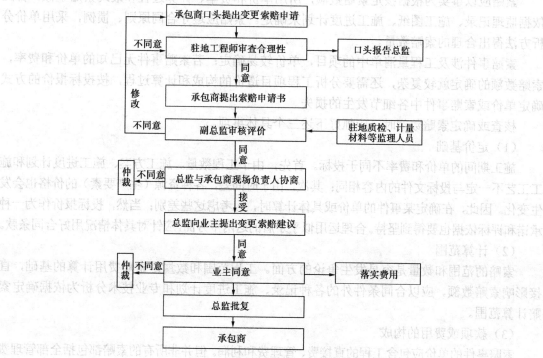

图8-2 工程变更索赔审批程序

3）业主拖延支付工程款或预付款

业主不按施工合同的规定按时支付承包商工程款和预付款，承包商为此承担的资金利息损失应由业主赔偿。

4）工程师指令加速

工程师指令加快施工进度，打乱了承包商原订的施工进度计划，由于赶工增加加班费、新增设备费、材料费、分包商额外成本、现场管理费等，加大了承包商的成本，业主为此要承担承包商的这部分损失。

5）业主或工程师责任造成工期延长，使费用增加

由于业主或工程师的责任，使工期延长，使承包商的设备费、现场管理费、资金利息等增大，损失利润获取的机会。业主对此应承担赔偿责任。

6）工程中断或终止

工程中断是工程暂停施工。如果工程中断是工程师或业主的责任或业主风险造成，业主应负担工程中断使承包商发生的额外费用，如现场看管费、资金占用利息、机械设备搬迁费等。工程终止是业主要求终止合同的履行。若工程终止是非承包商的原因造成，业主要负担承包商为此发生的额外费用。

产生费用索赔的原因还有：施工中的特殊情况、额外或附加工作、业主指定分包商违约、合同缺陷、政策和法律法令变更等。

**2. 索赔事件的费用项目构成**

1）如何确定（核查）索赔数额

索赔应以事实为根据核定索赔数额，所用单价和费率、计算过程和最终索赔金额，都应依据监理记录、施工图纸、施工进度计划来确定。索赔应遵守合同原则、惯例，采用单价分析方法得出合理的索赔数量。

索赔事件涉及工程量清单中的项目，单价较易确定；若索赔事件无已知的单价和费率，索赔数额的确定就较复杂，还需要分析工程项目造价的构成和计算过程，按投标报价的方式确定单价或索赔事件中各细节发生的损失。

核查或确定索赔数额时，应抓好下述三个具体事项。

（1）定价基础

施工期间的单价和费率不同于投标。首先，由于工程数量、施工方案、施工进度计划和施工工艺不一定与投标文件的内容相同；其次，由于时间差，各种资源（生产要素）的价格也会发生变化。因此，在确定某事件的单价或具体计算时，应考虑这些差别；当然，投标报价作为一种承诺和评标依据也要得到坚持。合理运用似乎矛盾的这两个方面，应针对具体情况用好合同条款。

（2）计算范围

索赔的范围和数量是容易发生争论的方面。工程范围和数量是索赔费用计算的基础，直接影响索赔数额。应以合同条件外的各种记录、施工进度计划和专业技术分析为依据确定索赔计算范围。

（3）款项或费用的构成

索赔事件的单价应包含工程的直接费、管理费和利润。但并非所有的索赔都包括全部管理费

和利润，例如施工机械停置的费用不能按机械台班费计算，而应按实际租金或折旧费计算；人工费不能按工日单价计算，只能按劳务成本（工资、奖金、差旅费、法定补贴、保险费等）计算；不利障碍的索赔，计算增加的费用，不计算利润。一般是形成工程实体的工作补偿才计算利润。

索赔事件的款项或费用构成如表 8-3 所示。

表 8-3　索赔事件的款项或费用构成

| 索赔事件 | 可能的费用项目 | 说　明 |
|---|---|---|
| 工期<br>延长 | （1）增加人工费 | 工资上涨、现场停工、窝工、生产效率降低，不合理使用劳动力等损失 |
| | （2）增加材料费 | 材料价格上涨 |
| | （3）增加机械设备费 | 折旧费、保养费、进出场费或租赁费等增加 |
| | （4）增加现场管理费 | 现场管理人员的工资、津贴等，现场办公设施，现场日常管理费支出，交通费等 |
| | （5）通货膨胀使工程成本增加 | |
| | （6）增加保险费、保函费 | |
| | （7）分包商索赔 | 分包商因延期向承包商提出的费用索赔 |
| | （8）总部管理费分摊 | 因延期造成公司总部管理费增加 |
| | （9）推迟支付引起的外汇兑换率损失 | 工程延期引起支付延迟 |
| 工期<br>加速 | （1）增加人工费 | 工程师指令工程加速造成增加劳动力投入，不经济地使用劳动力，生产效率降低等 |
| | （2）增加材料费 | 不经济地使用材料，材料提前交货的费用补偿，材料运输费增加 |
| | （3）增加机械设备费 | 增加机械投入，不经济地使用机械 |
| | （4）因加速增加现场管理费 | 应扣除因工期缩短减少的现场管理费 |
| | （5）资金成本增加 | 费用增加和支出提前引起负现金流量所支付的利息 |
| 工程<br>中断 | （1）增加人工费 | 留守人员工资，人员的遣返和重新招募费，对工人的补偿金等 |
| | （2）增加机械使用费 | 设备停置费，额外进出场费，租赁机械费用等 |
| | （3）保函、保险费、银行手续费 | |
| | （4）贷款利息 | |
| | （5）总部管理费 | |
| | （6）其他额外费用 | 停工、复工产生的额外费用，工地重新整理费 |
| 工程量<br>增加 | 费用构成与合同价相同 | 合同规定承包商应承担的工程量增加风险超出部分的补偿<br>合同规定工程量增加超出一定比例时可调整单价，否则合同单价不变 |

2）单价的确定

确定单价可按以下顺序（原则）进行：

（1）索赔事件与工程量清单中的项目相同，可直接采用工程量清单中的单价。

（2）若索赔事件在工程量清单中有相同或相似的内容，但其单价不适用，可根据工程量清单中相应项目的单价推算确定合适的单价。

（3）若索赔事件在工程量清单中没有相同或相似的内容，应采用单价分析方法确定单价或单项费用。

在《建设工程工程量清单计价规范》中规定工程综合单价为："完成一个规定清单项目所需的人工费用、材料和工程设备费、施工机具使用费和企业管理费、利润，以及一定范围

内的风险的费用。

同时要考虑因合同而引起的一切风险、税金、关税、收费和其他有关费用。

原则上讲，所有费用索赔都可采用单价分析法（投标报价时采用的单价计算方法）。

### 3. 费用索赔的计算方法

费用索赔计算方法的选择，对最终索赔金额有较大影响，应选用较为合理，并且不易被驳回的方法。

费用索赔应先计算与索赔事件相关的直接费，然后计算该索赔事件应分担的管理费、其他费用、利润等。费用索赔的计算方法与工程项目投标报价计算基本相同，常用方法如下。

#### 1）总费用法

总费用法是将以承包商额外增加的成本为基础，再加上管理费、利息及利润。这种方法实质上就是成本加酬金。

总费用法不易被工程师、业主、仲裁员或律师认同，工程索赔中采用较少。

#### 2）分项法

分项法是对每个干扰事件的各费用项目分别计算，然后求总和。这种方法比总费用法复杂、困难，但显得较为合理、清晰，能明确反映实际情况，并且有助于索赔文件分析评价、索赔谈判，是工程索赔普遍采用的方法。

#### 3）总部管理费的分摊方法

总部管理费的金额较大，确认和计算较困难，常引起争议。分摊方法可用传统的百分比分摊法外，还可用日费率法和总直接费分摊法。

日费率分摊法的基本思路是：按合同金额分配总部管理费，再用日费率计算应分摊的管理费索赔值。

总直接分摊法的基本思路是：将工程直接费作为比较基础分摊管理费。

---

## 工程案例7　某高速公路建设工程索赔

### 1. 合同情况

西南某亚洲开发银行贷款项目，采用国际招标方式，建设长 65 km 的高速公路，合同总价 1 880 万美元，主要工程内容有土石方、路堤、路基、底基石、路面、3 座钢拱桥、15 座预应力桥、68 个混凝土箱涵、105 个混凝土管涵，合同工期 28 个月。最后完工的实际成本 2 060 万美元，延长后的合同工期为 35 个月，违约罚金总额 41.2 万美元。

### 2. 申请延期

工程师在第 25 个月收到承包商的延期申请，在第 27 个月批准给予暂时延期的通知，在第 30 个月给予详细延期批准。

申请延期中，承包商列出了 12 条理由。

#### 1）工地延迟移交影响工期

承包商申述：承包商在准备开工时，已要求业主按段移交工地。工程师在承包商发出 4 次要求一两个星期后才将工地移交。4 次延迟天数共 50 天，施工合同第 42 条和第 44 条

---

表明延误移交土地，可获工程延期索赔。

工程师答复：根据施工合同第 42 条和第 44 条可提出申请，但第 42 条已说明承包商需按施工进度计划表列明的工地施工顺序移交工地，或者如无进度计划表，承包商应提出合理的书面建议。实际上承包商并未提交列明施工次序的施工进度表。承包商应在准备开工的一段合理时间之前要求取得工地。承包商在要求取得所述的 4 个工地前，已在工地上有数月之久，却未提出计划和要求。承包商应清楚知道不可能在发出要求的同一日即取得工地，承包商要求取得工地与工程师移交工地相差一两个星期并非不合理。此外，并无证据显示承包商等待取得工地时有任何施工机械设备闲置。批准延期时间为 0 天。

2）道路占地权受阻不能施工

承包商申述：土地所有者曾两次阻止土方工程施工的进行。第一次致使停工 40 天；第二次致使停工 50 天。按施工合同第 44 条规定，上述事件是导致工程延误的"特殊情况"，应给予延期。4 个土方工程队中，只有 1 队受影响，因此，延长工期应按下述方式计算：

$$\frac{40}{4}+\frac{50}{4}\approx23（天）$$

工程师答复：按施工合同可提出申请。这些事件属"特殊情况"，非承包商过失。第一次事件的 40 天延误可接受（有记录证明）；但第二次事件的记录显示驻地工程师在一天后即指令承包商移至另一工作点。承包商稍后即转回并完成工作，第二次事件的延误时间计算如下：时间损失 1 天，迁移 3 天，返回 3 天，共 7 天。两次事件的延误时间是：

$$\frac{40}{4}+\frac{7}{4}\approx12（天）$$

但这一延期必须在完成工程的关键线路上。批准延期时间为 12 天。

3）参考点遗漏影响施工

承包商申述：两个多边形（导线）的点在图纸上未说明。在承包商要求后的第 10 天工程师才将资料从总办事处取来交给承包商。施工合同第 17 条规定工程师应负责将参考点提供给承包商。根据施工合同第 44 条的规定要求工程延期 10 天。

工程师答复：两个多边形（导线）的点在图纸上未作说明属实。但所造成的延误是承包商本身的过失所致，承包商有责任在施工前做好详细的放线工作。所述工地在承包商提出资料要求前 4 个月已交承包商，承包商若有正确计划，在开始土方工程施工前就会发现遗漏。此外，并无证据（即使当时由承包商发出的通告）表明因遗漏了多边形（导线）的点使任何施工停置。批准延期时间为 0 天。

4）硬石数量多延长工期

承包商申述：所遇硬石比施工合同的工程量清单列示的增多，此项属于"额外或附加工作"，按施工合同第 44 条规定应给予工程延期。按施工进度计划所示土地软石设备的生产量计算，需要 54 天才能完成这项附加工作。

工程师答复：按施工合同第 44 条规定执行。但此项工作必须在项目完成的关键线路上。批准延期时间为 54 天。

5）土方数量增多延长工期

承包商申述：土方数量比施工合同的工程量清单列示的增多，此项属于"额外或附加工作"，按施工合同第 44 条规定应给予工程延期。按施工进度计划所示上石方工程设备的生产量计算，需额外增加工期 37 天。

工程师答复：按施工合同第 44 条规定可以接受。但在此情形下，土方增多，软石减少，土方开挖应与软石开挖一并考虑，因土方工程与软石所用设备相同，软石减少是以补偿土方增多，故无额外或附加工作。批准延期时间为 0 天。

6）柴油短缺设备停用耽误工期

承包商申述：工程设备所需柴油供应曾经受阻，储备柴油用完后停工 5 天。按施工合同第 44 条规定，此项属"特殊情况"导致延误，应给予工程延期。

工程师答复：承包商提出的要求符合施工合同的规定，可以接受。根据工程师记录，确认因缺柴油使工程停工 5 天。但此项延误必须在完成项目的关键线路上。批准延期时间为 5 天。

7）存在地下供水干管使工程停工等待

承包商申述：土石方工程受地下供水干管阻碍。供水干管接近或位于沿公路的 25 公里的工作地段内，施工合同文件陈述供水干管在开工前由第三方改线，但在该地段土方工程应开工时供水干管改线工程未完成，业主未能按期授予此路段的完全占用权，应予延期。调整该项工程所用土方设备的分配比例，承包商估计延期 160 天。

工程量答复：按施工合同第 44 条规定，此项要求可接受。根据承包商的详细记录，工程师判断延误时间为 120 天。但此项延期必须在完成项目的关键线路上。批准延期时间为 120 天。

8）加固原有桥梁增加工期

承包商申述：为让重型建筑机械设备能够顺利通过，承包商需对一座在公共道路上的原有桥梁加固。业主对此项工作已按施工合同第 30.2 条付款，并支持承包商要求工程延期的请求。按施工合同第 44 条规定，此项属"额外或附加工作"，请求给予延期。在桥梁加固前，桥的另一端的土方工程施工不能进行。这段土方工程施工因加固桥梁估计延误 18 天。

工程师答复：工程师记录显示该段土方工程施工作业延误达 18 天，可以接受承包商延期 18 天的请求。但此项延期必须在完成项目的关键线路上。批准延期时间为 18 天。

9）由管涵改为箱涵增加工期

承包商申述：工作开始后，工程师指令将 23 个管涵改为箱涵。箱涵比管涵的施工时间要长许多。按施工合同第 44 条规定，此项属"额外或附加工作"，需给予延期。建造 23 个箱涵需 200 天才能完成。

工程师答复：承包商解释不正确。管涵改为箱涵是为加快涵洞施工进度；在管涵改箱涵前，承包商来函申诉涵洞管道运输有困难，运送会延迟。由于土方工程进展缓慢，管涵施工已经受阻，最后一次延误的原因是因规范说明需在建造的路堤达到管道直径 2 倍后方可建造管涵。对大型涵洞来讲，表示路堤须筑至 3~3.6 米高后，方可开始管涵开挖工作，而箱涵则可在任何时间建造。故工程师认为管涵改为箱涵无须增加时间。批准延期时间为 0 天。

另外，承包商以一个工作队完成 23 个箱涵所需时间推测会延迟 300 天，但估算时间应以 4 个涵洞工作队同时工作计算。注意建造管涵的时间还应从建造箱涵的时间中扣除。

10）为一座桥梁进行土质勘探工作造成工期延误

承包商申诉：工程师指令承包商为一座将施工的桥梁做额外的桥基地质勘探工作，桥梁工程施工因此停止等待了 30 天。业主同意从暂定金额内支付由承包商完成的桥基地质勘探工作的费用。按施工合同第 44 条规定，此项工作属"额外或附加工作"，应给予延期。四个结构工程队的下一队受到此项影响，请准予延期 6 天（$\frac{30}{5}=6$）。

工程师答复：工程师记录能确认承包商所陈述的事实和数据，承包商的要求可以接受。但此项工作的影响必须在完成项目的关键线路上。批准延期时间为 6 天。

11）额外箱涵的影响

承包商申述：将 23 个管涵改为箱涵的工程变更，占用了桥梁施工队伍的力量。此项工程变更令导致施工合同第 44 条的"额外及附加工作"，因此，请求给予 200 天的筑桥延期时间。

工程师答复：因管涵改箱涵导致工期延误的陈述不成立，详情见工程师对第 8 项要求的答复。在任何情况下，同时称涵洞施工和桥梁施工都会使工期延误是不对的，否则会重复计算。（请注意工程师在答复时的语气，说明他的态度已有不太好合作的苗头）批准延期时间为 0 天。

12）增加钢管桩数量影响工期

承包商申诉：桩柱长度以业主提供的地探钻孔记录为依据。估计的桩柱数目少于工程量清单数目，因而使所订桩柱数目不足，由于需要等待追加的桩柱运到工地，使打桩工作推延了 140 天。桩柱数量不足应视为施工合同第 44 条规定的"特殊情况"，应给予延期。

工程师答复：承包商申诉不正确。地探钻孔记录不是合同文件，只属于参考资料。低估所需桩柱数量是承包商的过失，因为工程量清单的桩柱数目是正确的。另外，承包商并未因桩柱数量短缺导致工程延误。除一座桥外，工地上有足够多的桩柱用以完成打桩工程的需要。工程师记录显示，因路堤规定预加荷载，那一座桥才未开始打桩，并且在最后一座桥的打桩开始前，增加供应的桩柱已运到工地，实际上并未发生延误。根据施工合同规定，对承包商的延期请求不接受。批准延期时间为 0 天。

第一次延期申请及结果如表 8-4 所示。

表 8-4　第一次延期申请及结果

| 在关键线路上的原因 | 申请天数 | 批准天数 |
| --- | --- | --- |
| 1. 工地延迟移交等待； | 50 | 0 |
| 2. 道路占用权受阻； | 23 | 12 |
| 3. 参考点遗漏； | 10 | 0 |
| 4. 硬石数量增多； | 54 | 54 |
| 5. 土方数量增多； | 37 | 0 |
| 6. 柴油短缺使设备停用； | 5 | 5 |
| 7. 地下供水干管需改线； | 160 | 120 |
| 8. 加工原有桥梁 | 18 | 18 |
| 小　　计 | 351 | 209 |

续表

| 不在关键线路上的原因 | 申请天数 | 批准天数 |
|---|---|---|
| 9. 管涵改箱涵； | 200 | 0 |
| 10. 增加桥梁地探工作； | 6 | 6 |
| 11. 额外增加箱涵； | 200 | 0 |
| 12. 增加桩柱 | 140 | 0 |
| 小　计 | 546 | 6 |

注：延误后的合同工期为 28+7=35 个月（221/30≈7.0）。

## 工程案例 8　外界障碍或条件引起的索赔

某房屋建设工程，招标文件中标明，只有一个钻孔，1 m 厚的泥沙层要挖走。承包商估计泥沙层厚度不会超过 1.5 m，如工程量清单所述弃泥量 600 m³，只有 50%的变化范围。

（1）承包商施工时发现泥沙厚度达到 4.5 m，弃泥量 7 200 m³，挖掘深度由 4.5 m 增至 7.5 m，这种显著变化与原有单价不合适，提出新的挖土单价为：

挖　　掘——2.00　　　　　　　　弃土运输——3.50

弃土占用——0.50　　　　　　　　供 应 沙——8.00

处理压实——3.00

合　　计　　17.00 元/m³

由于外界障碍，承包商提出的索赔为：

$$7\ 200 \times 17 - 64\ 800 = 57\ 600（元）$$

承包商要求在扣除原投标价 64 800 元的基础上追加费用 57 600 元。

（2）承包商原计划堆放弃土的场地只能放 1 000 m³，足够堆放预期的弃土量。现在要将多出的 6 200 m³ 弃泥沙运到 15 公里以外的堆放场。承包商计算的索赔额如下：

6 200 m³ 弃泥沙运输费——6 200×4.9＝30 380

推土机至弃土堆放场费用——420

管理费和利润——9 240

合　　计——40 040 元

（3）泥沙厚度增加使原先预计从地面向下挖掘 4.5 m 增至 7.5 m，正在使用的挖土机只能挖掘到地面下的 5.5 m 深，因此要从远处调更大的一台挖土机。索赔费用如下：

挖土机往返费用——2 000　　　　　租用运输车 16 小时（每小时 80 元）——1 280

闲置工人 6 工日——600　　　　　　管理费和利润（直接费×30%）——1 164

合　　计——6 044 元

（4）钻孔剖面只要求达到 5 m 深，故使用敞开式临时支撑，由于上述开挖深度已达 7.5 m，现在必须在 600 m 的范围内用钢板桩支撑，增加的成本费用和索赔额如下：

打桩机搬迁费——3000　　　　　　钢板桩（2×600×9.5，70 元/m²）——798 000

扣除支撑费用———36 000　　　　　管理费和利润（直接费×30%）——229 500

合　　计——994 500 元

（5）因打钢板桩的震动使邻近建筑物出现裂缝，承包商对其修复。承包商认为这是由

于泥沙厚度增大这个不可预见的原因才需打桩，要求补偿该建筑物的维修费：

修复建筑物费用——7 350　　　　管理费和利润（30%）——2 205

合　　计——9 555 元

工程师答复：

第一，关于钻孔的陈述是正确的。但招标文件并未否认表层下的资料，也未否认需进一步调查。承包商对土壤资料做出自己的解释并在投标前察看工地。

由于钻探给出地表下 2.2～3.5 m 深的软土层，工程师同意挖至 7.5 m 深是不能合理预见的。对于弃土量增加而修改有关单价是必需的，合同条款规定允许弃土量有较大变动时可以修改单价。挖掘深度由 5 m 增至 7.5 m，承包商的成本略有增加，而处理和填充工作并不因深度增加而增加费用。

承包商考虑到不良土层的深度时，并未在合同条款规定的时间内向工程师提出索赔意向，并且不加任何评议地接受了合同规定的单价。因此，承包商失去了因泥沙量增加而使成本增加的索赔款项。

承包商所依据的第一条理由提出的索赔应予拒绝。

第二，承包商陈述的原弃土堆放场的问题可以研究，然而不能成为索赔理由，工程师认为这与单价无关，合同条款允许有无法计量的变动。能否找到足够的堆放场是应考虑的。

按合同条款的词意，工程师拒绝承包商的索赔请求。

第三，关于移换较大挖土机的问题。工程师认为，较大挖土机在机械设备清单中已有，调换前后挖土机并未闲置，工人也未等待挖土机而停止工作。因此，承包商不能获得调换挖土机的索赔。

第四，关于改用封闭式支撑的问题。工程师在开工前就书面劝告承包商采用封闭式支撑。工程师怀疑敞开式支撑可能会因邻近建筑物的失稳出现塌陷。

无论泥沙层多厚，采用封闭式支撑的必要性是可以预见的，不能预见的是泥沙深度达到 7.5 m。因此，额外成本仅能以超出原设计标高的板桩面积计算，不能按超出敞开式支撑的成本计算。工程师计算的超量支撑面积为 1 582 m²，按 70 元/m² 计算，可补偿成本为 110 740 元。

按合同条款的规定，此项干扰事件只能补偿增加的成本，不包括管理费用和利润。

第五，关于邻近建筑物维修问题。理由同上，是可预见的，尤其是打桩会引起邻近建筑物损坏是应能预料到的。这是任何工程技术人员都知道的常识。

在任何情况下，承包商都要对其采用的施工方法负责。因此，因打桩而发生的建筑物损坏的修复费的索赔也应拒绝。

工程师认为：承包商应获得的索赔为 110 740 元。

## 工程案例 9　合同文件错误引起的索赔

某污水管道工程在即将完工时，工程师发现图纸上有一段污水管没有标注尺寸。工程师立即矫正错误，指令承包商按矫正后的图上尺寸敷设管道。

承包商为此要重新订购这种尺寸的管道，致使一个专业安装队的人员被迫等待三周。因工程已近尾声，无其他工作可安排，全队人员被迫停留等待。

承包商根据施工承包合同第 5.2 款，提出附加工作索赔。这是因合同文件错误或工程师的变更令使承包商工作增加，并受到损失。

工程师答复不接受该项索赔要求。虽然图上未标明尺寸，是承包商事前可以预见到的，承包商应在投标时细看图纸，应在当时或工程初期要求得到澄清。

## 任务 8.4  建筑工程施工索赔管理

建设工程索赔是建筑市场上的承包、发包双方保护自身正当权益、弥补工程上遭受的损失、提高经济效益的重要和有效手段。工程索赔管理能以较小的费用取得明显的经济效果而受到承包、发包双方的高度重视。

工程索赔管理中，不能只泛泛地提"根据合同"应该怎样。这种原则性的提法缺乏说服力，没有人能接受，一定要引出具体的合同条款，明确指出与干扰事件有关的条款号，并尽量引用条款中的原文，有时还需采用几个条款相互交叉的解释。

还要充分认识合同的严肃性。合同是对当事人各方的法律约束，合约比关系更重要，宁愿不签合同，也别胡乱签合同，一定要摸透情况，谨慎从事。一旦签约，必须认真执行，就是赔得破产也得履行。中国现在是国际仲裁强制执行委员会的会员国。如果签约后承包商不干了，业主首先要没收履约保函以及手中握着的各类银行保函，拒付 FIDIC 合同条件中第 60 款项下的所有应付款，并可提交国际仲裁，要求承包商赔偿由此引起的全部经济损失。因此，对于合同的签订要特别慎重，好的合同可签，不利的合同千万别签，宁愿养精蓄锐等待机会，将周转资金存放银行吃利息，也不要签费时费力、还赔钱的合同。

### 8.4.1  工程师在索赔中的作用

FIDIC 合同条件是想建立以工程师为中心的专家管理体系。从理论上讲，工程师是一个中间人，一个设计者，是施工监理，也是一个准仲裁员，更是业主的代理人（理论上要求工程师与业主不能有任何依附或从属关系）。

#### 1．工程师是中间人

国际工程承包合同的宗旨是："承包商的工作得到报酬，业主付款获得工程（The contractor gets paid for the work he performs and the employer gets the work he is paying for）。"这就是 FIDIC 合同条件中业主雇佣工程师的目的。

FIDIC 合同条件的使用要求是业主必须雇佣工程师作为中间人，负责合同管理。因此，FIDIC 合同条件的执行时刻离不开工程师。工程师是"业主为履行合同目的而指定的××人员"。工程师可以是独立的个人，或咨询公司，或业主机构中任命的有关职员，他们的地位和作用均是相同的，都要根据合同条款的有关规定，对项目进行具体的合同管理、费用控制、进行跟踪和组织协调。

FIDIC 合同条件中，业主、工程师、承包商之间是"三位一体"的三角关系。工程师虽然在工程承包合同上签字，但在法律上并不是合同当事人，只是作为鉴证人，处于中间人的位置。工程师虽不是合同当事人，但为了项目实施，他作为中间人有权依据合同做出客观判断，对业主和承包商发出指令并约束双方当事人，行使法律上的准仲裁员的权利，甚至业主也无权干涉工程师的决定。若业主要求工程师采取倾斜性的立场属于违约。当然，业主、工程师、承包商这种三角关系事实上并非等边三角形关系，工程师在这个三角关系中更靠近业主一边，毕竟工程承包市场还是买方市场。

在工程承包合同实施的过程中，工程师的日常工作主要是与承包商交往，承包商的许多工作在开始前必须获得工程师的同意及推荐。工程师有权酌情处理问题，在业主与承包商之间行为要公正。工程师在合同管理中的公正性，表现在验工证书与支付、特殊风险、索赔程序、不利的外界障碍或条件、移交证书、工期的延长、变更的估价、需测量的工程、由业主风险造成的损失或损坏、业主的风险、承包商违约等合同条款中。承包商与业主和工程师之间的一切往来都必须采用书面形式，函件中应尽量引用合同条款及有关事实，并注意做好现场日志，同时应建立文件收发的签收制度，以便明确责任。

### 2．工程师是设计者

业主通过招标形式选择设计者，告知建设意图和资金实力，由设计者进行设计。因设计阶段的工作对整个项目的投资规模和经济性有很大影响，业主要求工程师认真进行技术经济分析，从中选择理想的设计方案。

### 3．工程师是施工监理

工程师在项目施工阶段要代表业主对承包商进行监督管理，宏观控制承包商履行施工合同的情况，以及在可能条件下协调业主与承包商的关系，对安全、费用、进度进行跟踪控制，必要时依据合同条件提出警告、强迫执行、甚至进行制裁，以确保合同总目标的实现。

### 4．工程师是准仲裁员

按 FIDIC 合同条件规定，业主或承包商对工程师的决定不能接受，可按争端解决的合同条款进行最终仲裁。在合同履行过程中，尽管承包商可能不同意工程师的某个指令，遵照合同规定也要严格执行工程师的指令。因为在最终裁决前，工程师一直是准仲裁员，是业主和承包商之间的过滤器和筛子，当事人双方必须先执行其指令。理智的承包商常常书面记录对工程师指令的不同意见和理由，作为日后付诸仲裁的依据。

### 5．工程师是业主的代理人

工程师受业主委托进行工程项目管理，在授权范围内公正地监督合同的履行。解决合同履行中出现的问题。一般情况是：业主通过工程师与承包商联系，工程师是唯一代表业主的现场管理者。根据需要，可以指定工程师代表（驻地工程师）及现场检查员进行现场监督管理工作。工程师应将其代表及检查员的职权范围书面通知承包商及业主。

## 8.4.2　工程索赔管理的任务

工程索赔管理是工程师、承包商进行工程项目管理的重要内容。工程师应尽量减少索赔事件的发生，公平合理地解决发生的索赔事件。承包商应尽量利用合同条款，力争获得索赔，补偿工程施工中发生的损失。

1）工程师索赔管理任务

（1）预测和分析引发索赔的原因和可能性。在施工承包合同的开发和履约过程中，工程

师要做大量的技术、组织管理工作。若因工作中的错误给承包商带来干扰，就会发生索赔。工程师应能预测自己行为的后果，分析不可预见因素可能产生的负面影响。在起草文件、发出指令、答复时都要尽可能周密。

（2）有效管理合同，避免发生索赔事件。工程师应对合同进行跟踪控制，尽早发现可能的干扰事件，立即采取措施，降低干扰事件的影响，减少合同当事人的损失。工程师为业主和承包商提供良好服务，做好协调工作，确保合同顺利履行。

（3）公正合理地处理索赔事件。工程师按照合同条件和职业道德要求，公正合理地处理索赔事件，承包商按合同得到合理补偿，业主也不会赔偿过多，双方对处理结果都满意，保证合同继续履行中的友好合作气氛。

（4）解释书面合同，检查合同执行情况。工程师有责任向业主、承包商解释书面合同的内涵，向承包商发出与合同管理有关的指令、评估承包商提出的各类建议、保证建筑材料和施工工艺符合合同规定、监测已完成工程数量并代表业主批复验工计价。

（5）搜集仲裁证据。工程师应做好合同管理的日常记录，为业主或承包商提交索赔事件仲裁提供依据。

2）承包商索赔管理的任务

（1）预测、分析索赔事件发生的可能性。承包商预测、分析索赔事件发生的可能性，根据发生的原因采取防范措施，避免因承包商过失而不可获取索赔。

（2）认真分析合同，以便使用保护自己正当权利的条款。承包商必须熟悉合同，发生索赔事件后，才能及时找到保护自己的合同条款，避免因合同不熟失去索赔机会或索赔失败。

（3）寻找索赔机会。承包商的合同管理人员应寻找工程师或业主的疏漏形成的干扰事件给承包商带来的损失。当然，也应注意不可抗力造成的损失应由业主提供合理的经济补偿，并增加相应的费用。

（4）提出口头索赔意向。

（5）提交书面索赔文件。

（6）搜集索赔证据。

（7）工程技术部门、施工管理部门、物资供应部门、财务部门之间的人员建立密切联系制度，常共同研究索赔和额外费用补偿问题。

（8）对于分包商，除要求他们提相应保函、保单外，还应在分包合同中写明主承包合同对分包商的约束力，写明违约罚款和各种责任条款。

### 8.4.3　工程索赔报告的评审及处理

#### 1. 索赔报告的评审

工程师接到承包商的索赔报告后，应立即仔细阅读，认真分析承包商提交的索赔资料。

1）分析报告

工程师在不确定该谁负责任的情况下，客观分析干扰事件发生的原因，对照有关合同条款，研究承包商提出的索赔证据，并检查自己和承包商的同期记录。

2）划清责任

工程师经过对干扰事件的分析，按照合同条款划清责任界限。若有必要，可要求承包商

提供补充资料。尤其是承包商、工程师、业主都负有一定责任的干扰事件的影响，应清楚表明各方应承担合同责任的比例。

**3）反驳或质疑**

工程师在分析索赔报告后，对不合理的索赔进行反驳或提出各种各样的质疑，以表明业主不承担或少承担这些干扰事件的赔偿责任。

**4）拟定工期、费用赔偿额度**

工程师对承包商提出的索赔进行审查后，剔除其中不合理部分，计算出合理的工期补偿天数、费用补偿金额。

按国际惯例及 FIDIC 合同条款规定，承包商应在干扰事件发生后的 28 天内提交正式索赔意向通知书；我国的合同条件规定，应在干扰事件发生后的 20 天内提交正式索赔意向通知书。工程师应在收到承包商提交的索赔报告和有关资料后的 28 天内给予答复，或要求承包商补充资料，若在 28 天内未做答复，也未进一步向承包商提出要求，则视同工程师默认承包商提出的索赔要求。

**2. 索赔的处理**

索赔的处理指工程师接到承包商的索赔报告后，对其进行的评审、核对工作，以及与承包商协商处理办法，当双方不能达成一致意见时独立做出自己的处理决定的过程。

在索赔处理中，国际建筑市场上通常用以下几种方式作为处理争议的方法。

**1）谈判**

谈判是当事人各方坐下来协商如何解决问题，这是最令人满意的解决索赔问题的方法。谈判可以避免破坏承包商与业主工程师之间的关系。

谈判解决索赔争议，不仅可以节省大量用于法律程序的费用、时间、人力和精力，而且不会伤害双方的感情。承包商要想在一个国家或地区获得良好信誉和稳定地位，不能随意采取强硬方式，即使通过司法程序解决争端有十分把握要胜诉，还是选择谈判好，否则，可能无法在这个国家或地区继续存在。

**2）调解**

调解是由独立、客观的第三方帮助争议双方达成一个都可接受的协议。调解不是决断谁负责任，而是一种非对抗性的解决索赔争端的方法。

**3）仲裁**

当双方对于争议不能通过谈判、调解达成一致时，可按合同的仲裁条款处理。仲裁作为正式的法律程序，其结果对当事人各方都有约束力。仲裁机构一般有两种形式。

（1）临时性仲裁机构。其一般是由合同双方指定两名权威人士作为仲裁员，再由这两位仲裁员选定另外一人作为首席仲裁员，三人组成仲裁小组，共同审理争议，以少数服从多数的原则做出裁决。

（2）国际性常设机构。国际上有一些常设仲裁机构，如伦敦仲裁院、罗马仲裁协会、中国经济贸易仲裁委员会等。

业主、工程师与承包商谈判后，工程师向业主、承包商提出《索赔处理决定》。工程师在《索赔处理决定》中应简明陈述索赔事件、索赔理由、补偿金额或工期延长的建议。《索赔评价报告》作为《索赔处理决定》的附件。

　　一般而言，工程师拟定的索赔处理决定不是最终决定，对业主、承包商均不具有强制性的约束力。因此，工程师在草拟索赔处理决定时应考虑到发出这个决定的可能后果，需要有意保留某些事项，防止开始就将所有情况告诉承包商，为以后制造被动局面。

　　业主审查《索赔处理决定》后，批准同意，工程师立即签发《索赔处理决定》。

　　承包商同意《索赔处理决定》，该索赔事件宣告结束，否则就要申请仲裁。

## 知识梳理与总结

　　本情境主要介绍了建设工程施工索赔的基本内容和方法。通过本情境的学习，读者应掌握施工索赔的技巧，运用理论编写施工索赔报告，获得索赔。

1. 能够理解和掌握工程索赔的原则和方法。
2. 掌握施工索赔的计算、管理技巧，会编写索赔报告并能获得索赔。

## 思考题 5

1. 工程索赔有哪几类？
2. 简述引起工程索赔的原因。主要的工程索赔事件有哪些？
3. 工程索赔应从哪些地方收集什么样的证据？
4. 简述施工索赔的程序。
5. 编写工程索赔意向通知书应注意哪些问题？
6. 承包商进行施工索赔时应采取什么策略？应注意哪些技巧？
7. 为什么承包商要多与工程师、业主谈判索赔问题，而不轻易使用司法程序解决？
8. 在运用谈判技巧时应注意哪些问题？
9. 简述工期索赔处理的原则。
10. 简述工期索赔值计算的方法。
11. 简述工程变更索赔的原因、程序。
12. 简述索赔事件的单价确定原则和方法。
13. 简述费用索赔的计算方法。
14. 工程索赔报告评审中应做些什么？
15. 工程索赔争议有哪些处理方法？

扫一扫看
本思考题
答案

# 附录 A 课程学习常用表格

（1）每个学生交自我评价表，评价表格式见表 A-1。

（2）学习活动记录表由小组长填（见表 A-2）。

（3）学习档案评价表由小组长填（见表 A-3），汇集到班级。

（4）项目工作方案评分表由班级学委装表教师填（见表 A-4）。

（5）教师综合评价表，见表 A-5。

（6）项目汇报评分表，见表 A-6。

将每个同学的 6 个表格复制在项目合同文本后面。

## 表 A-1 学生自我评价表（学生用表）

项目名称：＿＿＿＿＿＿＿　　学生姓名：＿＿＿＿＿＿＿　　　组别：＿＿＿＿＿＿

| 评 价 项 目 | 评 价 标 准 | | | |
|---|---|---|---|---|
| | 优 8～10 | 良 6～8 | 中 4～6 | 差 2～4 |
| 学习态度是否主动，是否能及时完成教师布置的任务？ | | | | |
| 是否完整地记录探究活动的过程，收集的有关的学习信息和资料是否完整？ | | | | |
| 能否根据学习资料对项目进行合理分析，对所制定的方案进行可行性分析？ | | | | |
| 是否能够完全领会教师的授课内容，并迅速地掌握技能？ | | | | |
| 是否积极参与各种讨论与演讲，并能清晰的表达自己的观点？ | | | | |
| 能否按照实验方案独立或合作完成实验项目？ | | | | |
| 对实验过程中出现的问题能否主动思考，并使用现有知识进行解决，并知道自身知识的不足之处？ | | | | |
| 通过项目训练是否达到所要求的能力目标？ | | | | |
| 是否确立了安全、环保意识与团队合作精神？ | | | | |
| 工作过程中是否能保持整洁、有序、规范的工作环境？ | | | | |
| 总　评 | | | | |
| 改进方法 | | | | |

## 表 A-2 学习活动记录表（小组用表）

项目名称：＿＿＿＿＿＿＿　　　　　　　　组别：＿＿＿＿＿＿

| 项目名称 | | | | | | |
|---|---|---|---|---|---|---|
| 日期 | 任务名称 | 工作内容 | 难度 | 执行人 | 执行情况 | 备注 |
| | | | | | | |

## 表 A-3 学习档案评价表（小组用表）

项目名称：＿＿＿＿＿＿＿　　　　　　　　组别：＿＿＿＿＿＿

| 评 价 要 点 | 评价标准 | | | |
|---|---|---|---|---|
| | 优 | 良 | 中 | 差 |
| 与完成项目相关的材料是否齐全？（20） | | | | |
| 制订的项目工作方案是否及时，质量如何？（20） | | | | |

续表

| 评价要点 | 评价标准 | | | |
|---|---|---|---|---|
| | 优 | 良 | 中 | 差 |
| 项目工作方案是否完善，完善情况如何？（10） | | | | |
| 项目实施过程中的原始记录是否符合要求？（10） | | | | |
| 有关分析任务的实施报告是否符合要求？（10） | | | | |
| 出具的分析检测报告是否符合要求？（10） | | | | |
| 课堂汇报情况如何？（10） | | | | |
| 归档文件的条理性、整齐性、美观性如何？（10） | | | | |
| 总计 | | | | |
| 改进意见 | | | | |

表 A-4 项目工作方案评分表（教师用表）

项目名称：_____　　　　　　　组别_____

| 要求 | 格式正确，项目全面，条目清楚 | 内容连贯，见解独到，全面详尽 | 选用方法，贴合实际，正确可行 | 语言精练，条理清晰，表述明确 | 讨论热烈，咨询问题，针对性强 | 总评 |
|---|---|---|---|---|---|---|
| 分值 | 10 | 20 | 30 | 20 | 20 | |
| 得分 | | | | | | |

表 A-5 教师综合评价（教师用表）

项目名称：_____　　　　　　　组别：_____

| 评价项目 | 评分标准 | | | |
|---|---|---|---|---|
| | 优 | 良 | 中 | 差 |
| 学习目标是否明确？（5） | | | | |
| 学习过程是否呈上升趋势、不断进步？（10） | | | | |
| 是否能独立地获取信息，资料收集是否完整？（10） | | | | |
| 独立制定、实施、评价工作方案情况？（20） | | | | |
| 能否清晰地表达自己的观点和思路，及时解决问题？（10） | | | | |
| 项目实施操作的表现如何？（20） | | | | |
| 职业整体素养的确立与表现？（5） | | | | |
| 是否能认真总结、正确评价完成项目情况？（5） | | | | |
| 工作环境的整洁有序与团队合作精神表现？（10） | | | | |
| 每一项任务是否及时、认真完成？（5） | | | | |
| 总评 | | | | |
| 改进意见 | | | | |

表 A-6 课堂汇报评分表（教师用表）

项目名称_____　　　　　　　组别_____

| 要求 | 语言精炼 | 条理清晰 | 内容有见地 | 表述自然流畅 | 回答问题正确 | PPT效果好 | 在限时内完成 | 总评 |
|---|---|---|---|---|---|---|---|---|
| 分值 | 15 | 15 | 20 | 10 | 10 | 20 | 10 | |
| 得分 | | | | | | | | |